国家自然科学基金项目（41272278）
2014 年国家工程技术研究中心组建项目计划（2014FU125Q06）
安徽高校科研平台创新团队建设项目（2016-2018-24）
皖北煤电集团有限责任公司科研计划项目（WBMD2013-012）
安徽高校自然科学研究重大项目（KJ2016SD19）
安徽高校自然科学研究重点项目（KJ2017A073）

资助

高承压岩溶水体上煤层开采
底板水害防控技术及其应用

吴基文　翟晓荣　段中稳　周盛全
汪玉泉　洪　荒　胡荣杰　魏大勇　著

科学出版社

北　京

内 容 简 介

　　高承压岩溶水体上煤层开采底板水害防治理论与技术研究是煤矿安全高效生产的有效对策之一。本书以皖北恒源煤矿为研究对象,以岩体结构力学理论为指导,采用理论分析、实验室试验、现场探测等研究方法,系统地开展了高承压岩溶水体上煤层开采底板水害防控技术体系研究,并应用于煤矿生产实际。在系统分析矿井地质和水文地质条件的基础上,基于物探、钻探和放水试验工程,阐述了矿井深部的水文地质特征,分析了各含水层对煤层开采的影响程度,提出了存在的主要水文地质问题。对研究区山西组6煤层底板岩性及其物理力学和水理性质进行了测试评价,划分了底板岩体的岩性类型和结构类型;基于钻孔声波探测方法对底板岩体结构进行了探测,在此基础上对底板岩体阻水质量进行了评价。在系统分析研究区太原组上段灰岩岩性、厚度以及岩溶裂隙发育特征的基础上,基于底板成孔与注浆信息,对太原组上段灰岩岩溶含水层结构进行了分析。在对自然带压开采条件评价的基础上,提出了疏水降压限压开采、底板注浆改造抗压开采和地面定向顺层钻孔底板超前区域注浆治理抗压开采方法,建立了底板高承压岩溶水体上煤层开采水害防控技术体系。研究成果对皖北矿区乃至华北矿区类似条件的矿井水害治理具有重要的指导意义,推广应用前景十分广阔。

　　本书可供煤田地质、工程地质、水文地质、采矿工程、地质工程、勘查技术与工程及矿井地质灾害防治等专业从事相关课题研究的科研人员、工程技术人员及大专院校的师生参考。

图书在版编目(CIP)数据

高承压岩溶水体上煤层开采底板水害防控技术及其应用/吴基文等著. —北京:科学出版社,2020.9
　ISBN 978-7-03-064203-5

Ⅰ.①高⋯　Ⅱ.①吴⋯　Ⅲ.①煤矿开采–矿山水灾–灾害防治
Ⅳ.①TD745

中国版本图书馆CIP数据核字(2020)第031428号

责任编辑:焦　健　柴良木/责任校对:王　瑞
责任印制:吴兆东/封面设计:北京图阅盛世

科学出版社 出版
北京东黄城根北街16号
邮政编码:100717
http://www.sciencep.com

北京建宏印刷有限公司 印刷
科学出版社发行　各地新华书店经销
*
2020年9月第　一　版　开本:787×1092　1/16
2020年9月第一次印刷　印张:18
字数:426 000
定价:238.00元
(如有印装质量问题,我社负责调换)

前　言

我国煤矿水害事故典型案例中，岩溶水害约占92.3%，可见，最主要的威胁来自灰岩岩溶地下水。随着开采深度增加，煤层底板承受的水压也会显著地增加，开采水文地质条件更趋复杂化，特别是华北型煤田的底板岩溶水，对现有的生产煤矿威胁最大。研究底板灰岩水害防治不仅具有重要的理论意义，而且具有重大的实用价值。

皖北煤电集团有限责任公司涉及山西组煤层开采的矿井有刘桥一矿、恒源煤矿、五沟煤矿和卧龙湖煤矿等，受底板岩溶水害威胁的煤层储量达2.6亿t，严重制约了该公司的生产发展。煤层底板承受太原组灰岩水压达2.7~6.0MPa，皖北矿区正常区段底隔厚度平均为50m左右，按此计算，突水系数平均值在0.06~0.12MPa/m之间，接近或大于《煤矿防治水细则》规定的临界突水系数值。皖北矿区存在多期地质构造作用，褶皱、断裂构造发育，底板承受水压的能力大大折减，构造异常区突水系数将更大，均处于超临界状态，存在严重的突水危险性。自2001年刘桥一矿的Ⅱ623工作面发生350m³/h的底板灰岩突水后，底板灰岩岩溶水的防治工作更加艰巨，如何科学评价采前防治水工作，使防治水工作做到科学合理，确保安全开采，是皖北煤电集团有限责任公司防治水工作的一项重要任务。

鉴于此，笔者在多项基金的支持下，并与皖北煤电集团有限责任公司合作，开展了高承压岩溶水体上煤层开采底板水害防控技术研究，为解放受灰岩水威胁的煤层，实现安全生产，提供水文地质保障，取得了多项研究成果和显著的经济效益与社会效益，其中1项研究成果经同行专家鉴定达到了国际先进水平，并获2015年度中国煤炭工业协会科学技术奖二等奖。研究成果对皖北矿区乃至华北类似条件的矿井水害防治均具有重要的指导意义和应用价值，具有较广阔的应用前景。本书即在这些研究成果的基础上完成的。

本书以皖北煤电集团有限责任公司恒源煤矿为研究对象，在系统分析矿井地质和水文地质条件的基础上，基于物探、钻探和放水试验工程，阐述了矿井深部的水文地质特征，系统地开展了山西组6煤层底板岩体结构特征和太原组灰岩含水层介质空间结构特征研究，在此基础上建立了疏水降压限压开采、底板注浆改造抗压开采、地面定向顺层钻孔底板超前区域注浆治理抗压开采、水害监测预警的底板高承压岩溶水体上煤层安全开采水害防控技术体系，并应用于煤矿生产实际，取得了显著的经济效益和社会效益。成果主要体现在以下几方面。

（1）在收集整理井田地质勘探资料和生产补勘资料的基础上，系统地分析了恒源矿井地质和水文地质条件，对各含水层的富水性，补、径、排特点及其水力联系进行了评价，指出了煤层开采的充水含水层特征和充水通道，阐述了各含水层水对煤层开采的影响程度，提出了存在的主要水文地质问题，为矿井防治水工程设计与实施提供了科学依据。

（2）针对矿井存在的水文地质问题，采用三维地震勘探及其精细解释方法、地面瞬变电磁法、水文地质钻探、井下放水试验等方法，对深部采区水文地质条件进行了进一步探查，获得了井田地下水的赋存特征，重点得到了太原组灰岩含水层的富水性、水质，以及与奥陶系灰岩的水力联系程度。

（3）对研究区山西组 6 煤层底板岩性特征进行了系统分析，对底板岩石物理力学和水理性质进行了系统测试，划分了底板岩体的岩性类型，指出研究区以软质岩体为主，中硬岩体次之，硬质岩体不发育；基于断裂分维和褶皱变形系数指标，对底板岩体结构类型进行了划分，得出恒源煤矿 6 煤层底板岩体结构类型总体上表现为块裂-碎裂结构类型；基于钻孔声波探测方法对底板岩体结构进行了探测，在此基础上对底板岩体阻水质量进行了评价，为底板突水预测评价提供了可靠数据。

（4）在系统分析研究区太原组上段灰岩岩性、厚度以及岩溶裂隙发育特征的基础上，基于底板成孔与注浆信息，对太原组上段灰岩岩溶含水层结构进行了分析，阐述了钻孔出水量与注浆量之间的关系，依据钻窝单孔最大出水量和单位体积注浆量指标，建立了研究区太灰组石灰岩溶含水介质空间结构类型：溶孔-溶管网络型、溶隙-溶孔网络型、裂隙-溶隙网络型和单一裂隙网络型等四种类型，分析了各种类型的基本特征及其分布。

（5）在对自然带压开采条件评价的基础上，提出了疏水降压限压开采、底板注浆改造抗压开采和地面定向顺层钻孔底板超前区域注浆治理抗压开采方法，优化了疏水降压、底板注浆改造和地面定向顺层注浆改造控水技术方案，建立了底板高承压岩溶水体煤层开采水害防控技术体系。

2002 年以来，恒源煤矿共实施疏水降压开采工作面 4 个，共采出煤炭 207 万 t；于 2006 年建立了地面注浆站，实施了底板加固与含水层改造工程，共改造工作面 10 个，安全回采煤炭资源 518 万 t；2016 年采用地面水平定向分支钻探、注浆技术，实施超前区域注浆治理工作面 4 个，安全回采煤炭资源 400 万 t，取得了显著的经济效益。该研究成果不仅解放了高承压水体的压煤量，也提高了煤炭资源的回收率，解决了煤矿生产接替的困境，增加了矿井煤炭可采储量，对延长矿井服务年限，稳定职工生活和预防突水灾害发生有重要作用，同时也保护了水资源，具有显著的社会效益。对皖北矿区乃至华北类似条件的矿井水害治理具有重要的指导意义，推广应用前景十分广阔。

本书共 9 章，由安徽理工大学吴基文教授、翟晓荣副教授、周盛全副教授，以及皖北煤电集团有限责任公司段中稳教授级高级工程师、汪玉泉高级工程师、洪荒高级工程师、胡荣杰高级工程师和魏大勇高级工程师合作完成。其中前言、第 1 章、第 6 章、第 7 章、第 8 章由吴基文教授和段中稳教授级高级工程师合作撰写，第 2 章、第 3 章由汪玉泉高级工程师、洪荒高级工程师和魏大勇高级工程师合作撰写，第 4 章由翟晓荣副教授和吴基文教授合作撰写，第 5 章由周盛全副教授和吴基文教授合作撰写，第 9 章由胡荣杰高级工程师、魏大勇高级工程师和翟晓荣副教授合作撰写，全书由吴基文教授统稿。

本书研究工作自始至终得到了皖北煤电集团有限责任公司总工程师吴玉华教授级高级工程师，以及通防地测部相关技术管理人员的热情指导和大力支持。在现场资料收集、采样与测试过程中，得到了安徽恒源煤电股份有限公司煤矿领导和相关工程技术人员的大力帮助。

本书研究过程中，安徽理工大学研究生韩云春、邱国良、彭涛、王浩、李博、宣良瑞、郭艳、郑晨、郑挺、沈书豪等做了大量的现场资料收集与室内外试验工作。研究生毕尧山、胡儒、唐李斌、张文斌等参与了本书插图的清绘工作。

借本书出版之际，笔者对以上各位专家、老师和朋友对本项研究和本书出版的指导、支持和帮助表示衷心感谢！对本书引用文献中作者的支持和帮助表示衷心感谢！向参与本项研究的同事和研究生表示衷心感谢！

本著作的研究和出版得到了国家自然科学基金（41272278）、2014年国家工程技术研究中心组建项目计划（2014FU125Q06）、安徽高校科研平台创新团队建设项目（2016-2018-24）、皖北煤电集团有限责任公司科研计划项目（WBMD2013-012）、安徽高校自然科学研究重大项目（KJ2016SD19）、安徽高校自然科学研究重点项目（KJ2017A073）的资助，在此表示衷心感谢。

限于研究水平和条件，书中难免存在不足之处，恳请读者不吝赐教。

2020年3月于安徽淮南

目 录

第1章 绪 论

1.1 研究目的和意义

煤矿水害是与瓦斯、火灾、粉尘、动力地质灾害并列的矿山五大灾害之一，也是世界产煤国家面对的一个安全生产难题。我国煤田地质条件十分复杂，受水威胁的煤炭储量占探明储量的27%，随着煤矿开采深度的增加，综合机械化采煤、放顶煤技术的普遍应用，水害对矿井生产的影响日益突出。根据矿井突水水源划分，我国煤矿水害事故中，地表水体、砂岩类含水层与灰岩类岩溶水水害事故，分别占我国煤矿突水事故典型案例的4.9%、1.4%和92.3%，可见，最主要的威胁来自灰岩岩溶地下水。防治灰岩岩溶类突水历来是矿井水害防治工作的重点。

据统计，在2005年以前的20多年里，全国有250多对矿井被水淹没，直接经济损失高达350多亿元。突水造成的煤矿经济损失位列各类事故之首。2000~2006年所发生的矿井突水事故比前10年的总和还多。近年来，矿井突水灾害呈不断上升趋势。随着开采深度增加，煤层底板承受的水压也会显著增加，矿井水文地质条件更趋复杂化，特别是华北型煤田的底板岩溶水，对现有的生产煤矿威胁最大，突水事故还会越来越严重。

安徽省煤矿开采历史上曾发生多起底板灰岩突水事故。1977年淮南谢一矿33113工作面底板灰岩水突水，瞬时涌水量1002m³/h，稳定涌水量772m³/h，超过矿井排水能力，造成33采区和三水平被淹（李佩全等，2008）；1988年淮北杨庄矿Ⅱ617工作面太灰①突水，瞬时最大突水量3153m³/h，二水平被淹，经济损失达1.5亿元（周立功和李祥碧，1995）；1997~1998年，桃园煤矿1022工作面发生多次底板灰岩突水，水量达280~550m³/h，影响煤矿正常生产（林平和张晓更，2005）；2001年3月刘桥一矿二水平北翼Ⅱ623、Ⅱ626工作面在回采过程出现了4次水量为210~365m³/h的底板突水灾害，严重影响工作面正常生产（甘圣丰，2005）；2005年1月淮北朱庄Ⅲ622工作面突水，最大突水量为1400m³/h，工作面局部被淹（王永龙，2006）。每次淹井事故所造成的经济损失都是数以亿元计。煤矿水害事故的发生，不仅造成财产损失和人员伤亡，导致多种环境负效应，而且还威胁着大量煤炭资源不能开采，对矿井安全生产构成重大影响。随着矿井规模的扩大与现代化程度的提高，一旦发生突水事故，即使不淹井不伤人，也可能造成生产系统尤其是综采机械设备的严重损坏，并造成巨大的经济损失。

皖北煤电集团有限责任公司涉及山西组煤层开采的矿井有刘桥一矿、安徽恒源煤电股份有限公司煤矿（简称恒源煤矿，原刘桥二矿）、五沟煤矿和卧龙湖煤矿等，据统计，受底板岩溶水害威胁的煤层储量达2.6亿t，严重制约了该公司的生产发展。刘桥一矿和恒

---

① 太原组石灰岩岩溶裂隙含水层。

源煤矿已进入二水平开采，其中，刘桥一矿底板承受太灰水压为 3.4 ~ 6.0MPa，恒源煤矿底板承受太灰水压为 3.3 ~ 5.5MPa，五沟煤矿底板承受太灰水压为 2.7 ~ 6.0MPa，卧龙湖煤矿底板承受太灰水压为 2.8 ~ 6.0MPa。皖北矿区正常区段底隔厚度在 40 ~ 60m 之间，平均为 50m，按此计算，突水系数平均值在 0.06 ~ 0.12MPa/m 之间，接近或大于《煤矿防治水细则》（国家煤矿安全监察局，2018）的临界突水系数值。皖北矿区存在多期地质构造作用，褶皱、断裂构造发育，加之陷落柱的存在，底板承受水压的能力大大减小，构造异常区突水系数将更大，均处于超临界状态，存在严重突水威胁。故此，针对皖北矿区的底板条件，当底板承受水压高于 2.5MPa 时，即认为处于高承压状态。

自 2001 年刘桥一矿的 Ⅱ623 和 Ⅱ626 工作面发生 350m³/h 的底板灰岩突水后，底板灰岩岩溶水的防治工作更加艰巨。科学评价采前防治水工作，使防治水工作做到科学合理，确保安全开采，是防治水工作的一项重要任务。为此，皖北煤电集团有限责任公司联合高等院校、科研院所和勘探部门，系统地开展了高承压岩溶水体上煤层控水带压开采技术体系研究。通过对皖北恒源矿区底板岩溶水害情况的探查、分析，掌握该区山西组煤层水害源分布规律与特征，系统地开展山西组煤层底板隔水层工程地质特征以及底板灰岩含水层岩溶发育程度、富水性等水文地质条件研究，对岩溶水体上采煤水害防治方案进行系统总结，提出理论依据和防治技术途径，建立恒源矿区底板高承压岩溶水害防控技术体系，为解放受灰岩水威胁的煤层，实现安全生产，提供水文地质保障。本书研究成果具有重要的理论意义和应用价值，不仅对安徽两淮矿区下组煤开采有指导意义，而且对华北矿区类似条件的煤层开采也具有重要的指导作用，成果的应用可产生显著的经济、社会效益，应用前景广阔。

1.2　国内外研究现状

煤矿岩溶含水层突水灾害表现为在采矿活动影响下，灰岩承压水冲破隔水层的阻隔，沿工作面底板岩体内部导水通道，以突发、缓发或滞发的形式涌入工作面采空区。它受到许多因素（如含水层承压水的水压、水量、工作面底板的岩性组合、隔水层岩体的构造及采煤工艺方法等）影响。近几十年来，国内外许多学者对矿井突水机理进行了一些有益的探索，取得了大量的研究成果。"突水系数"、"强渗通道"、"水岩应力"、"零位破坏和原位张裂"、"关键层理论"和"下三带"等理论学说，都从各个方面揭示了突水发生的机理和预测方法，对矿井安全生产起到了积极的指导作用。

1）国外研究现状

世界上许多国家，如匈牙利、南斯拉夫、西班牙等，在煤矿开发中都不同程度地受到底板岩溶水的影响。国外煤矿工业化开采已有一百多年历史，因此对岩溶突水机理的研究也开展较早，在底板岩体结构的研究、探测技术及防治水措施等方面，积累了丰富的经验。早在 20 世纪初，国外就有人注意到底板隔水层的作用，并从多次底板突水资料中认识到，煤层底板隔水层存在时，突水次数少，突水量小。1944 年，匈牙利的韦格·弗伦斯第一次提出底板相对隔水层的概念（Reibiec，1991），认为煤层底板突水既与隔水层厚度有关，又与水压力有关，建立了水压、隔水层厚度与底板突水的关系，后被许多岩溶水上采煤的国家引用。在此期间苏联学者 B. 斯列萨列夫采用均布载荷梁与强度理论结合，推导出底板理论安全水压值 H 的计算公式。

20 世纪 50 年代后，国外用现场和实验室相结合的方法研究了隔水层的作用，研究的主要问题有两个：一是岩体结构——阻水能力，二是岩体强度——抗破坏能力。有学者根据现场观测，提出运用阻水系数表示隔水层的突水条件和水力阻抗程度，并从能量平衡观点解释底板隔水层的破坏条件。1974 年，匈牙利国家矿业技术鉴定委员会将相对隔水层厚度的概念列入《矿业安全规程》，并对不同矿井条件作了规定和说明。20 世纪 70 年代以来，苏联和南斯拉夫等国家的学者也开始研究相对隔水层的作用，包括采空区引起的应力变化对相对隔水层厚度的影响，以及水流和岩石结构关系等。20 世纪 70 ~ 80 年代末期，很多国家的岩石力学工作者在研究矿柱的稳定性时，研究了底板的突水机理。其中有代表性的是 C. F. Santos，Z. T. Bieniawski 等基于改进的 Hoek-Brown 岩体强度准则，引入临界能量释放概念分析底板的承载能力（布雷斯和布朗，1990）。在理论研究的同时，世界各国也十分重视水害的防治和岩溶及断裂的探测技术等工作。随着电子工业的发展，国外岩溶探测技术有了很大进步，尤其是在 20 世纪 80 年代后，多种类型的探测仪器迅速发展，如美国 GI 公司制造的 Petro-sonde 地电探测仪，Gardner Denver 公司研制的 Es-1225、Es-2401 型多道信息增强型地震仪，德国的 SEAMEX-85 型槽波地震仪，日本 VIC 公司研制的 GR-810 型全自动地下勘探仪，美国生产的 EH4 连续电导率剖面仪等，这些仪器能较准确地探查采前煤层底板岩溶发育特点及分布规律，超前探测构造的导水性，并且向"无损"探测技术发展。此外，偶极电阻率法、激发极化法等也在匈牙利等国用于探测地下含水岩层，无线电波透视法用于探测孔距 200m 内的岩溶、不连续面等。

2）国内研究现状

我国对底板突水规律的研究始于 20 世纪 60 年代的焦作矿区水文"会战"中，以煤炭科学研究总院西安分院为代表，提出了用"突水系数"作为底板突水判别标准，并以峰峰、焦作、淄博等大矿区的临界突水系数作为经验数据，借助匈牙利的研究经验，提出了突水系数概念。20 世纪 70 年代后期，通过统计、整理和分析大量的突水资料，得出了考虑矿压对底板破坏因素的新突水系数经验公式，并以安全水头的形式写入 1986 年煤炭工业部制定的《煤矿防治水工作条例》（试行）。

20 世纪 80 年代后，由煤炭科学研究总院西安分院和北京开采研究所、山东矿业学院等单位先后进行了国家工业性试验项目"华北型煤田奥灰①岩溶水综合防治工业性试验"，在开滦、邯郸、焦作，以及渭北等地区开展了奥灰水文地质条件调查、水文地质试验、采矿对底板破坏的现场观测等工作。"七五"计划期间，在开滦赵各庄，由中国科学院地质研究所和煤炭科学研究总院西安分院分别进行了国家科技攻关项目"改革采煤方法和开采工艺预防突水灾害的研究"、"煤矿突水预测预报综合研究"和"疏、排、供结合防治水安全试验"等三项重大项目，深入研究了采动矿压对底板岩层的破坏影响、底板隔水层阻水能力评价、底板突水机理及预测预报途径等，取得了重大成果，并采用理论计算、物理力学模拟等方法验证观测资料，逐步形成了具有中国特色的矿井突水理论。

---

① 奥陶系石灰岩岩溶裂隙含水层。

20 世纪 80 年代开始，底板突水机理及预测预报的研究开始走上了蓬勃发展的道路，具有代表性的理论有：① "下三带" 理论（李白英，1999；李白英等，1988）。李白英教授提出在采动影响和底板水压共同作用下，煤层底板自上而下存在底板导水破坏带、完整保护带（或有效保护层带）、承压水导升带，称为 "下三带"。该理论认为，底板受矿压作用形成压缩–膨胀–压缩区，反向位移引起底板产生层向裂隙带，剪切及层向拉力破坏导致形成竖向裂隙带，破坏带从而失去了隔水能力；煤层底板中完整保护带起到主要隔水作用，当完整保护带难以阻抗底板水压，承压水导升带与破坏带沟通时，底板即发生突水，并提出工作面尺寸、采深、煤层倾角、底板岩性强度是影响底板导水破坏带发育深度的主要因素。施龙青和韩进（2005），施龙青等（1998），施龙青和宋振骐（2000）基于矿山压力理论把 "完整保护带" 划分为 "新增损伤带" "原始损伤带"，进一步丰富和发展了 "下三带" 理论。"下三带" 理论通过实测证实了底板导水破坏带的存在，揭示了底板突水的内在规律，对底板突水预测及治理提供了理论基础，具有重要意义，但是 "下三带" 不能清楚地表明各种突水影响因素与突水之间的关系，并且测试方法复杂、评价突水的部分指标数据获取困难，该理论的广泛应用受到了限制。② 王作宇和刘鸿泉（1993）提出的 "原位张裂与零位破坏" 理论认为被开采的煤层在矿压与水压两场的联合作用下，岩体破坏位置一般发生在工作面附近，靠近工作面零位的 +3 ~ +5m 范围内，破坏基本一次性达到最大深度，并很快稳定。③ 张金才等（1997），张金才和刘天泉（1993），张金才和肖奎仁（1993），张金才（1989）提出了 "板模型理论"，依据底板岩层由采动导水裂隙带和底板隔水带组成的概念，采用半无限体薄板受均匀竖向载荷的弹性解，结合 Mohr-Coulomb 强度理论和 Griffith 强度理论，分别求得了底板受采动影响的最大破坏深度。④ 黎良杰（1995），钱鸣高等（1995，2003），黎良杰等（1995）的底板 "关键层理论" 将采场顶板覆岩关键层理论引入底板突水研究，将煤层底板至含水层之间承载能力最大的一层岩层看作底板关键层，从而将对采场底板突水的分析转化为对底板关键层破断机制的分析。⑤ "强渗通道" 说由中国科学院地质研究所许学汉和王杰（1992）提出，即煤层底板岩体存在原生强渗流特征的通道，或者在采动作用下形成强渗流特征的通道，是影响底板突水的关键因素。采掘工程一旦揭露原生强渗通道，突水必然发生；底板岩体发育的各类节理网络、断裂构造等薄弱区块是潜在的强渗通道，当底板岩体在承压水、采动应力、地应力共同作用下，原有的薄弱环节形成追踪式、贯穿式通道，强渗流通道即可形成。"强渗通道" 说深入分析了底板岩体薄弱环节逐渐发展为强渗通道的过程，指出了底板突水的关键影响因素，与底板突水案例规律总结完全相符，但是没有给出 "强渗通道" 的地质判据，影响了该学说的进一步推广应用。⑥ "岩水应力关系" 说由邓中策（1990），李抗抗和王成绪（1997）提出，他们认为，在采动应力作用下，煤层底板隔水层产生导水裂隙、隔水能力降低，当底板岩体的最小主应力小于承压水水压时，地下水沿导水裂隙向上运移过程中对导水裂隙持续产生扩展作用，最终导致底板突水，称为 "岩水应力关系" 说。突水判别方法可表示为 $I = P_w / z$（I 为突水临界指数；P_w 为底板隔水岩体承受的水压；z 为底板岩体的最小主应力）。当 $I < 1$ 时不会发生突水，反之则发生突水。该学说综合考虑了岩体、水压及地应力的影响，抓住了突水过程的动态变化，但是未考虑承压水沿裂隙递进导升过程中的水压损失，而且采动导水裂隙带发育深度无法准确计算，有待于进一步完

善和提高。

此外，王经明通过煤层底板注水试验观测及相似材料模拟，认为工作面前方底板处于相对拉伸状态，承压水在采前即开始向上导升、入侵，并进一步扩展裂隙，提出递进导升的突水机理（王经明，1999a，1999b）。李兴高等认为底板破坏是原生缺陷扩展演化的结果，并基于各向同性弹性损伤双标量模型分析了底板岩层损伤演化过程，研究了底板岩层细观破坏机理，为底板突水危险性评价提供了参考（李兴高和高延法，2003）。张文泉、刘伟韬等研究了底板突水灾害的空间分布规律和煤层底板软弱岩层对底板突水的影响，认为煤层底板软弱岩层既能阻止水压致裂裂隙和采动裂隙扩展，又能阻抗承压水导升，指出软硬岩层交替有利于阻止底板承压水突出（张文泉等，1997，1998）。虎维岳认为煤层回采过程中工作面底板岩体中的应力状态随着回采推进不断变化和重新分布，底板隔水层中形成的张裂区和鼓胀区也随着回采工作在不断地移动，张应力区是煤层底板发生突水灾害的危险区段，认为采掘扰动是导致底板突水的关键因素（虎维岳和尹尚先，2010；张文忠和虎维岳，2013）。

20 世纪 80 年代至今，我国开展了许多水体上采煤的专题研究，取得了不少的突破性进展，其特点是理论上更先进，开始引入现代统计数学、损伤力学、断裂力学、弹塑性力学、流变力学等理论及计算机技术，还有各种"非线性动力学"理论与方法的应用、突水概率分析、模糊识别等。

在理论研究的同时，我国也重视水害防治的探测技术研究，并随着工业技术水平的日益发展，对煤层底板岩层原始结构与采动破坏的各种探测手段取得了长足进展，如电测深法、浅层地震法、无线电波钻孔透视法、超声成像测井法、微震监测法、彩色钻孔电视探测法、瞬变电磁法、高密度电阻率法、超声波穿透法、声波 CT[①] 层析成像技术、矿井地质雷达、水位遥测仪等。

3) 安徽省两淮煤田煤层开采岩溶突水防治技术研究进展

淮南矿业（集团）有限责任公司在煤炭工业部立项于 1980 ~ 1983 年，在老区李二矿-毕家岗矿井田区内开展了"淮南矿区解放 A 组煤底板岩溶水水文地质条件及防治方法研究"，提出了"因地制宜、疏水降压、限压开采、综合治理"十六字技术方针，确保了老区谢一、二、三矿，新庄矿，毕家岗矿，李一矿-480m 标高以上 A 组煤的安全开采，安全采出煤量 2000 万 t 以上。并于 1995 ~ 2002 年在孔集矿、2000 ~ 2003 年在谢二矿深部开展了一系列岩溶水防治专项研究，制定出一套切合实际的技术方针和工程手段，试采均安全可行，已初具成效，并安全采出 A 组煤量 149.4 万 t，该技术方针已扩大到谢一矿-480m 标高以下的 A 组煤开采，采出了大批煤炭，之后应用于潘集矿区 A 组煤的开采，取得了较好的效益。

淮北矿业（集团）有限责任公司在 1989 ~ 1995 年开展了"淮北杨朱朔三矿 6 煤层开采水文地质条件及防治水试验研究""淮北矿区下组煤开采防治水综合技术研究"，并对各矿区底板水害情况进行了不同程度的勘探与研究工作；杨庄煤矿深部 6 煤层开采全部实施了井下注浆改造工程；朱庄煤矿三水平 6 煤层以及桃园煤矿二水平 10 煤层开采全部实

---

① 电子计算机断层扫描（computed tomography，CT）。

施地面注浆加固及改造底板工程。

国投新集能源股份有限公司近年积极准备开采 A 组煤，已在三矿、二矿等底板水威胁较大的矿井实施了一系列勘探和试验，对部分 A 组煤工作面提出了可行性分析，新集二矿对 A 组煤也进行了底板注浆加固与改造的开采试验。

皖北煤电集团有限责任公司刘桥一矿、恒源矿区等矿井 6 煤层底板突水现象较严重，五沟煤矿、卧龙湖煤矿等 10 煤层底板灰岩水威胁也较大，分别进行过若干次专题补勘，并均已开展以地面注浆站实施注浆加固和改造 6 煤层底板工程与疏放结合为特色的各类防治水工程，取得了较好的效果。

1.3　研究内容与方法

1.3.1　主要研究内容

皖北煤电集团有限责任公司涉及底板岩溶水体上煤层开采的矿井有恒源煤矿、刘桥一矿、五沟煤矿、卧龙湖煤矿等，分布于淮北煤田濉肖矿区和临涣矿区，依据区域地质条件与矿井开采地质条件分析，结合各矿的开采现状与防治水工作现状，开展相关研究工作。本书以恒源煤矿为研究对象，主要研究内容如下。

(1) 恒源煤矿矿井地质与水文地质基本特征研究。

(2) 恒源煤矿矿井水文地质条件补充勘探与评价。

(3) 恒源煤矿 6 煤层底板岩层工程地质特征研究。

(4) 恒源煤矿太原组上段灰岩岩溶发育特征及其介质空间结构研究。

(5) 恒源煤矿高承压岩溶水体上煤层开采控水技术方案研究：①自然带压开采技术研究，包括意义、条件、程序、类型、措施等；②疏水降压限压开采技术研究，包括意义、条件、程序、类型、措施等；③底板注浆改造抗压开采技术研究，包括意义、条件、程序（设计、施工、评价）、钻探、注浆材料、注浆参数、注浆工艺、注浆设施等；④地面定向顺层钻孔底板超前区域注浆治理抗压开采技术研究，包括意义、条件、程序（设计、施工、评价）、钻探、注浆材料、注浆参数、注浆工艺、注浆设施等。

(6) 底板灰岩水害监测预警：水文地质动态监测、底板突水监测等。

1.3.2　主要研究方法与技术路线

采用的试验研究方法如下。

(1) 系统收集该领域的相关研究成果以及矿井开采资料，确定实施方案。

(2) 以地层学、构造地质学理论为指导，对矿区区域地质条件，即区域地层和区域构造进行分析，通过各期勘探地质资料和矿井开采揭露的地质资料，并结合物探资料，分析矿区地层分布特征，以及灰岩与相近煤层之间的距离（隔水层厚度）关系。全面分析煤系地层与构造的组合关系，尤其是断层与各层灰岩，以及各煤层的组合切割关系与耦合机理，分析区域性大型构造切割作用及其对各矿区富水性的影响，从大地构造学和局部构造多重角度评价地质构造控水特性。

（3）岩溶地层厚度分布特征与岩溶发育规律：

开展岩溶含水地层分布、露头和埋深特点与矿井涌水量、水质关系，补给区、径流区、排泄区分析，各种尺度的构造断裂与褶皱构造对深部地下水径流与岩溶发育的控制性研究。

根据各矿区钻探和物探资料，按照不同水文地质背景和分区，研究提出山西组煤层开采突水的主要充水含水层，并阐明含水层介质特征。

根据各矿区钻探和物探资料，分析石炭系、奥陶系灰岩的层位与富水性差异，重点研究太灰上段地层的岩溶发育特征与富水性特征；分析岩溶发育的垂向衰减规律性与岩溶地下水侵蚀基准面高度，提出各矿区岩溶分带及岩溶发育下界。

结合岩溶发育分析与水文物探资料分析，从宏观角度提出矿区地下水补径排条件和运动基本规律，在太灰岩溶发育区与富水地段进行富水性分区。

（4）对恒源矿井底板隔水层工程地质特征分析，包括隔水层岩性特征，隔水层厚度发育的区域性变化趋势，隔水层岩体结构及工程地质力学性质等。

（5）恒源矿井底板岩溶水害防治技术、方法手段研究与工程应用。针对不同的水害类型，采用不同的防治方法，主要有疏降开采、底板注浆加固与含水层改造和地面定向顺层钻孔底板超前区域注浆治理等，详细阐述各种方法的适用条件、方法原理、关键技术、技术参数、施工设备、工艺过程、效果评价等。

（6）水害监测预警技术研究与应用。

技术路线如图 1.1 所示。

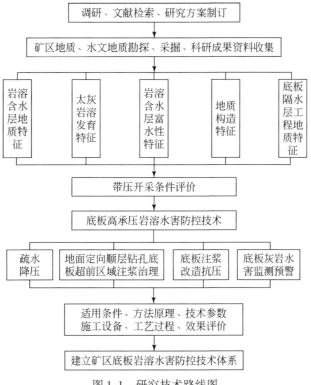

图 1.1　研究技术路线图

1.4 研究工作过程

自 2002 年开始，针对恒源矿区水文地质条件的复杂性，决定开展底板高承压岩溶水体上煤层控水带压开采技术研究，联合高等院校、科研院所和勘探队，进行矿井水文地质条件探查，开展影响煤炭带压开采地质和水文地质因素研究，建立矿区底板高承压岩溶水害防控技术体系，为矿井安全高效生产提供可靠的水文地质保障。研究工作过程如下。

（1）2002～2012 年，先后开展了矿井地面物探、钻探和放水试验等多次水文地质补充勘探工作，主要有：

2002 年 7 月，河南省煤田地质局物探测量队对恒源煤矿二水平二采区（4.10km²）进行了三维地震勘探，提交了《刘桥二矿二采区三维地震勘探报告》；

2005 年 6 月，安徽省煤田地质局物探测量队对恒源煤矿和刘桥一矿的深部进行了三维地震勘探，提交了《刘桥二矿和刘桥一矿的深部三维地震勘探报告》；

2007 年 3～9 月，河南省煤田地质局物探测量队对 II 62 上、II 62 下采区进行了瞬变电磁勘探，于 2007 年 9 月提交了《安徽恒源煤电股份有限公司 II 62 上、II 62 下采区瞬变电磁勘探报告》；

2009 年 12 月，中国矿业大学在 II 62 采区对三维地震勘探资料进行了精细解释，并提交了《恒源煤矿 II 62 采区三维地震资料精细构造与岩性解释研究报告》。

（2）2002 年以来，开展了多项科技攻关，主要有"恒源煤矿 II 614 综采（试采）工作面突水预测与综合防治技术研究""II 613、II 617（陷落柱）工作面底板加固及开采试验研究""基于采动效应分析的底板含水层注浆改造效果研究""恒源煤矿底板注浆改造参数及工艺优化"等。

（3）2006 年在恒源煤矿建立了安徽省第一个地面注浆站，共完成 10 余个工作面的底板注浆改造工程，保证了工作面的安全开采，积累了丰富的资料。

（4）2013～2015 年，对皖北矿区底板高承压岩溶水体上煤层开采控水技术进行了立项研究。其主要工作有：搜集整理和分析矿井已有的勘探与采掘资料以及有关科研资料，并进行调研和文献检索工作；开展矿区山西组 6 煤层底板岩层岩体结构特征，太灰含水层岩溶发育特征、富水性以及含水层介质空间结构特征研究；开展底板改造注浆参数与工艺优化以及底板改造注浆浆液扩散效应数值模拟研究；编制《煤层底板注浆加固与改造含水层技术管理规定》。在此基础上，对研究成果进行了总结，并于 2015 年通过安徽省科学技术厅组织的专家鉴定。

（5）2016 年 1～6 月，采用地面水平定向分支钻探、注浆技术，对 II 632、II 633 工作面中段温庄向斜核部及两翼局部范围进行了超前区域治理。从工作面外围选择适合场地实施分支水平钻孔沿三灰顺层钻进，揭露裂隙或构造后进行注浆治理，对深部高水压、强富水、连通性强的含水层治理取得了良好的效果。之后，在 II 633 工作面里、外段，II 634 工作面推广应用。

第2章 恒源煤矿矿井地质与水文地质基本特征

2.1 矿井基本概况

1. 矿井位置

恒源煤矿位于安徽省淮北市濉溪县刘桥镇境内，西以省界与河南省永城市毗邻，东距濉溪县约10km，东北距淮北市约13km。矿井东–东南浅部以土楼断层和谷小桥断层与刘桥一矿为界，西–西北以省界与河南省永城市的新庄煤矿相接。矿井南北长约6.2km，东西宽2.0~4.2km，面积19.1km²。

恒源煤矿地处淮北平原中部，矿区内地势平坦，地表自然标高+30~+32m，有自西北向东南倾斜趋势。基岩无出露，均被巨厚新生界松散层覆盖。

2. 矿井设计概况

恒源煤矿是由煤炭工业合肥设计研究院有限责任公司设计，矿井设计年产量为60万t，服务年限为84年，采用主井分水平、竖井、主要石门和集中运输大巷上下山开拓方式，竖井为主、副、风三个井筒。主采煤层为4、6煤层，分三个水平开采。生产水平为一水平–400m、二水平–600m，延伸水平–960m。经过三期技改，于2006年核定矿井年生产能力为200万t。

3. 矿井建设生产概况

1）井田开拓方式

恒源煤矿浅部矿井共划分为2个水平，一水平标高–400m，二水平标高–600m，上下山开采。矿井开拓方式采用分水平上下山开拓方式，一水平采用立井、主石门、集中运输大巷开拓方式；二水平采用暗斜井、集中运输大巷的开拓方式。一水平标高–400m、二水平标高–600m，目前矿井生产水平–600m。深部改建工程水平标高为–960m（恒源煤矿的三水平），改建工程采用一对立井、主要石门、集中大巷开拓方式，布置三水平主暗斜井与浅部水平连通形成出煤系统。

2）采煤方法

采煤工作面以走向长壁工作面为主，少数为倾斜长壁工作面布置，采煤工艺为综合机械化开采。采用下行开采及上行开采顺序，采区为前进式，工作面为后退开采。

3）矿井生产（采掘）现状

2016年底，矿井共采出煤量为3477.9万t，剩余可采及预可采储量为3189.7万t，井下有生产采区 4 个,分别是 48、Ⅱ61、Ⅱ62、Ⅱ63 采区。矿井正在开展深部建设,准备开采深部资源。

2.2 矿井地质特征

2.2.1 矿井地层特征

恒源煤矿属于淮北煤田濉肖矿区,位于淮北煤田中西部,在地层区划分上属于华北地层区鲁西地层分区徐宿小区。本区地层出露甚少,多为第四系冲、洪积平原覆盖。区内所发育地层由老到新,层序为青白口系(Qb)、震旦系(Z)、寒武系(∈)、奥陶系(O)、石炭系(C)、二叠系(P)、侏罗系(J)、白垩系(K)、新近系(N)和第四系(Q)(安徽省地质矿产局,1987,1997)。

矿井范围内无基岩出露,均被新生界松散层所覆盖,经钻孔揭露地层有奥陶系(O)、石炭系(C)、二叠系(P)、新近系(N)和第四系(Q),地层厚度大于 1500m,地层柱状图如图 2.1 所示,由老至新简述如下。

1. 奥陶系(O)

地层为下—中奥陶统马家沟组—老虎山组(O_1m—O_2l),水$_8$孔揭露地层厚度 118.89m;岩性为浅灰色厚层状的石灰岩,质纯、性脆、微晶结构,局部含白云质,高角度裂隙发育。

2. 石炭系(C)

水$_8$孔和 05-3 孔揭露,地层厚度 129.73m,为本溪组和太原组。

1)上石炭统本溪组(C_3b)

地层厚度 14.18~23.1m;岩性以浅灰色、暗红色的杂色含铝泥岩为主,夹有少量的泥质灰岩。含铝泥岩为中厚层状,含有铁质结核及菱铁鲕粒。与下伏奥陶系呈假整合接触。

2)上石炭统太原组(C_3t)

地层厚度 115.55m;岩性以深灰色的泥岩、粉砂岩及灰色的砂岩为主,灰—深灰色的石灰岩次之,夹少量的薄煤层。泥岩、粉砂岩中多见有炭屑或植物化石碎片;石灰岩 13 层,自上而下命名为一灰、二灰、……十三灰(编号依次为 L1、L2、……L13),总厚度为 53.87m,占本组地层总厚的 46.6%,大多数石灰岩中富含动物化石,四灰以下的石灰岩中含燧石结核或夹燧石薄层;含煤 3 层,总厚 1.82m,均为不可采煤层。顶部一灰为浅灰色、细晶结构,含大量生物碎屑,其顶、底泥质含量较高。该组与下伏本溪组地层呈整合接触。

地层	累厚/m	层厚/m	柱状	岩性描述	水文地质描述
第四系	135.24	135.24	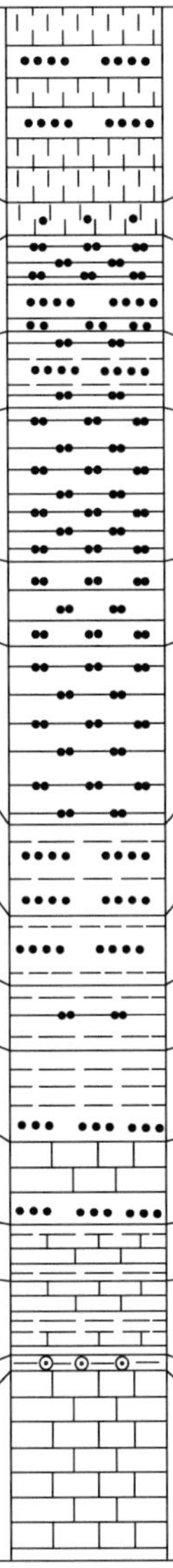	顶部为黏土，中部为细粉层，底部为黏土	顶部单位涌水量0.136~6.713L/(s·m)，中部单位涌水量0.698L/(s·m)，底部单位涌水量0.00298L/(s·m)
新近系	152.02	16.78		以黏土、砂质黏土为主	
上石盒子组 P₂ss	216.86	64.84		砂质泥岩、粉砂岩底部为中砂岩	
	263.94	47.08		泥岩和砂质泥岩	
	364.71	100.77		以砂质泥岩为主，夹砂岩、粉砂岩	
	421.59	56.88		河床相中粗砂岩	
	542.71	121.12		粉砂岩、砂质泥岩为，主含不可采煤层1层	
下石盒子组 P₁xs	605.19	62.48		以泥岩、粉砂岩为主含4煤层等6层	单位涌水量0.036L/(s·m)
	648.43	43.24		页岩和粉砂岩互层	
山西组 P₁s	695.67	47.24		泥岩和砂质泥岩，含可采煤层6煤层	单位涌水量0.047L/(s·m)
	747.72	52.05		上下部为泥岩，中间为细砂岩	
太原组 C₃t	808.48	60.76		以灰岩、细砂岩为主	太灰上部含水层，L3、L4厚度大而稳定，裂隙发育，涌水量3.69L/(s·m)
	845.10	36.62		以泥岩为主，夹灰岩	
	894.62	49.52		灰岩和泥岩	太灰下部含水层，L8、L10厚度大而稳定，单位涌水量1.216 L/(s·m)，硫酸钙钠型水
本溪组 C₂b	906.20	11.58		铝土质泥岩	
中奥陶统 O₂	946.13	39.93		灰岩	上部岩溶发育，单位涌水量0.633L/(s·m)，硫酸钙钠型水，矿化度3.5g/L

图 2.1　恒源煤矿地层综合柱状图

3. 二叠系（P）

1）下二叠统山西组（P₁s）

下部以太原组顶部一灰之顶为界，上界为铝质泥岩之底。地层厚度 84~124m，平均 108.5m；岩性由砂岩、粉砂岩、泥岩和煤层组成；含 2 个煤层（组），其中 6 煤层为本矿井主要可采煤层之一；与下伏地层整合接触。

2）下二叠统下石盒子组（P₁xs）

下界为 4 煤层下铝质泥岩底界面，上界为河床相砂岩底界面，地层厚度 201.8 ~ 248.2m，平均 227.1m；岩性由砂岩、粉砂岩、泥岩、铝质泥岩和煤层组成，为本矿井主要含煤段；含 4 个煤层（组），除 3 煤层为局部可采煤层、4 煤层为矿井主要可采煤层外，其余均为不可采煤层；与下伏地层呈整合接触。

3）上二叠统上石盒子组（P₂ss）

下界为河床相砂岩之底，未见上界，99-2 钻孔揭露最大厚度约为 298.58m；岩性由砂岩、粉砂岩和泥岩组成，自下而上，泥岩、粉砂岩颜色变杂，紫色、绿色增多；含 3 个煤层（组），均不可采；与下伏地层呈整合接触。

4. 新近系（N）

总厚 29.1 ~ 108.8m，平均厚度 63m；下部厚 0 ~ 35m，平均 14.5m，以灰绿色、灰白色黏土、钙质黏土为主，夹 1 ~ 2 层薄层砂，底部多含砾石及钙质团块；属坡积、洪积相沉积物；中部厚 11.1 ~ 58m，平均厚度 30.3m；主要由灰白色、浅黄色细砂、中砂及少量粗砂组成，其中夹黏土或砂质黏土 1 ~ 3 层；上部厚 11.4 ~ 28.6m，平均厚度 18.2m；以棕黄色、灰绿色黏土或砂质黏土为主，夹 2 ~ 3 层砂；顶部富含钙质铁锰结核。

5. 第四系（Q）

1）更新统（Q₁₋₃）

总厚 47.7 ~ 61.2m，平均厚度 51.2m；下部主要由浅黄色及浅灰绿色、灰白色细、中砂组成，其中夹 1 ~ 2 层黏土或砂质黏土；上部主要由棕黄色夹浅灰绿色黏土、砂质黏土组成，夹 1 ~ 3 层砂或黏土质砂，顶部含有较多钙质或铁锰质结核。

2）全新统（Q₄）

厚度为 28 ~ 41.6m，平均厚度 32.5m；以褐黄色细砂、粉砂、黏土质砂为主，夹黏土及砂质黏土，属现代河流泛滥相沉积。

2.2.2　矿井主采煤层特征

本矿井含煤地层为石炭系、二叠系，钻孔揭露总厚度大于 800m，为一套连续的海陆过渡相及陆相碎屑岩和可燃有机岩沉积。石炭系和二叠系上石盒子组煤层在本区不稳定且不可采，主要含煤地层为下二叠统山西组和下石盒子组，含煤 2 ~ 17 层，煤层总厚为 5.52m。

本矿共有可采煤层三层，分别为 3、4、6 煤层，其中 4、6 两个煤层为矿井主采煤层（表 2.1）。现按从上而下的顺序将各可采煤层特征分述如下。

表2.1　可采煤层情况统计表

煤层	施工钻孔数/个	穿过点数/个						煤厚/m			煤层结构类型	面积			变异系数/%	可采指数/%	稳定性
		见煤	可采	不可采	不采用	沉缺	断缺	最小	最大	平均		可采面积/km²	不可采面积/km²	可采面积比率/%			
3	144	45	26	19		93	6	0	1.99	0.34	简单	2.46	16.61	12.9	175	18.8	极不稳定
4	145	134	122	5	7	7	4	0	3.54	1.67	简单	17.68	1.39	92.7	39	91	较稳定
6	137	131	121	2	8	1	5	0.82	5.93	2.81	简单	18.42	0.65	96.6	26	97.5	较稳定

1）3 煤层

位于下石盒子组下部，上距河床相砂岩约 190m。煤层结构简单，以单一煤层为主，局部含一层泥岩夹矸。以薄煤层为主，煤层厚度 0～1.99m，平均 0.34m。可采指数 18.8%，变异系数 175%，局部可采，可采区内平均厚度为 1.16m，可采面积占 12.9%，为极不稳定的煤层。可采区位于矿井东北部和南部，中部为大片冲刷区；从 3 煤层顶板岩性分布图可见，在砂岩区，出现了 3 煤层的成煤环境恶劣，煤层厚度变化大，加之晚期的分流河道对早期分流河道组合有冲蚀、削截作用，导致本矿区 3 煤层出现大片不可采区。从钻探岩心和巷道揭露岩性分析，3 煤层的顶板大多为河流相砂岩，缺乏原生沉积时的岩性，表明后生冲蚀作用对煤层厚度的变化影响较大。

2）4 煤层

位于下石盒子组下部，上距 3 煤层 0～12.3m，平均 5.5m。下距分界铝质泥岩 24～60.5m，平均 37.50m。煤层结构简单，局部含一层泥岩夹矸，偶见两层夹矸。煤层厚 0～3.54m，平均 1.67m，属中厚煤层。可采性指数 91%，变异系数 39%，可采区内平均厚度为 1.78m，可采面积占 92.7%，属较稳定煤层。煤层顶板以泥岩为主，粉砂岩次之，中部为少量砂岩；底板以泥岩为主，次为粉砂岩。

4 煤层成煤环境为三角洲平原泥炭沼泽，成煤前为分流河道泛滥盆地，随着沼泽的扩展及三角洲、分流河道的废弃，泥炭逐渐超覆全区，成煤环境相对稳定，对聚煤作用较为有利，形成了煤层厚度比较稳定的格局。

3）6 煤层

位于山西组中部，上距铝质泥岩 39～70m，平均 55.5m；下距太原组第一层灰岩 40.5～65m，平均 53.4m。煤层结构简单，以单一煤层为主，局部含一层泥岩夹矸。以中厚-厚煤层为主，煤层厚度 0.82～5.93m，平均 2.81m。可采指数 97.5%，变异系数 26%，可采区内平均厚度为 2.82m，可采面积 96.6%，属较稳定煤层。在矿井的东北部为岩浆岩侵蚀区和冲刷区，煤层顶板以泥岩为主，粉砂岩次之，少量砂岩；底板多为泥岩和粉砂岩。

6 煤层的成煤环境为滨海平原泥炭沼泽。成煤前的潮坪沉积为 6 煤层的形成提供了一个宽广低平的良好的聚煤场所，加之有一个稳定的构造环境，因此煤层发育好，厚度稳定，结构简单。在6煤层成煤作用晚期，三角洲体系广泛推进，本区逐渐变为河口砂坝或分流河道砂体沉积。

2.2.3　矿井构造特征

恒源煤矿位于淮北煤田，其大地构造环境处在华北古大陆板块东南缘，豫淮拗褶带东部，徐宿弧形推覆构造中南部（王桂梁等，1992，2007）。东以郯庐断裂为界与华南板块相接，北向华北沉陷区，西邻太康隆起和周口拗陷，南以蚌埠隆起与淮南煤田相望。淮北煤田的区域基底格架受南、东两侧板缘活动带控制，总体表现为受郯庐断裂控制的近南北向（略偏北北东）褶皱断裂，叠加并切割早期的东西向构造，形成了许多近似网状断块式的隆拗构造系统（图2.2），而以低次序的北西向和北东向构造分布于断块内，且以北东向构造为主。随着徐宿弧形推覆构造的形成和发展，形成了一系列由南东东向北西西推掩的断片及伴生的一套平卧、歪斜、紧闭线形褶皱，并因后期裂陷作用、重力滑动作用及挤压作用所叠加而更加复杂化（徐树桐等，1987；舒良树等，1994）。推覆构造分别以废黄河断裂和宿北断裂为界，自北而南可分为北段北东向褶断带，中段弧形褶断带与南部北西向褶皱带。刘桥矿区位于淮北煤田中西部，在构造环境上处于徐宿弧形推覆构造中段前缘外侧下底席偏北部位、大吴集复向斜南部翘起端，东有丰县–口孜集断裂，西有阜阳–夏邑断裂，南部有宿北断裂，北有丰沛断裂。特定的区域地质构造背景，决定了刘桥矿区经受过多期构造体系控制，经历不同方向构造应力作用，形成了现今复杂的构造轮廓。

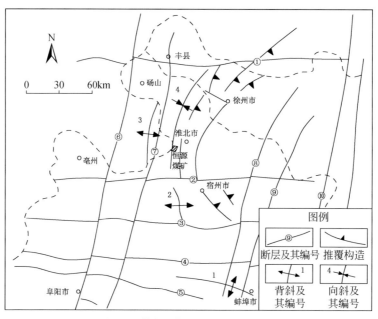

图2.2　徐州–淮北地区构造纲要图

①丰沛断裂；②宿北断裂；③光武–固镇断裂；④太和–五河断裂；⑤刘府断裂；⑥夏邑断裂；

⑦丰县–口孜集断裂；⑧固镇–长丰断裂；⑨灵璧–武店断裂；⑩郯庐断裂。

1. 蚌埠复背斜；2. 童亭背斜；3. 永城复背斜；4. 大吴集复向斜

恒源煤矿处于大吴集复向斜南部仰起端上的次级褶曲土楼背斜西翼，总体上为走向北北东，向北西倾的单斜构造，次级褶曲较为发育，使局部地层呈北东或北西向。地层倾角一般在 3°～15°，受构造影响，局部倾角变化较大，构造较为发育。已查出褶曲 5 个，组合落差 ≥5m 的断层 55 条，其中 ≥30m 的断层 8 条。恒源煤矿井田构造纲要示意图如图 2.3 所示。

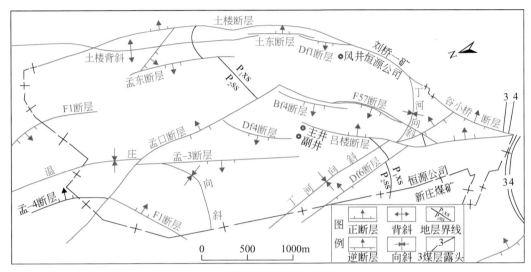

图 2.3　恒源煤矿井田构造纲要示意图

1. 褶曲构造

本矿浅部煤岩层走向 NWW-EW，倾向 N，倾角 10°左右，中深部转为走向 NNE，向 NW 方向倾斜，倾角一般在 3°～15°之间，受局部构造影响，煤层倾角可变大到 60°左右。整个矿井褶皱构造比较复杂，按轴向延展方位，可分为三组，即近 EW 向、NNE 向和 NNW 向。三组褶皱空间各具特色，生成层次分明，各褶曲基本特征列于表 2.2。

表 2.2　井田范围内主要褶曲基本特征一览表

褶曲名称	基本特征
温庄向斜	位于矿井西北部，轴向北东，其南部向西偏转，呈近东西向，其北部轴向北，呈南北向。矿井内轴长约 2.9km，轴向倾向东南，两翼倾角 4°～15°
土楼背斜	位于矿井东北部，轴向：南段北北东向，北段北西向，中段向东突出。矿井内轴长约 4.2km，轴向略倾东，两翼倾角 5°～10°，东缓西陡
孟口向斜	位于矿井北部，轴向北西向，枢纽向东南扬起，两翼煤层产状不对称
小城背斜	位于矿井 II61 采区，轴向北北西向，南段止于 6 煤层工业广场煤柱，北段在 -600m 水平大巷消失，全长 1.5km，轴向略倾向西南，两翼倾角 5°～16°，为一宽缓的背斜构造
丁河向斜	位于矿井西南部，为一宽缓型向斜，轴向为西北向东倾，两翼倾角 5°左右

由表 2.2 可知，本矿井褶曲可归纳为三组：第一组为近东西向褶皱，如温庄向斜，既

受 NNE 向土楼背斜的改造和拦截，又遭 NNW 孟口断层切错和改向，但仍保存早期近东西向褶皱的宽缓和对称性的特色，应属印支期构造形迹；第二组为 NNE 向，以土楼背斜为代表，具有平行线性展布、东强西弱的特色，向斜东陡西缓，背斜西陡东缓，轴向左右摇摆，枢纽上下起伏，平行枢纽发育较大规模的压性或压扭性断层，该组褶皱多形成于燕山早中期，以来自 SEE 向侧向水平挤压为主要力源，与徐宿弧形推覆构造同期或稍早一些；第三组 NNW 向，以孟口、丁河不对称向斜构造为典型，其间伴有同级宽缓背斜构造，受 NNE 向构造限制，一般发育于土楼背斜西北翼，不穿过其枢纽。同类褶皱之间呈并列等距雁行式排列，枢纽常被大角度相交的次级共轭断层切割，在该类褶曲翼部有同方向逆推或压性、压剪性断层伴生。该组褶皱是受东、西两侧较大 NNE 向断层所形成的局部压扭应力场作用所致，其形成时间比 NNE 向构造稍晚，应归属于燕山运动中晚期。

2. 断层构造

本矿断层不仅数量多、密度大，而且发育方向各异，性质不同，相互改造和制约。据不完全统计，已发现和揭露落差 $H>5\text{m}$ 的各类断层 155 条，其中 $5\text{m} \leqslant H < 30\text{m}$ 的断层 143 条，$30\text{m} \leqslant H < 50\text{m}$ 的断层 6 条，$50\text{m} \leqslant H < 100\text{m}$ 的断层 3 条，$H \geqslant 100\text{m}$ 的断层 3 条。面密度达 8.1 条/km² 以上，其中逆断层 12 条，约占 7.7%。落差大于 30m 的大断层中，逆断层占 1/2；而中型断层以中高倾角的正断层为主，逆断层不足 1/10。按断层性质、规模大小、展布方向及控制程度等，情况统计见表 2.3。

表 2.3　断层情况一览表

序号	断层名称	性质	走向	倾向	倾角/(°)	落差/m	长度/km	断层控制情况	可靠程度
1	谷小桥	逆	NE	SE	45	0~73	>2.5	22_3、65_3、22_2、22_4、65_6、82_5	查明
2	土楼	正	SN-NE	E-SE	70	0~180	>6	14_9、II_{14}、II_{15}、12_7、II_{23}、47_3、47_2、47_6、巷道（2点）	查明
3	DF_1	正	NE	NW	70	0~20	>1.10	U_{11}、巷道（3点）	查明
4	孟东	正	NNE	W	70	0~18	1.85	10_3	查出
5	孟口	逆	NW	NE	25~30	0~65	>5.9	10_4、$12B_5$、U_{50}、U_{51}、95_6、99_1、99_2、99_3、99_5、98_4、99_4、12_4、$12\text{-}13_2$、G_1、G_2、13_2、13_3、95_4	查明
6	F II 6111-2	正	NE	NW	70	8.5	0.4	巷道 2	查明
7	BF_4	正	NE	NW	55~60	0~25	1.4	$13\text{-}14_4$、14_3、巷道（15点）	查明
8	F_{57}	正	NE	NW	60	0~40	1.6	巷道（3点）、水$_6$、$16B_6$、$17B_3$、U174	查明
9	吕楼	正	NE-NNE	SE	60	0~120	>4	47_6、$17B_4$、16_2、15_3、G_4、水$_6$、JD_2、G_6、24_3、14_{11}、14_3、JD_1、巷道（2点）	查明
10	DF_5	逆	NW	E	25~35	0~25	1.7	$17B_4$、$17B_5$、16_3、$15B_5$、II_{14}、II_{15}、II_{23}、II_9、16_5、15_4、G_5、14_6、14_9、12_7、47_6、47_3、巷道（2点）	查明

序号	断层名称	性质	走向	倾向	倾角/(°)	落差/m	长度/km	断层控制情况	可靠程度
11	孟-1	正	NE	SE	0~50	0~30	>2.1	99_6、98_2、97_3、98_4、98-4、97-2	查明
12	FF_{117}	逆	NW	NW	0~54	0~20	0.7	巷道控制（2点）	查出
13	SF_2	逆	NE	NW	30	0~12	1.1	巷道控制（5点）	查明
14	F441-1	正	NE	NW	60	0~13	0.8	$13B_6$、巷道（3点）	查明
15	FF_6	正	NE	NW	0~10	0~10	0.7	巷道（3点）	查明
16	FF_7	正	NE	SE	70	0~11	>0.6	17_2、巷道（5点）	查明
17	F63-4	正	NE	NW	70	0~20	0.65	26_2、巷道控制	查明
18	F632-10	正	NE	NW	75	0~12	0.15	巷道控制（1点）	查明
19	BF_{18}	正	NE	SE	68	0~88	1.7	10_2	查明
20	F63-12	逆	NW	SW	35	0~12	>1.1	巷道控制（1点）	查出
21	FⅡ62-5	正	NNE	SEE	55	0~13	0.58	8_3	查出
22	DF_{114}	正	NE	NW	70	0~8	1.2	$13B_8$、巷道控制（1点）	查出
23	DF_{66}	正	NE	SE	70	0~10	0.90	99_6	查出
24	DF97	正	NE	NW	75	0~15	0.6	95-2	查出
25	FⅡ61-1	正	NE	NW	45	0~13	0.75	巷道（1点）	查出
26	FⅡ61-3	正	NE	NW	70	0~7	0.9	巷道（2点）	查明
27	FⅡ61-2	正	NE	SE	65	0~12	1.2	巷道（4点）	查明
28	孟-3	正	NE	SW	55	0~20	1.0	03-1巷道（3点）	查明
29	DF149	正	NE	SW	60	0~15	0.8	三维地震	查出
30	DF148	正	NE	SW	60	0~10	0.6	三维地震	查出
31	F1	正	NNE	SSW	57	0~16	1.0	三维地震	查出
32	DF44	正	NNE	SSE	75	15	0.7	三维地震	查出
33	DF45	正	NNE	SSE	75	15	0.8	三维地震	查出
34	DF99	正	NW	SW	75	0~15	0.6	三维地震	查出
35	DF15	正	NW	NEE	73	0~14	0.7	巷道（5点）	查明
36	FⅡ62-4	正	NNE	SE	63	0~12	0.6	三维地震、巷道（1点）	查明
37	F6511-2	正	EW	S	30	0~10	0.6	巷道（5点）	查明
38	DF100	正	NE	SE	50	0~15	0.5	三维地震	查出
39	FⅡ614-13	正	NW	NNW	47	0~12	0.6	巷道（3点）	查明
40	DF109	正	NNE	NW	75	0~10	0.5	三维地震	查出
41	F45-3	正	NNE	SSE	63~80	0~15	0.7	巷道（2点）及回采揭露	查明
42	F41-3	正	NE	SW	40	0~14	0.95	巷道（7点）及回采揭露	查明
43	F413-5	逆	NW	SE	45	12	0.75	巷道（2点）	查明
44	F416-2	正	NEE	SEE	42	10	0.5	巷道（4点）	查明

3. 陷落柱

恒源煤矿自投产以来，共揭露3个岩溶陷落柱构造，其发育特征见表2.4，分述如下。

表2.4　恒源煤矿岩溶陷落柱情况表

编号	位置	长轴长/m	短轴长/m	面积/m²	导水情况	控制程度
1#	原Ⅱ617风巷	140	70	8306	充填致密、不导水	已探明，填实注浆封堵，属可靠陷落柱
2#	原Ⅱ6115风联巷	218	150	27034	充填致密、不导水	已探明，填实注浆封堵，属可靠陷落柱
3#	Ⅱ633工作面	35	23	800	充填致密、不导水	已探明，填实注浆封堵，属可靠陷落柱

（1）恒源煤矿1#陷落柱：2006年3月在原Ⅱ617风巷6煤层掘进过程中揭露（图2.4），揭露长度15m，充填岩体主要为磨圆状细砂岩碎块、类鹅卵石状岩块、紫斑泥岩块体、黏土等，揭露时无出水现象。随后采用三维地震、井下物探及钻探手段，查明该陷落柱长轴长140m，短轴长70m，面积8306m²，在实际钻探探查过程中未发现水文异常现象。在圈定其发育范围后，用矸石对进入陷落柱体的巷道进行了充填，并对回填巷道进行了注浆封堵，共充填矸石150m³，注水泥100m³左右，折合水泥75.5t。

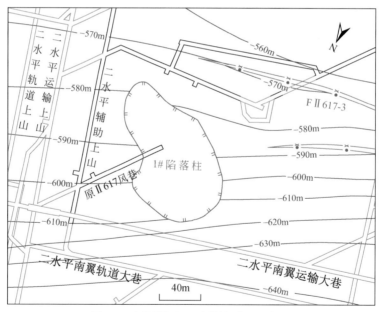

图2.4　恒源煤矿1#陷落柱平面示意图

（2）恒源煤矿2#陷落柱：于2009年11月在原Ⅱ6115风联巷6煤层掘进过程中揭露，揭露长度8m，充填岩体主要为磨圆状细砂岩碎块、类鹅卵石状岩块、紫斑泥岩块体、黏土等，岩层较为杂乱，无层理，揭露时顶板略有淋水现象（图2.5）。随后采用三维地震、井下物探及钻探手段，查明该陷落柱长轴长 218m，短轴长 150m，面积 27034m²。

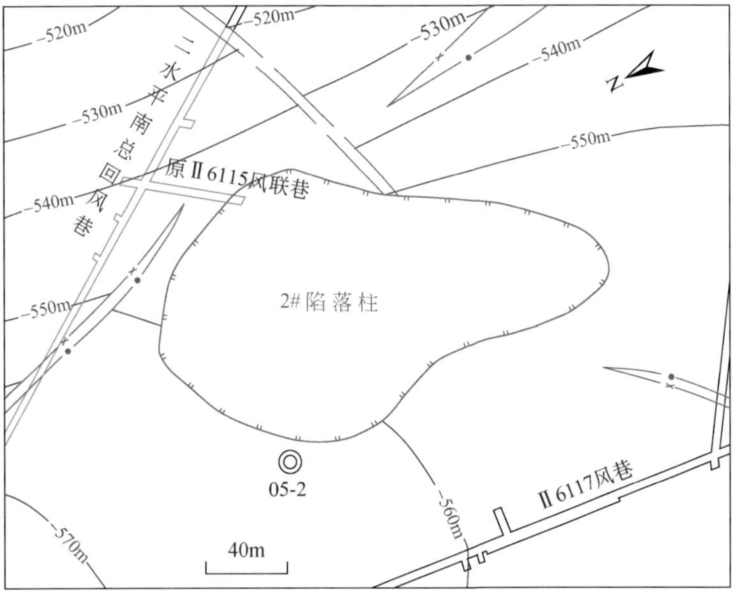

图 2.5　恒源煤矿 2#陷落柱平面示意图

在实际钻探探查过程中，共布置 9 个探查孔，其中陷落柱上边界 4 个孔不导水，下边界边缘区域 5 个孔有不同程度的弱导水现象，单孔涌水量在 0.5 ~ 40m³/h，且水质为砂岩和灰岩混合型。经分析认为，上边界处陷落柱不导水，陷落柱下边界存在一定的导水裂隙，灰岩水沿裂隙有一定的导升现象。在圈定其发育范围后，用矸石对进入陷落柱体的巷道进行了充填，并对回填巷道进行了注浆封堵，共充填矸石 78m³，注水泥浆 1705.6m³。

（3）恒源煤矿 3#陷落柱：于 2018 年 4 月在 II 633 工作面揭露陷落柱。后经地面顺层孔注浆工程、井下钻探、物探探查，判断该陷落柱发育最大范围长轴长约 35m，短轴长约 23m，整体形态近椭圆形，沿长轴方向向风巷延展（图 2.6），体积较小；陷落柱发育高度至少位于 6 煤层顶板上 55m 处层位；柱体密实，泥质胶结致密，柱体内及周围均无出水现象，原始状态下不含水、不导水。

另外，通过对三维地震勘探资料进行重新处理与解译，调整了部分断层的参数，又发现了 7 个疑似陷落柱。

4. 岩浆岩

矿井内岩浆活动比较微弱，仅见于矿井东北部，侵入的层位为 6 煤层。据区域地质资料与邻区岩浆岩同位素年龄的测定，本矿井岩浆侵入时代为燕山早、中期。

1）岩浆岩种类及岩矿特征

据钻孔取心、巷道取样及镜下鉴定分析，本矿井的岩浆岩为中性的蚀变角闪岩和角闪岩。

（1）蚀变角闪岩。肉眼观察：灰色、微带绿色，块状，性硬，裂隙内有被熔煤线充填

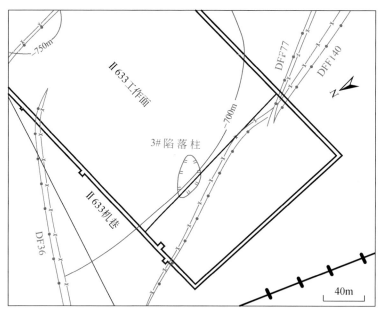

图 2.6 恒源煤矿 3#陷落柱平面示意图

其中,与天然焦明显接触,成分不清。镜下观察:斑状结构,岩矿成分以角闪石为主,浅绿色、少褐色,长条状、柱状,断面为六边形,杂乱排列,具[110]解理、晶面已蚀变,裂隙内有方解石充填,基质为微晶角闪石充填。

(2)角闪岩。肉眼观察:灰黑色,块状,致密,性硬,成分不清。镜下观察:斑状结构,斑晶为角闪石,褐色、绿色,具多色性,中-高正突出,[110]解理完全,具斜消光,局部具简单双晶,个别蚀变为绿泥石,多为长条状,杂乱排列,个别横切面为六边形,基底部分由微晶角闪石斑晶组成。

2)岩浆岩对煤层的影响

岩浆岩对煤层的影响主要包括煤层结构、煤层厚度和煤质等方面。煤层被岩浆岩穿插,出现分叉合并现象,使煤层夹矸增多,结构复杂,可采性变差。岩浆岩对煤层有一定的冲蚀和熔蚀作用,使煤层出现变薄或出现零点,不可采区扩大,稳定性降低。岩浆岩同煤层的直接接触使煤变质为天然焦,降低了矿井的工业总储量和煤的利用价值。

综合以上分析认为,本矿井由于断层比较发育,岩浆活动和褶曲也较为发育,对采区布置有影响,矿井构造类型应为中等。断层的存在,也为太原组灰岩水进入工作面提供了重要通道,从而威胁矿井的安全。

2.3 水文地质特征

2.3.1 区域水文地质概况

淮北煤田位于淮北平原的北部。淮北平原在地貌单元上属于华北平原的一部分,为黄河、淮河水系形成的冲积平原。除萧县、濉溪、宿州北部有震旦系、寒武系、奥陶系岩层出露形成剥蚀残丘低山外，绝大部分地区被第四系、新近系松散层覆盖，形成平原地形。地势总体上由西北向东南微微倾斜。

淮北煤田各矿矿坑直接充水水源为煤层顶底板砂岩裂隙含水层内水，出水点水量大小与构造裂隙发育程度和补给源有密切关系，只要没有富水含水层补给，一般水量呈衰减趋势。矿井初期开采时水量增长较快，投产几年后，涌水量渐趋稳定，以后随采区接替和开采水平延深，矿井涌水量有所增长。井下出现的出水点，大多为滴水、淋水，个别出水点涌水量较大，若不与石灰岩含水层沟通，一般是开始水量较大，后逐渐减小甚至干涸。勘探和生产矿井水文地质资料证实，淮北煤田断层一般富水性较弱，导水性亦差。

太原组石灰岩与山西组可采煤层间距一般大于50m，在正常情况下不会发生"底鼓"突水，若遇构造或岩溶陷落柱，使煤层与太灰以至奥灰含水层对口或间距缩短，太灰（或奥灰）水有可能对矿坑产生直接充水，对生产产生较大的危害。

综上所述，淮北煤田是被新生界松散层所覆盖的全隐伏型煤田。整个煤田是以孔隙水和裂隙水为主要充水水源的矿床，在正常情况下，水文地质条件大多属于简单或简单–中等，但局部地区太灰、奥灰有可能大量突水，个别矿井水文地质条件甚至为极复杂类型。

恒源煤矿属于濉萧矿区淮北岩溶水系统，该矿位于该岩溶系统的西南部，南部以宿北断裂为界，东西部分别受丰涡断层和支河断层控制，北部以地表的丘陵、山地为分水岭。本区灰岩水位于淮北岩溶水系统的西南部；灰岩的补给区主要是矿区东北部的相山灰岩露头区和濉溪古潜山灰岩隐伏区。在自然状态下区域的地下水由西北向东南方向径流。目前因采矿影响灰岩水向着矿井汇流。恒源煤矿处于地下水的径流带上。

本区河流均属淮河水系的一部分，主要有濉河、新汴河、沱河、浍河及涡河等，它们自西北流向东南汇入淮河，流经洪泽湖然后入海。这些河流均属季节性河流，河水受大气降水控制，雨季各河水位上涨，流量突增；枯水期间河水流量减少甚至干涸。各河年平均流量为3.52~72.10m³/s，年平均水位标高为14.73~26.56m。本区基岩无出露，均被巨厚新生界松散层覆盖。矿区属淮河流域，区内有王引河、直河、丁沟、任李沟、曹沟、大庙沟等小型沟渠，均自西北流向东南经矿区汇入沱河后注入淮河。

2.3.2　矿井水文地质特征

2.3.2.1　井田边界及其水力性质

恒源煤矿两侧边界的刘桥断层、黄殷支断层为全封闭边界，南界可视为半封闭混合边界，北界暂视为舒展型边界。恒源煤矿次级地质构造展布形迹主要受控于东西两侧边界断层。大的构造单元控制着矿坑总涌水量大小，各部位的富水性又受次级构造和各种因素制约。抽水及放水试验资料表明，土楼断层具有一定的隔水能力，增加了恒源煤矿东部边界的隔水性能。土楼断层在恒源煤矿南部隔水能力较强，到中部一带虽然有明显的隔水证据，但断层两侧太灰水相互联系证据也异常明显。鉴于土楼断层和吕楼断层的成因性质类似，土楼断层的隔水性也应由南向北逐渐变差。主采煤层顶底板砂岩裂隙含水层富水性弱，地下水处于封闭半封闭环境，以储存为主，矿井涌水时影响范围较小，因此，估算矿井涌水量时可将其视为一个无限承压含水层。该地区有多个含水层（组、段），但也有多个相应的隔水层（组、段）所阻隔，煤层顶底板隔水层厚度较大时，具有抑制顶底板突水的作用，不同（组、段）地下水对矿坑充水的影响程度有明显不同。

2.3.2.2 矿井含水层（组、段）水文地质特征

恒源煤矿为新近系、第四系松散层覆盖下的裂隙充水矿床。根据含水层赋存介质特征自上而下划分为新生界松散层孔隙含水层（组），二叠系煤系砂岩裂隙含水层（段），太原组石灰岩岩溶裂隙含水层（段），奥陶系石灰岩岩溶裂隙含水层（段）。各含水层（组、段）之间又分布有相应的隔水层（组、段），因此各含水层（组、段）自然状态下补给、径流、排泄条件显著不同，从而在水化学特征上也存在明显的差别。

根据钻探及测井、抽（注）水试验、简易水文观测、水文长观孔及巷道、工作面实际揭露的水文地质资料，对该矿主要含水层水文地质特征叙述如下。

1. 新生界松散层孔隙含水层（组）

恒源煤矿二叠系含煤地层均被新生界松散层所覆盖，松散层由第四系和新近系组成，厚度受古地形控制，13线和15线东部较小，向西、北方向厚度逐渐增加，在温庄向斜轴部达到最厚。两极厚度为99.95~196.30m，平均为146.10m。按其岩性组合特征及其与区域水文地质剖面对比，自上而下可划分为三个含水层（组）。

1）第一含水层（组）（一含）

一般自地表垂深3~5m起，底板埋深20.18~41.6m，平均32.8m。含水层主要由浅黄色粉砂、黏土质砂及细砂组成，夹薄层砂质黏土，局部含有砂姜块。含水砂层厚度为15~28.6m，平均22m。据水3孔抽水试验资料，静止水位标高28.95m，水位降深 $S = 10.83~4.42$m，单位涌水量 $q = 0.685~0.943$L/(s·m)，平均0.813L/(s·m)；渗透率 $K = 3.7~4.6$m/d，平均4.17m/d。水化学类型为 $HCO_3 · SO_4 - Na · Mg$ 型，pH 为 7.9，矿化度1.206g/L，全硬为3.83mmol/L。一含水属中性微硬淡水。一含水分布稳定，水质较好，富水性较强，开采条件简单。区内农灌机井多开凿于此区内，水量30~50m³/h。一含水为该矿工业和生活饮用水的水源。该层（组）上部为潜水，下部具有弱承压性，为一孔隙复合型潜水-弱承压含水层（组）。地下水主要补给来源为大气降水渗入，其次为侧向径流补给。一含水的排泄方式除蒸发和人工开采外，其上部往往排泄于河流。

2）第二含水层（组）（二含）

底板埋深72.3~116.25m，平均埋深90m，由浅黄色及浅灰色、绿色、灰白色细砂、中砂夹1~4层黏土或砂质黏土组成。含水砂层厚3.7~43.2m，平均15m。砂层分布不稳定，厚度变化大，局部地段仅有相应的层位，无明显的含水砂层存在，由于含水砂层发育分布不均，富水性也相对强弱不一。本层（组）为一孔隙型复合承压含水层，以层间水平径流补给为主，在局部第一隔水层（组）薄弱地带，接受一含水的越流补给。水位变化基本上与一含升降同步，并滞后于一含。

3）第三含水层（组）（三含）

底板埋深99.95~170.6m，平均138m。岩性以灰白色、浅黄色细砂、中砂及少量粗砂

为主，夹 1~3 层黏土或砂质黏土。含水砂层分布不稳定，两极厚度 5.8~50.15m，平均厚度 23.5m。据钻孔抽水试验资料，$S = 11.7~23.96m$，$q = 0.18~0.62L/(s \cdot m)$，$K = 1.86~3.72m/d$，富水性中等。水化学类型为 $SO_4 \cdot Cl \cdot HCO_3 \cdot Na \cdot Mg$ 或 $SO_4 \cdot HCO_3 \cdot Na \cdot Mg$ 型，pH 为 7.8，矿化度为 1.461~1.647g/L，全硬度为 5.74~5.85mmol/L。据三含水文长观孔观测资料，三含水位呈持续下降状态。这说明矿井排水造成三含水位下降，有一部分三含水进入了矿井。生产实践证明三含在局部地段，直接覆盖在煤系地层之上，形成矿井充水的补给水源，从三含水位变化情况分析，其补给量不大。本含水层（组）以区域层间径流为主，局部第二隔水层（组）薄弱地带接受二含的越流补给。在局部地带缺失第三隔水层（组）形成"天窗"，使其直接覆盖在煤系地层之上，也可能成为煤系砂岩含水层的补给水源。

2. 二叠系煤系砂岩裂隙含水层（段）

二叠系煤系岩性由砂岩、泥岩、粉砂岩、煤层等组成，并以泥岩、粉砂岩为主。不能明显地划分含、隔水层（段）。其中，砂岩可视为含水层。地下水主要储存和运移在以构造裂隙为主的裂隙网络之中，以储存量为主。含水层的富水性受构造裂隙控制，主要取决于岩层裂隙的发育程度连通性和补给条件。岩层裂隙发育具有不均一性，因此富水性也不均一。其主采煤层顶底板砂岩裂隙含水层是矿井充水的直接充水含水层。据恒源煤矿抽水试验资料，主采煤层顶底板砂岩含水层 $q = 0.0104~0.125L/(s \cdot m)$。恒源煤矿生产实际揭露资料显示，井下的突水点变化规律一般是开始涌水量较大，随时间增长，衰减较快，呈淋水或滴水状态，仅少量点呈流量稳定的长流水。现根据区域资料及矿内主采煤层赋存的位置关系与裂隙发育程度划分为 4 个含水层（段）。

1）第五含水层（段）（河床相砂岩裂隙含水层，五含）

岩性主要由灰白色中、粗砂岩组成，厚约 30m，岩体刚性强，是岩层受力区构造破裂极为发育的介质条件。该层段厚度大，分布稳定，垂直裂隙发育。在钻探过程中曾多次发生涌漏水现象，有些孔漏失严重。据主检孔抽水试验资料，平均 $q = 0.161L/(s \cdot m)$，$K = 0.78m/d$，水位标高 +0.04m，水化学类型为 $SO_4 \cdot Cl \cdot Na \cdot Ca$ 类型，矿化度为 1.97g/L。据钻孔流量测井资料，K 平均值为 0.72m/d。

1983 年 4 月主检孔抽水试验五含静止水位标高为 +0.04m，2010 年 12 月 10 补-3 孔流量测井取得的静止水位标高为 -268m，累计下降 268.04m，水位变化幅度为 9.9m/a，矿井排水引起五含水位大幅度下降，这一方面说明，矿井排水是五含的主要排泄途径，另一方面说明，五含补给水源不足，地下水以静储量为主。由抽水试验与流量测井简易水文观测及井下生产中揭露突水点资料分析：第五含水层（河床相砂岩裂隙含水层）砂岩裂隙发育不均一，局部地段富水性较强。

2）第六含水层（段）（区域 5 煤层上下砂岩裂隙含水层，六含）

六含主要由 1~3 层灰白色中、细粒砂岩夹泥岩或粉砂岩组成。砂岩厚度 3~30m，一般厚度 20m 左右，其岩性致密，坚硬，裂隙发育，据风检和副检孔抽水试验资料，平均 $q = 0.002~0.501L/(s \cdot m)$，$K = 0.00465~2.53m/d$，水化学类型为 $SO_4 \cdot K + Na \cdot Ca$ 类型，矿化度为 2.178~2.242g/L。据水 6、水 7 孔流量测井，六含中透水岩层厚 2.8~5m，

$K = 0.14 \sim 2.6$ m/d。

以上资料说明，六含砂岩裂隙发育不均一，局部裂隙发育好，富水性中等。

3) 第七含水层（4 煤层上下砂岩裂隙含水层，七含）

岩性以灰白色中、细粒砂岩为主，夹泥岩、粉砂岩。七含砂岩厚度 $4.5 \sim 57.82$ m，平均 23.56 m。七含在恒源煤矿中部和 9 线以北砂岩厚度较大，含水性相对较强。据钻探及建井资料，砂岩中高角度裂隙发育，但裂隙发育具有不均一性。在钻探施工时，曾发生多次钻孔冲洗液消耗量大或漏水现象。据 13-14-1、13-14-4、15-2、17-18-2 孔抽水试验资料，$q = 0.0436 \sim 0.125$ L/(s·m)，$K = 0.1009 \sim 0.1897$ m/d，富水性弱。水化学类型为 SO_4-K+Na 类型，矿化度为 $2.317 \sim 3.412$ g/L。据水 4、水 5、水 6、95-4 孔流量测井资料，七含中透水岩层厚 $2 \sim 24.8$ m，$K = 1.75 \sim 6.49$ m/d。

4) 第八含水层（6 煤层上下砂岩裂隙含水层，八含）

该含水层砂岩厚度 $5.07 \sim 49.87$ m，平均 21.46 m 左右。岩性以灰白色中、细砂岩为主，夹灰色粉砂岩及泥岩。砂岩裂隙发育不均，局部多发育垂直裂隙。6 煤层上砂岩局部厚度较大，含水较丰富。在勘探施工时，曾发生多次冲洗液消耗量大或漏失现象。据 12-13-1 孔抽水试验，统一换算后 $q = 0.0097$ L/(s·m)，$K = 0.0383$ m/d，水化学类型为 SO_4-K+Na 类型，矿化度为 3.693 g/L。据 04-4（水 17）等 5 个钻孔流量测井资料，八含水位标高为 $-147.204 \sim -19.43$ m，$K = 0.50 \sim 22.1$ m/d。

3. 太原组石灰岩岩溶裂隙含水层（段）

恒源煤矿共有见太原组石灰岩钻孔 110 个，11 补-2、水 8 孔揭露全太原组，其余孔仅揭露一~四灰，05-3 孔揭露十~十二灰，全组总厚 115.55 m。由石灰岩、泥岩、粉砂岩及薄煤层组成，以石灰岩为主，有 13 层石灰岩，厚 53.87 m，占全组总厚的 46.6%。单层厚度 $0.59 \sim 12.11$ m，其中第三、第四、第五、第十二、第十三层石灰岩厚度较大，其余均为薄层石灰岩。地下水主要储存和运移在石灰岩岩溶裂隙网络之中，富水性主要取决于岩溶裂隙发育的程度，岩溶裂隙发育具有不均一性，因此富水性也不均一。第一、第二层石灰岩厚度小，第三、第四层石灰岩厚度较大，岩溶裂隙发育，含水丰富。

该矿对太灰不同层位进行了流量测井，从流量测井资料看，一~四灰渗透系数普遍较大，说明一~四灰岩溶裂隙发育，水动力条件好。六灰、十二灰岩溶裂隙不太发育，水动力条件相对较差，其他各层灰岩因缺少资料，富水性不详。

据长观孔资料统计（表 2.5），水位随着矿井开采及排水逐渐下降。

表 2.5　太灰长观孔水位变化统计表

孔号	各时间段水位/m				累计下降值/m
	2011 年 12 月	2012 年 12 月	2013 年 12 月	2014 年 12 月	
水 4	-209.94	-216.84	-205.84	-235.41	25.47
水 5	-226.28	-236.83	-234.37	-270.72	44.44
水 9	-264.06	-283.62	-255.18	-331.75	67.69

孔号	各时间段水位/m				累计下降值/m
	2011 年 12 月	2012 年 12 月	2013 年 12 月	2014 年 12 月	
水 17	−312. 58	−340. 17	−347. 10	−360. 35	47. 77
水 18	−224. 08	−253. 41	−254. 78	−284. 40	60. 32
水 20	−295. 40	−308. 02	−296. 35	−362. 41	67. 01
水 21			−358. 43	−399. 53	41. 10

由淮北各生产矿井的实践得知，太灰岩溶裂隙水是开采 6 煤层的矿坑充水的主要隐患之一，该矿 6 煤层为主采煤层，太灰水能否突破 6 煤层底板隔水层对矿坑充水，取决于太灰原始导高、水头压力、隔水层厚度、隔水岩层的抗压强度，以及底板受构造、开采等因素影响与其破坏程度。为了解太灰水能否给 6 煤层开采造成突水危害，根据《煤矿防治水规定》计算公式估算了采区部分钻孔处的突水系数为 0.004 ~ 0.36MPa/m，平均 0.094MPa/m。就全国实际资料看，底板受构造破坏块段突水系数一般不大于 0.06MPa/m，正常块段不大于 0.1MPa/m。本区估算的 6 煤层突水系数均值虽小于 0.1MPa/m，但在局部地段与构造破坏地段及深部，6 煤层开采仍存在突水危险性；同时个别钻孔煤层甚至与太灰"对口"接触。因此，6 煤层开采时必须采取严格的灰岩水防治措施。

4. 奥陶系石灰岩岩溶裂隙含水层（段）

区域厚度 500 多米，恒源煤矿仅水 8 孔揭露厚度 118.89m，为浅灰色厚层状石灰岩，具有不同规则灰色、浅灰白色斑纹，局部含有白云质。质纯性脆，微晶结构，高角度裂隙发育。据区域水文地质资料，该层（段）浅部岩溶裂隙发育，富水性强。据相邻茴村勘探区 803 孔资料，揭露奥灰 113.35m，上部 42m 岩溶裂隙发育，水位标高 +30.28m，$q =$ 0.704 ~ 3.15L/(s·m)，$K = 1.77$m/d，水化学类型为 SO_4-Na·Ca 型，矿化度 3.50g/L。

奥灰水位长观孔观测资料见表 2.6，1997 年 9 月水 8 孔奥灰水位标高为 −28.91m，1999 年 10 月受该矿太灰放水试验和区域太灰水位下降影响，至 1999 年 12 月，水位突降，达 −57.94m，至 2000 年底水位为 −58.91m。2005 年 3 月 18 日井下 GS5、GS6、GS7 钻孔对太灰进行疏放水后，水 8 孔水位随即开始下降，至 7 月 6 日，达到最低值 −89.17m，以后又慢慢回升，至 10 月达 −80.96m，于 2011 年底封闭。累计下降了 60.26m，变化幅度为 7.70m/a。水 24 孔在 2012 年 6 月奥灰水位为 −48.82m，2014 年 12 月降至 −72.33m，累计降深为 23.51m。

奥灰水位处于波浪式较慢的下降状态，和太灰水位下降状态保持一致。这说明由于煤矿的采掘，奥灰水已部分地补给太灰水再进入矿坑被排至地面，奥灰水在一定的范围内已形成一个较大降落漏斗。同时也说明了奥灰水对太灰水有一定的越流补给关系。但该含水层远离主采煤层，在正常情况下对矿坑无直接充水影响。当然也不排除当井巷工程遇导水断层或导水陷落柱时，奥灰水直接进入矿坑造成突水灾害的可能性。

表 2.6 奥灰长观孔水位变化统计表

孔号	各时间段水位/m						累计下降值/m	备注
	1997 年 9 月	1999 年 12 月	2000 年 12 月	2005 年 7 月	2012 年 6 月	2014 年 12 月		
水 8	−28.91	−57.94	−58.91	−89.17			60.26	2011 年底封闭
水 24					−48.82	−72.33	23.51	

2.3.2.3 矿井隔水层 (组、段) 水文地质特征

在 2.3.2.2 节所描述的含水层 (组、段) 之间均有相应的隔水层 (组、段)。由于隔水层的存在,各含水层 (组、段) 自然状态下补给、径流、排泄条件显著不同,从而在水化学特征上也存在明显的差别。

1. 新生界松散层隔水层 (组)

1) 第一隔水层 (组)

位于第一含水层之下,底板埋深 53.5~86.6m,平均埋深 72m,由棕黄色夹浅灰绿色斑块的黏土及砂质黏土组成,其中夹 2~5 层砂或黏土质砂。黏土类两极厚度 14~45.6m,平均厚度 29.5m。黏土塑性指数为 14.2~26.8。黏土类质纯、致密,可塑性较强。本层 (组) 分布稳定,隔水性能较好,能阻隔其上下的含水层的水力联系。

2) 第二隔水层 (组)

此隔水层位于第二含水层之下,底板埋深 99.3~120m,平均埋深 105m,隔水层厚度 4.9~22.6m。岩性以棕黄色、浅灰绿色的黏土或砂质黏土为主,部分夹 1~3 层砂或黏土质砂,呈透镜状分布。本层 (组) 分布较稳定,大部分地带隔水性能较好,局部地段由于隔水层厚度较薄,隔水性较差。

3) 第三隔水层 (组)

隔水层位于第三含水层之下,本层 (组) 底部深度 112~191.8m。其不整合于二叠系之上,主要由灰绿色、浅黄色黏土及砂质黏土夹 1~3 层砂层组成,偶夹钙质及铁锰质结核。隔水层两极厚度 0~37m,平均厚度 11.8m。黏土层可塑性好,膨胀性强,塑性指数 18.2~21,隔水性良好。根据刘桥一矿生产实际资料,当底部黏土层 (组) 有效厚度 $h >$ $1.5W_{max}$ (W_{max} 为采动引起地表最大沉降值) 时,在开采影响下,能阻隔上部含水层中水的渗透。刘桥一矿 4 煤层充分采动实测最大沉降值为 2.17m,即当底部黏土层厚度大于 3.26m 时,能阻隔松散层三含与煤系砂岩裂隙含水层之间的水力联系,故本矿三隔在大部分地带均能起到较好的隔水作用,使三含水不能成为矿井的直接充水水源。但 12~14 线的东部、8 线的北部及其他零星小区缺失黏土层,形成"天窗"致使三含在这些地带与煤系含水层间有直接的水力联系,但其分布范围较小,又远离主采煤层,故对矿井充水影响不大。

2. 二叠系煤系隔水层 (段)

二叠系煤系岩性由砂岩、泥岩、粉砂岩、煤层等组成,并以泥岩、粉砂岩为主。不能

明显地划分含、隔水层（段）。其中泥岩、粉砂岩可视为隔水层，将各含水层阻隔。

1）五含上隔水层（段）

除部分地段该层位缺失外，其厚度为 68～215.59m，一般大于 100m，岩性为泥岩、粉砂岩、砂岩相互交替，以泥岩、粉砂岩为主，砂岩裂隙不发育，穿过该层段的钻孔冲洗液只有 02-1、03-4 等少数孔发生漏失现象，说明该层段的隔水性能较好。

2）河床相砂岩下隔水层（段）

主要由泥岩、粉砂岩夹少量砂岩组成，除少数孔缺失该层段外，其厚度为 50～85m，穿过该层位的钻孔只有个别钻孔冲洗液发生漏失现象，说明该层（段）的隔水性较好。

3）4 煤层上隔水层（段）

此层（段）间距 33～81m，主要由泥岩、粉砂岩夹 1～2 层砂岩组成，岩性致密完整，裂隙不发育，只有个别孔出现冲洗液漏失现象，此层（段）隔水性能较好。

4）4 煤层下铝质泥岩隔水层（段）

此层段厚度为 20～65m，一般厚度为 25m 左右，岩性以铝质泥岩为主，局部夹薄层砂岩，该铝质泥岩为浅灰色–灰白色，含紫色花斑，性脆，含较多菱铁鲕粒，岩性特征明显，层位、厚度稳定，是中、下部煤组的分界。其岩性致密，隔水性能较好。

5）6 煤层底至太原组一灰顶间海相泥岩隔水层（段）

该层（段）岩性主要为泥岩和粉砂岩，夹 1～2 层砂岩，局部有砂泥岩互层，岩性较致密。该矿共有太灰钻孔 86 个，统计了其中揭露 6 煤层钻孔 83 个，有 6 个孔受断层影响，其间距变薄，为 25.1～37.44m；正常情况下间距为 42.5～69.82m，平均间距为 53.7m。从以上数据可以看出，一般情况下开采 6 煤层，此隔水层（段）能起到隔水作用。但在局部地段受断层影响，导致间距缩短甚至与灰岩对口，则有可能造成"底鼓"或断层突水。

3. 本溪组铝质泥岩隔水层（段）

该矿仅水 8 孔及 05-3 孔揭露此层（段）厚度 14.18～23.09m，岩性以浅灰色到暗红色的杂色含铝泥岩为主，夹有少量泥质灰岩。含铝泥岩为中厚层状，含有铁质结核及菱铁鲕粒，该层（段）岩性致密，隔水性较好。

2.3.2.4　矿井充水条件

1. 矿井充水水源

恒源煤矿矿井充水水源主要有 4 煤层顶底板砂岩含水层、6 煤层顶底板砂岩含水层和太原组灰岩含水层。其中 4 煤层顶板砂岩水在矿井生产中普遍淋水，水量最大时可达 350m³/h，如 4413 工作面初放期间顶板出水，占矿井总涌水量的 80% 以上，对生产有一定的影响。但是砂岩裂隙含水层以静储量为主，当涌水疏放一段时间后，水量会逐渐下降直至疏干，一般不会形成大的灾害。太原组灰岩含水层是威胁和影响矿井生产的主要含水层，在恒源煤矿及相邻的矿井都发生过突水灾害。例如，刘桥一矿Ⅱ623 和Ⅱ626 两个工作面发生底板灰岩水害，水量均在 200～300m³/h 之间。该矿的底板灰岩突水有两次，一次是 651 工作面底板发生 $20m^3/h$ 的渗水，一次是过孟口断层时断层带突水速度约 $80m^3/h$。

1）地表水

恒源煤矿目前的开采水平主要为二水平，新生界松散含水层主要接受大气降水的补给。但有新生界第一、第二、第三隔水层的存在，且隔水层的隔水性能较好，能有效地隔绝大气降水、地表水与煤系砂岩裂隙水的水力联系，因而大气降水、河流及塌陷区积水不会成为矿井充水水源。

2）地下水

a. 直接充水水源

该矿井实测涌水量大于 $5m^3/h$ 的 80 多次突水实例表明，4、6 煤层顶底板砂岩裂隙水是 4、6 煤层开采的直接充水水源。其具有富水性弱，补给量不足的特点。其富水性在空间分布上因所处位置不同而有所差异，在横向上决定于砂岩裂隙的发育程度，一般在断层比较密集或断层附近伴生裂隙比较发育处富水性相对较强，反之则富水性较弱甚至无水；在纵向上取决于出水点的深度，一般浅部（4 煤层顶底板）富水性大于深部（6 煤层顶底板）。煤系砂岩无论在横向上还是在纵向上均表现为富水性极不均一的特点。主采煤层顶板砂岩含水层富水区的分布与构造密切相关，据 4414 工作面顶板瞬变电磁法勘探显示，工作面顶板存在 4 个富水异常区，大部分富水异常区位于断层附近或尖灭端交汇部位。

b. 间接充水水源

第五含水层（河床相砂岩裂隙含水层）和第六含水层（区域 5 煤层上下砂岩裂隙含水层）地下水与 4 煤层之间分别有隔水性良好的下石盒子组顶部隔水层（段）及 4 煤层上隔水层（段）阻隔，无良好的导水通道，因此这个砂岩裂隙含水层（段）地下水难以直接进入矿坑。但在开采条件下，这两个砂岩裂隙含水层（段）地下水可能通过采空冒落带裂隙或断层进入矿坑，成为矿坑充水的补给水源。

太原组石灰岩岩溶裂隙水是矿坑间接充水水源之一，也是矿井充水的重要隐患之一。1999 年 10 月 20~28 日，在六五采区对太原组 1~4 层灰岩含水层进行了放水试验，结果显示该矿中部的太灰水向南北两端流动，中间太灰水位较南北两端分别高出 11~12m，其渗透性在矿内还存在不均一性。

2005 年 3 月 18 日，GS5、GS6、GS7 井下钻孔对 Ⅱ614 综采工作面疏放太灰水，平均放水量约 $450m^3/h$。放水以后，太灰长观孔水位发生明显变化，短短 9 个月时间，太灰水位累计下降 34.62~91.47m。这充分说明，太灰含水层虽然富水性较强，但是补给水源有限，具备疏水降压开采 6 煤层的条件。

2009 年 12 月 3~7 日对太原组 1~4 层灰岩含水层进行了第二次放水试验，历时 4 天，放水量为 $217m^3/h$。通过对数据的分析和计算，得出如下结论：

（1）查明了矿区太灰含水层地下水的边界条件。矿区西部边界以土楼断层为隔水边界，南部及东南部为补给边界，北部以深部边界为排泄边界，在放水的条件下，西部为弱补给边界。

（2）分析了太灰含水层的天然流场和补径排条件，地下水流向大致为东南至北西，静储量小，径流条件较好，是具有统一水力联系的地下岩溶水含水系统。通过已有的资料，认为区域内无灰岩隐伏露头补给和奥灰含水层越流补给，有一定的侧向补给。

（3）本次放水试验期间，放水孔井群附近的两个观测孔水位降深分别高达 253m 和 51m，其他各观测孔均有一定程度的下降趋势，没有出现不可疏降的高水位异常区，说明太灰水具有可疏性。

（4）得出了本区的渗透系数 $K=0.55\sim11.64\text{m/d}$，渗透系数较大，但由于断裂构造等因素的影响，在本矿区内的不同块段水文地质参数呈现出明显的非均一性；各放水孔 $K=0.55\sim11.64\text{m/d}$，$q$ 值在 $0.09\sim0.30\text{L/(s·m)}$ 之间，平均 0.20L/(s·m)，为中等富水含水层。

（5）通过对放水试验阶段太灰水的水化学资料分析，认为太灰水在放水试验过程中水质特征变化微弱，其原因是放水试验水动力条件改善，深部太灰水与浅部太灰水发生了一定的水力联系，但与奥灰水的水质特征有明显差异，进一步肯定了太灰与奥灰水间无水力联系或水力联系微弱，可视为两个独立的水文地质系统。

以上资料和区域水文地质资料分析结果显示，太灰岩溶裂隙发育不均一，富水性差异较大。但总体来看太灰是区内含水丰富的含水层（段），是 6 煤层开采的补给水源区。由于受构造影响，在太灰上隔水层（段）薄弱地带或对口部位，太灰水对 6 煤层开采具有一定的突水威胁性。

奥陶系岩溶裂隙含水层（段）地下水。奥陶系岩溶裂隙含水层（段）远离主采煤层，在正常情况下对矿坑充水无明显影响。据水 8 孔奥灰长期观测资料，奥灰水位随矿井开采逐年下降，说明奥灰水对矿坑充水有间接补给作用，也是煤层开采的重要隐患之一。

老空水。恒源煤矿煤层埋藏较深，周围无小煤窑开采，不存在老窑水；但是，由于相邻的刘桥一矿及新庄煤矿较恒源煤矿先开采，在靠近矿界的工作面，老塘可能存在一定的老塘水，因此不能排除这些老塘水对相邻恒源煤矿开采的影响。另外，4413 工作面和4414 工作面的几次大突水，在工作面经过改造后，出水形式均转化为老塘出水，包括涌水也转化为老塘水。随着开采深度的增加，工作面老塘不同程度地存在老塘水聚集，老塘水水害是深部工作面回采面临的较大威胁之一。

2. 充水通道

矿井充水的通道主要有断层及构造裂隙、采动裂隙、风化带裂隙、岩溶陷落柱以及未封闭不良钻孔。

（1）断层及构造裂隙：分析钻孔抽水资料与井下放水试验资料，以及井下揭露的断层，该矿断层大多数富水性弱，导水性差。但采动也可能使某些断层"活化"，导水性增强。若 4 煤层、6 煤层顶底板砂岩裂隙含水层与其他富水性强的含水层沟通，亦有可能产生突水。

通过对 2009 年放水试验不同位置观测孔的水位历时曲线分析，孟口断层北部隔水性能较好，南部隔水性变差，上下盘两个观测孔虽有水位差，但水位动态变化趋势一致，说明孟口断层的隔水性能具有分段性。孟-1 断层没有对太灰水起到明显的隔水作用；观 1 孔水位仅缓慢变化 1m 多且存在滞后现象，说明 DF5 断层表现出了一定的隔水性。

该矿断层突水多发生在断层的交汇部位，如 651 工作面靠近 DF5 逆断层，易突水。断层发育部位通常引起隔水层厚度变小，岩石强度降低，降低隔水层隔水性能，使底板突水可能增加。对于较大的断层，落差大，延深远，易于形成垂直与水平的水力联系，在采矿等因素影响下，最易成为矿井充水的良好通道，而沟通其他含水层水导致矿井突水。一些断层本身导水性较差，也不含水，但其伴生的次生裂隙往往富水，成为矿井突水的原因之一。断层在采动影响下，其导水性也有可能发生改变导致突水。因此在生产中对断层发育及其附近部位应密切关注，引起足够的重视。

联系河南永城新庄煤矿和相邻刘桥一矿可以看出，从新庄煤矿−750m 水平经恒源煤矿二水平到刘桥一矿的二水平 II626、II623 工作面（水 13 孔附近）存在着一条 NWW 向的构造带。因该构造带，新庄煤矿−750m 的探水孔水量较大，达 150m³/h，同时伴有底板渗水现象；因该构造带，刘桥一矿中部地层隆起，使井田中间呈马鞍形态，并发育有 NWW 的小断层，II623 工作面的突水为该方向的断层和裂隙所致。该 NWW 向构造在恒源煤矿经过一水平的 68 采区和二水平的 61 采区的浅部。因该构造叠加作用，II61 下采区的地层呈一不甚明显的穹隆状态，在该构造区水文地质条件较为复杂。

该矿小断层十分发育，在大中型断层附近或两组断层交汇处小断层相对集中。特别是新构造裂隙具有时代新、连通性好、充填物少、导水性强的特点，并且分布广泛，也是矿井涌水的重要通道。

（2）采动裂隙：采动冒落带裂隙是矿井涌水的重要途径，煤层顶底板的砂岩裂隙水处于采动破坏带内，其中的裂隙水必然要涌入矿井。底板太原组灰岩岩溶水在水压、矿压作用下，由于有效隔水层厚度的变化而突水，并造成突水灾害。其发育高度与煤层开采方法、顶板岩性煤层开采厚度等因素密切相关。

（3）风化带裂隙：该矿仅 4 煤层在井田南部有不足 300m 宽露头，因此风化带裂隙的导水作用在该矿不是太显著。

（4）岩溶陷落柱：恒源煤矿在生产过程中，已揭露了陷落柱 3 个，分别为 II617 风巷陷落柱、II6115 风联巷陷落柱和 II633 工作面陷落柱，精细解释了 7 个疑似陷落柱。通过对陷落柱的探查、治理发现，II617 风巷陷落柱为不导水或弱导水陷落柱；II6115 风联巷陷落柱在平面上，上边界不含水，下边界弱导含水；在剖面上陷落柱浅部不导含水，25m 深以后陷落柱与下伏灰岩发生较弱的水力联系，越向下水力联系越强；II633 工作面陷落柱原始状态不含水、不导水。已揭露了岩溶陷落柱构造，虽然没有发生突水现象，但可能是因为浅部的水压小，不足以克服陷落柱充填物颗粒间的阻力而没有发生突水。随着深度的增加，其导水性能可能发生变化，因此陷落柱依然是该矿一个潜在的突水通道。煤层开采时，需对疑似陷落柱进行超前物探和钻探探查，进一步查明该陷落柱在煤层中的发育边界。

（5）封闭不良钻孔：该矿有 U17、U49、U51、U152、U190、W17、14-3、14-5、14-4、13-3、16-2、16-3、13-14-B6、U50、23-3、12-4、13-14-B7 共 17 个钻孔为封闭不良，其中 U50、23-3、12-4、13-14-B7 等 4 个钻孔已进行封孔处理；剩余 13 个钻孔未进行启封，有可能会成为导水通道，特别是 U17、14-3、13-14-B6 孔终孔层位太原组石灰岩应引起注意。

3. 充水强度

矿井设计开采煤层有 4 煤层和 6 煤层。4 煤层矿井出水量基本比较稳定, 正常出水量为 60.94m³/h, 最大出水量为 65.52m³/h。6 煤层出水量比 4 煤层大, 正常出水量为 218.28m³/h, 最大出水量为 272.3m³/h。2013 ~ 2016 年, 整个矿井的出水量最大为 509.9m³/h, 最小为 302.7m³/h, 矿井年实际生产量为 200 万 ~ 168 万 t, 由此可以计算出矿井富水系数最小为 1.51m³/t, 最大为 3.03m³/t, 为充水性弱−中等的矿井。

2.3.2.5　矿井突水概况与太灰岩溶水害

1. 矿井突水概况与突水特征

恒源煤矿自 1985 年建井以来, 曾发生过多次突水。据统计, 出水量>5m³/h 的共有 83 次, 最大的一次是 2001 年 10 月 7 日 4413 工作面 4 煤层顶板砂岩裂隙含水层突水, 至 10 月 9 日出水量最大达 350m³/h。自 1997 年以来恒源煤矿的突水情况见表 2.7。

表 2.7　恒源煤矿矿井部分突水点统计

出水时间 (年/月/日)	出水位置	出水层位	出水量 /(m³/h)	突水形式
1997/4/1	651 机巷 J_{20} 点前 30m	6 煤层底板	8	老塘水渗入
1997/7/3	44 采区 2#进风巷 L_5 点前 30m	4 煤层顶板	15	砂岩裂隙
1997/12/2	651 工作面距风巷 F_{26} 点 10m	6 煤层顶板	5	老塘水
1998/2/10	621 机巷 G_{15} ~ F_1 点	6 煤层顶板	7	断层带突水
1998/4/31	651 风巷 F_6 ~ F_8 点	6 煤层底板	12.5	灰岩水补给
1999/5/15	6513 风巷 F_5 点后 10m	6 煤层底板	6	渗漏
1999/5/21	6513 风巷	6 煤层底板	12	砂岩裂隙水
1999/6/14	6513 风巷 F_1 点前 20m	6 煤层底板	12	渗漏
1999/7/13	6513 风巷 F_9 点前 23m	6 煤层底板	12	可能有断层
1999/7/19	427 工作面机巷	4 煤层底板	15	老塘水
1999/9/22	652 工作面距机巷 15m	6 煤层底板	6	断层
1999/10/8	6513 切眼横窝前 24.5m	6 煤层顶板	10	砂岩裂隙水
2000/3/20	652 工作面腰巷	6 煤层底板	9	砂岩裂隙水
2000/9/24	4413 工作面切眼	4 煤层顶、底板	16	断层裂隙水
2000/10/6	6513 工作面	6 煤层顶、底板	8	砂岩裂隙水
2001/1/23	4213 工作面	4 煤层顶板	20	老塘水
2001/1/28	4413 工作面	4 煤层顶板	137.5	顶板淋水及老塘水
2001/10/7	4413 工作面老塘	4 煤层顶板	310	顶板砂岩及老塘水

出水时间 （年/月/日）	出水位置	出水层位	出水量 /（m³/h）	突水形式
2001/2/17	北翼轨道大巷 N_{31} 点前 20 ~ 55m	断层面及 6 煤层底板	25	断层及砂岩裂隙水
2001/4/9	北翼运输机巷 Y_{15} 点前 10m	孟口断层附近顶板砂岩	26.5	顶板砂岩裂隙水
2001/11/22	4414 工作面老塘	4 煤层顶板	22	老塘水回灌
2001/12/27	4414 工作面 3 号疏放水孔	4 煤层顶板砂岩	74	疏放水孔
2002/1/13	4414 工作面距风巷 73m 处	4 煤层顶板	313	顶板砂岩裂隙水
2002/7/8	4414 工作面老塘	4 煤层顶板	112	老塘出水
2002/2/18	4413 工作面风巷端	4 煤层顶板	25 ~ 30	砂岩裂隙
2002/4/3	4413 工作面风巷端老塘	4 煤层顶板	163	老塘水
2002/11/25	二水平运输暗斜井 Y_{16} 点前 65.9m	6 煤层顶板	26	砂岩裂隙水
2003/5/15	二水平轨道暗斜井 G_8 前 78.3m	6 煤层底板	12	砂岩裂隙水
2003/8/10	六五变电所供水孔附近 13m	太灰	121	GS_3 防尘孔漏水
2004/4/12	Ⅱ614 机联巷 F_3 前 17.5m	6 煤层顶板	15	顶板砂岩淋水
2007/8/4	Ⅱ613 工作面切眼、机巷	6 煤层底板	6	老塘涌水
2008/2/18	Ⅱ62 运输下山 L_{12} 点前 24m	6 煤层顶板	7	顶板砂岩裂隙水
2008/3/20	Ⅱ617 工作面老塘	6 煤层底板	25	老塘涌水
2009/6/19	Ⅱ6111 工作面机巷口	6 煤层底板	7	老塘涌水
2010/10/29	Ⅱ615 切眼	灰岩	25	封闭不良钻孔
2011/1/5	Ⅱ615 工作面老塘	6 煤层底板	5	老塘涌水
2011/5/28	Ⅱ628 工作面老塘	6 煤层顶、底板	53	老塘涌水
2011/9/23	Ⅱ616 工作面老塘	6 煤层顶、底板	10	老塘涌水
2011/11/14	Ⅱ6117 工作面机巷	6 煤层顶、底板	12	老塘涌水
2012/1/6	Ⅱ6117 工作面老塘	6 煤层顶、底板	5	老塘涌水
2012/2/2	Ⅱ6117 工作面风巷 5#钻场	太原组灰岩含水层	40	孔口四周裂隙涌水
2012/3/20	Ⅱ6112 工作面风巷 1#钻场	太原组灰岩含水层	15	钻场及四周 10m 底板涌水
2012/3/30	Ⅱ6112 工作面风巷 1#钻场	太原组灰岩含水层	15	钻场及四周 10m 底板涌水
2012/9/28	Ⅱ627 风联巷	6 煤层顶板	15	断层导水
2012/11/15	二水平北翼皮带联巷	6 煤层顶、底板	4	钻孔导水
2013/6/12	459 老塘	4 煤层顶、底板	43	老塘涌水
2014/5/28	三水平主暗斜井 Y_{39} 点前 41 ~ 46m	4 煤层底板	10	砂岩裂隙水
2014/8/5	Ⅱ61 下 2 机巷 J_{21} 点后 3 ~ 5m	6 煤层底板	17	砂岩裂隙水

1）矿井突水点的分布特征

根据该矿的突水资料，对突水点进行分类统计（表 2.8），4 煤层顶板突水 24 次，底板突水 16 次；6 煤层顶板突水 20 次，底板突水 23 次。由此可以看出，本区在生产实际中所面临的水害主要为 4 煤层、6 煤层顶、底板砂岩裂隙水、老窑水、断层水、封闭不良钻孔水和太灰水。出水位置主要发生在工作面、巷道及井筒，且突水点主要分布在 -400m 以浅部位，在平面上主要为四四采区，其次为四二采区、六五采区，尤以 4413、4414 工作面突水最为严重。此外，工作面突水总体上 4 煤层、6 煤层底板突水的频率均低于顶板，且以 4 煤层顶板砂岩出水频率最高。

表 2.8　恒源煤矿突水点分类情况统计表（突水次数）

突水量/（m³/h）	4 煤层		6 煤层		太灰	累计
	顶板	底板	顶板	底板		
≤10	2	1	4	10	0	17
11~50	13	10	12	12	5	52
51~99	3	3	1	0	0	7
≥100	6	2	3	1	1	13

2）矿井突水点涌水量变化特征

由表 2.8 可以看出，4 煤层突水强度明显高于 6 煤层，4 煤层顶板砂岩最大突水量达 350m³/h，单点水量为 70m³/h，大于 100m³/h 的有 6 次，而 6 煤层顶板砂岩最大突水点为 123.48m，大于 100m³/h 的只有 3 次。

涌水量变化有小→大→小→稳定的动态补给型和小→大→小→疏干的静储量消耗型两种类型。

3）矿井突水的水源

矿井突水的水源主要为 4 煤层，6 煤层顶、底板砂岩裂隙水，其次还有老塘积水、太灰水和断层带水。

（1）4 煤层、6 煤层顶、底板砂岩突水：此类突水在恒源煤矿占绝大多数，突水量 5~350m³/h。该矿 4 煤层和 6 煤层顶底板砂岩裂隙较发育，局部含水较丰富，故突水点多，有的突水量也大，对生产影响较大。

（2）断层带突水：该矿有 23 次突水与此有关，突水量为 7~122.7m³/h，有的突水量大且时间长，如 1991 年四二运输上山下部及四二采区轨道运输上山下部分别突水，水量达 122.7m³/h 和 108.37m³/h，但注浆处理区突水量分别为 50m³/h 和 60m³/h。

（3）老塘积水：此类水源突水有 20 次，突水量为 5~112m³/h。

（4）太灰水：由于该矿已采取了探放水措施，太灰水位已大幅度下降，故未发现较大的突水点。

4）矿井突水的通道

（1）采动冒落裂隙带：此类突水通道在工作面常常伴随顶板垮落（周期来压）的周期性而具有周期性发展。

（2）矿山压力作用底板破坏产生的裂隙：此类突水多发生在回采工作面内，多为底板突水，个别突水点水量较大。这种底板破坏产生的裂隙深度与采煤工艺有密切关系。

（3）断裂、破碎带裂隙：该矿有24次突水与煤层或破碎带裂隙有关，特点是大多发生在巷道中，有些突水水量较大，突水的同时，往往伴随冒顶。

（4）井壁裂隙突水：该矿主、副井壁突水在前面已经叙述，其突水量大，对井壁破坏很大，需及时处理。

（5）封闭不良的钻孔：1996年12月6113运输下山突水，为封闭不好的钻孔使老塘水突入，突水量为80m³/h。2003年8月10日六五变电所供水孔附近13m，因井下GS₃防尘孔漏水，发生太灰涌水，突水量达121m³/h，后对该孔进行了注浆封堵。这说明如若封闭不好的钻孔导通了含水丰富的含水层，突水量可能很大，会给矿井造成灾害性事故。

2. 研究区矿井底板太原组灰岩岩溶水害隐患

恒源煤矿共有太原组石灰岩钻孔110个，其中11补-2、水8孔揭露全太原组地层，其余孔仅揭露一~四灰，05-3孔揭露十~十二灰，全组总厚115.55m。太原组主要由石灰岩、泥岩、粉砂岩及薄煤层组成，以石灰岩为主，有13层石灰岩，厚53.87m，占全组总厚的46.6%。单层厚度0.59~12.11m，其中三灰、四灰、五灰、十二灰厚度较大，其余均为薄层石灰岩。地下水主要储存和运移在石灰岩岩溶裂隙网络之中，富水性主要取决于岩溶裂隙发育的程度，岩溶裂隙发育具有不均一性，因此富水性也不均一。一灰、二灰厚度小，三灰、四灰厚度较大，岩溶裂隙发育，含水丰富。该矿对太灰不同层位进行了流量测井，从流量测井资料可以看出一~四灰渗透系数普遍较大，说明一~四灰岩溶裂隙发育，水动力条件好。

总体来看，太灰是区内含水丰富的含水层（段），是6煤层开采的补给水源。由于受构造影响，在太灰上隔水层（段）薄弱地带或对口部位，太灰水对6煤层开采具有一定的突水威胁性。本矿井下钻孔灰岩涌水量在20~350m³/h之间，自矿井开采以来，特别是太灰放水以后，各孔水位持续下降，各孔的水位不同，水位降低的速度也不同，这是各孔在区域内灰岩水降落漏斗中所处的位置不同造成的。1999年10月~2000年6月期间，水位降低速度比较快，这是由于和恒源煤矿矿相距2km、5km和10km的河南省新庄、葛店以及车集煤矿分别先后突水180m³/h、370m³/h和855m³/h，再加上恒源煤矿放水试验造成了该矿太灰水位大幅下降。后来河南省三个矿突水相继被堵住，而这期间恒源煤矿的太灰放水试验也已结束，故各孔水位下降速度放慢，有的则有所回升。由此可见，太灰水的疏放，形成了一个范围较大的降落漏斗，这反映出在区域上一定范围内太灰岩溶裂隙网络连通性较好（当然也存在着一定的各向异性），具有一定的补给来源。恒源煤矿放水试验资料显示，矿内13-17勘探线间的地带为奥灰水越流补给太灰区。故此，太灰水是6煤层开采矿坑充水的隐患之一。

3. 矿井存在的主要水文地质问题

据矿井相关资料分析，恒源煤矿在4煤层、6煤层开采过程中存在的水文地质问题主要有以下几个方面。

（1）强富水异常区是6煤层上30m和下30m平面异常位置部分重合或完全重合的地

方。富水异常区主要集中在断层附近，且与断层走向一致，呈条带状分布。断层尖灭处多有富水异常区分布，另外，土楼背斜东翼断裂构造发育较多的地方富水异常区也相对较多，因此富水异常区的分布与区内构造关系较为密切。

（2）大中型断层带多胶结充填裂隙密闭，具有较高的阻水能力，小断层多呈张性，充填性差，具有良好的透水性、连通性，相互连通起到汇水网络的作用，导致区内小断层密集的地方多有富水异常区出现，大中型断层的局部有富水异常区分布。

（3）大量矿井实际生产资料表明，钻孔封闭不良而导致含水层相互连通有时是矿井安全生产的主要水害。本区经历了多期不同的勘探阶段，不同阶段的钻孔封闭标准不同，因而封闭质量也各不相同，有可能会成为导水通道，使各含水层间发生水力联系，地下水直接通过钻孔涌入矿井时将对矿井产生极大的危害。

（4）根据现有资料，已发现 2 个分别位于 II617 风巷和 II6115 风联巷的陷落柱，另发现两个疑似陷落柱，增加了恒源煤矿 6 煤层水文地质条件的复杂性，加重了今后矿井防治水工作的艰巨性和困难性，查找矿区内隐伏陷落柱状问题已成当务之急。

（5）恒源煤矿处于大吴集复向斜南部仰起端上的次级褶曲土楼背斜西翼。区内曾受多次构造运动复合作用，属应力比较集中地区，小构造较为发育，是制约矿井生产的主要因素之一，在生产过程中要加强其统计研究工作，为矿井安全生产提供保障。

（6）矿井面临的水害威胁主要有：−600m 以深 6 煤层工作面底板承受太灰水压高达 5MPa，工作面在高水压上采煤易引发底板突水；深部大断层导致太灰、奥灰含水层突水；岩溶陷落柱导引太灰、奥灰含水层造成陷落柱突水；−600m 水平及其以深煤层顶底板砂岩裂隙水涌水；二水平各工作面老塘水突水；井筒在松散层底部与基岩面涌水，造成井壁非采动破坏等。

（7）该矿开采年限较长，II61、II62、II63 采区内面临的老空积水威胁越来越严重，需根据水压、煤（岩）层厚度和强度及安全措施等情况确定探放老空积水的超前钻距，实施老空水钻探疏放或无压放水。

（8）深部井目前仅有一个太灰水文长观孔（工业广场内）。此孔的灰岩水水压不能作为全矿井开拓工程穿过大中型断层时的防治依据，需补加奥灰、太灰水的水文长观孔。另外，区内水文地质复杂，灰岩水灾变水量较大，需加强对太灰水、岩溶陷落柱及断层导水性和富水性的探查研究工作，防止水害的发生，确保矿井安全开拓、回采。

第3章 矿井水文地质条件补充勘探

3.1 矿井补充勘探的必要性

矿井建设生产阶段所进行的水文地质勘探，一般视为煤炭资源勘探阶段的水文地质工作的继续与深入，多带有补充勘探性质。其基本任务是为煤炭工业的规划布局和煤矿建设、安全生产提供水文地质依据，并为水文地质研究积累资料。矿井水文地质勘探是在矿井建设和生产过程中进行的，它既可以验证和深化煤田地质勘探对井田（矿井）水文地质条件的认识，又可以根据矿井建设生产过程中遇到的水文地质问题，充分利用矿井的有利条件，进行有针对性的矿井水文地质勘探，为矿井建设生产和矿井防治水工作提供依据。由此可见，矿井水文地质勘探是煤田地质勘探所不能取代的。对于水文地质条件复杂和极复杂的大水矿井，尤其是这样。

3.1.1 矿区煤炭资源勘探特点

淮北矿区煤炭资源勘探特点有：①一般矿井煤炭资源勘探都经历了预查（找）、普查、详查及勘探四个阶段，在建井及生产中结合矿井建设、开拓、生产需要，适时开展补充勘探。②在勘探手段上，2000年以前为二维地震勘探与钻探结合，2000年以后，增加使用了三维地震勘探和地面电法勘探，以及井下放水试验。③勘探工程密度依据勘探程度的要求，按照《煤、泥炭地质勘查规范》逐步加密；勘探深度随着煤炭资源开发逐步加深。

3.1.2 矿区煤炭资源勘探存在的主要问题与探采对比分析

1. 存在的主要问题

经过多年的勘查与开发，皖北煤电集团有限责任公司所属矿区煤炭资源赋存情况基本查明，累计查明煤炭资源储量数亿吨，基本上满足了公司连续多年资源开发开采的需要。然而通过探采对比分析，可看出公司在资源勘探上也存在许多不足，主要是：①断层查明精度不高，落差H在30m以下断层缺少较多。2000年以前，未使用三维地震勘探，统计表明，10m$<H\leqslant$30m的断层，70%未查出或未查明；$H\leqslant$10m的断层基本上未查出。2000年以后，使用三维地震勘探手段后，断层的探查精度得到了提高，但是，10m$<H\leqslant$30m的断层仍有30%未查出或未查明，$H\leqslant$10m的断层未查出或查明的仍高达60%以上。②岩溶陷落柱基本上未被勘探查出。③煤层变薄多未被查明。④岩浆岩对煤层的侵蚀区未被查明。⑤矿井水文地质条件普遍比勘探提供的要复杂。⑥煤层瓦斯的含量普遍比勘探提供的

要高。

2. 探采对比分析

1）卧龙湖煤矿开采前后对比

公司所属矿井中尤以卧龙湖煤矿具有代表性，卧龙湖井田在勘查后设计生产能力为 90 万 t/a，但矿井投产后由于地质构造复杂，煤层赋存不稳定，瓦斯含量大等因素影响，一直未能达产，甚至一度转为基建矿井。

2）前岭煤矿开采前后对比

前岭煤矿于 1970 年 3 月开始筹备，矿井设计能力为 30 万 t/a，服务年限 104 年。矿井于 1971 年破土动工，1983 年投产，由于开采条件复杂，矿井在投产初期原煤产量未能达到矿井设计生产能力。1990～1992 年，在地质条件最有利的块段内回采，年产量分别达到 36 万 t、35 万 t、38 万 t，之后的产量逐年下降。1996 年 12 月 31 日经皖北煤电集团有限责任公司批准前岭煤矿从 1997 年起转为无能力矿井，开始停产。至 2002 年，随着煤炭市场行情好转，着手做恢复矿井生产的工作，并于 2003 年开始恢复生产。经过十年的开采，前岭煤矿于 2013 年底关井闭坑。

（1）煤层探采对比：实际生产所揭露煤层厚度与勘探报告相比较，回采的煤层厚度普遍比钻孔见煤点薄。

（2）瓦斯：勘探报告认为前岭煤矿属于低瓦斯矿井，但从 1992 年首次发生煤与瓦斯突出以来，较明显的瓦斯动力现象有 20 多次，其中大型突出 1 次，中型突出 5 次，小型突出 14 次，目前前岭煤矿被批准为煤与瓦斯突出矿井。

（3）火成岩侵蚀：勘探报告显示 4 煤层局部受火成岩侵蚀，6 煤层煤厚较大，局部受火成岩影响，大部分可采；实际回采显示 4 煤层受岩浆岩侵蚀后，厚度变化较大，但大部分可采，6 煤层浅部受岩浆岩侵蚀严重，煤层受吞蚀或变成天然焦。

3）刘桥一矿开采前后对比

刘桥一矿实际生产所揭露情况与勘探报告对比，其全矿井的大构造形态和断层特征基本正确，但也存在不小的差异，特别是小构造与煤层的赋存变化较大。

（1）地质构造：刘桥一矿的总体形态与原勘探报告提供的资料基本一致，在生产补充勘探及生产过程中，断裂构造与原勘探报告有一定差异。在工作面 Ⅱ467、Ⅱ661、664 和 Ⅱ662 揭露新增小断层 52 条和陷落柱 1 个（A9）；土楼断层在 12 线以北分解成土楼 1、土楼 2、土楼 3 等一系列断层组，且在 9 线附近尖灭。

（2）4 煤层：钻孔中揭露的煤厚和深度与生产揭露的差别较大。

（3）水文地质情况：勘查时抽水资料显示七含、八含富水性弱，但巷道揭露时均出现了淋水、少量出水点集中出水和渗水现象。

4）恒源煤矿开采前后对比

恒源煤矿井下采掘揭露情况与勘探报告对比，总体上大的构造形态和断层特征基本一致，但也存在一定的差异，主要表现如下。

（1）地质构造：矿井总体形态与原勘探报告提供的资料基本一致，历次查明的断层多数准确，揭露点断层的落差也与勘探资料基本相符，但也有一些出入，主要有勘探资料

（包括三维地震资料）认为没有断层之处，在实际采掘中发现有断层；勘探资料中仅说明落差大于5m的断层，采掘过程中发现的小于5m断层更是数目众多。

（2）陷落柱：已揭露陷落柱3个，但均不导水。

（3）4煤层：采探平均煤厚基本一致，生产揭露煤层厚度略小于勘探煤层，煤层结构、夹矸分布及煤层稳定类型与勘探基本一致。

（4）6煤层：生产揭露与勘探结果均为稳定煤层，煤层结构简单，生产揭露平均煤厚与勘探结果相近。煤层赋存情况除19～20线间露头往外有所扩展外，生产与勘探揭露情况基本相近。

（5）水文地质情况：勘查时抽水资料显示七含富水性弱，但采掘揭露时出现了涌水现象。6煤层开采水文地质条件复杂。

（6）矿压情况：该矿在建井期间和生产过程中，井筒和一些采掘巷道都不同程度出现过变形等现象，说明该矿井地压活动较为强烈。

3.1.3　矿井补充勘探方法

目前，煤矿深部开采中的地质勘探技术是以地球物理方法为先导，其他基础地质手段加以配合，依托计算机技术实现地质工作的动态管理是煤矿深部开采地质勘探的特点。其工作模式可分为三个层面：井田范围主要可采煤层开采地质条件评价、采区地质条件勘查和工作面地质条件超前探测。

而从现今的发展方向来看，煤矿深部开采地质勘探技术的发展方向是将地球物理方法、基础地质勘探手段与地理信息系统技术进行有机结合。合理选择勘探目的层，充分利用井下巷道，以大流量、大降深的井下放水试验为主，钻探与物探相结合，多种方法相互验证、相互补充的综合水文地质勘探方法，是查清类似矿井水文地质条件，解放受水害威胁的下组煤的有效技术途径。

1）传统水文地质勘探方法

受岩溶承压水威胁的矿井，底板突水是各类因素综合作用的结果，突水机理主要包括：①岩溶裂隙水网络的发育情况，是发生底板突水的物质基础；②隔水层的厚度及岩性特征，是突水的制约因素；③采矿活动造成底板的破坏，是底板突水的诱导因素；④断裂构造及原生构造裂隙的发育程度，是导致底板突水的关键因素；⑤水压与矿压的耦合作用也是导致底板突水的重要因素。因此，水文地质条件的探查范围包括了岩溶裂隙水网络发育规律、隔水层的厚度及岩性变化、断裂构造及底板裂隙的发育规律及发育程度、含水层水位变化规律等。而任何一种单一的勘探方法，只能大致探明某一种突水因素，如采用传统的地面钻探、抽水及注水试验，只能探明某一点的岩溶发育及富水情况，对于整个开采范围的富水规律难以有效探明。另外，矿井突水是一个十分复杂的问题，不可能用一个统一的规律进行描述，也就是说，随着空间的变化，水文地质条件发生变化，各类突水因素在突水过程中的作用相互交替变化，如断层导水型突水中，构造的突水机理起到了主导作用，而底板破坏型突水中，采矿动压是突水的关键因素。因此，要防止底板突水，就必须对各类突水因素进行全面探查，有针对性地实施综合治理，才能有效地防止水害事故的发生。对水文地质条件的探查，采用单一的探查方法显然是不够的，必须采用综合方式进行地质勘探。

2）采区地面地震勘探

采区设计前，通过采用地面地震勘探手段，查明采区构造形态和断层发育规律，查明煤层赋存状况及底板起伏形态，对影响开采的含水层富水性进行评价，并提出水害防治措施，为采区设计提供可靠的地质资料。同时本阶段的主要工作也是进一步查明采区范围内的小构造，包括落差 5m 左右的断层、陷落柱和采空区的空间分布形态，根据采区衔接的要求，应提前布置实施。现已成熟的探测技术包括三维地震勘探、瞬变电磁法、矿井直流电法和钻探。地面物探方法较矿井物探方法施工简单，探测效率也高，但受到地表条件的限制。因此，在地表条件允许的前提下，高分辨率三维地震勘探技术是首选方法。

3）井下钻探及综合物探

在放水试验对主要含水层的富水性达到宏观控制（矿井、采区）的基础上，对富水区的每一工作面，针对不同的条件，采用各种物探手段，探明局部导水构造、隔水层变薄带及局部富水带，再用少量的钻探手段进一步验证，有针对性地重点布置注浆改造、疏水降压等治水工程。

井下直流电法透视：从大的范畴来说，井下直流电法透视仍属于矿井直流电法。其目的是探测采煤工作面内部的导水构造、底板含水层的集中富水带。许多矿区的研究和试验证明，井下直流电法透视是探测水文地质异常区最为有效的物探方法之一。

瞬变电磁法（transient electromagnetic method，TEM）探测：利用大功率的发射装置向铺设在地面的矩形线圈（或称发射框）发送双极性大电流，在电流开启和关断时，由于电磁感应作用产生电压脉冲，电压脉冲的衰减产生感应磁场（即一次磁场）。一次磁场随着时间的推移，在地下介质中产生涡流。地下涡流的变化又生产二次磁场，由于不同地质体其电性特征存在差异，其二次磁场的衰减亦存在差异。因此，通过研究二次磁场的衰减规律，可达到探测、分析地下地质异常体的目的。TEM 探测可以探测不同高程的相对富水区，以便有针对性地采取防治水措施。

弹性波 CT：即地震层析成像技术，可以探测主要构造的发育情况，但该项技术起步比较晚，还有待于进一步完善提高。

瑞利波：利用瑞利波探测技术可以对掘进巷道前方的地质异常体，特别是对断裂构造进行超前探查，预防突遇断层出水。该项技术对于探测前方构造效果较好。

另外，通过坑透、槽波、脉冲干扰试验等手段，也可以探测地质及水文地质异常区。综上所述，对受底板岩溶水害威胁的矿区进行水文地质条件的探查，应以各种规模的放水试验为主要探查手段，以此为基础，采用多种物探及钻探手段，对局部的水文地质异常区进一步查明，达到相互补充、相互验证，充分体现多种勘探方法的综合效应，可以取得十分显著的技术效果。

煤矿开采地质勘探技术的发展方向是将地球物理方法、基础地质勘探手段与地理信息系统技术进行有机结合。利用三维地震、瞬变电磁、矿井物探、地面钻探和井巷工程等多元数据，查明采区内断层分布、煤层埋藏深度与厚度、岩溶裂隙发育带的分布和隔水层厚度等。利用地理信息系统作为平台建立矿井多元信息集成系统，把三维地震勘探、瞬变电磁法、矿井物探、构造地质、水文地质等多元信息进行复合、综合分析后建立预测与评价模型，实现地质资料的信息化、数字化和可视化，为开采地质条件的快速评价、生产地质工作的动态管理、突发性地质灾害应变对策的制定提供技术支撑。

3.1.4 矿井水文地质补充勘探的必要性

根据《煤矿防治水细则》规定（国家煤矿安全监察局，2018），矿井有下列情况之一的，应当开展水文地质补充勘探工作：①矿井主要勘探目的层未开展过水文地质勘探工作的；②矿井原勘探工程量不足，水文地质条件尚未查清的；③矿井经采掘揭露煤岩层后，水文地质条件比原勘探报告复杂的；④矿井水文地质条件发生较大变化，原有勘探成果资料难以满足生产建设需要的；⑤矿井开拓延伸、开采新煤系（组）或者扩大井田范围设计需要的；⑥矿井采掘工程处于特殊地质条件部位，强富水松散含水层下提高煤层开采上限或者强富水含水层上带压开采，专门防治水工程设计、施工需要的；⑦矿井井巷工程穿越强含水层或地质构造异常带，防治水工程设计、施工需要的。

针对恒源煤矿井田深部存在的大型断层（如孟口断层）的导含水性以及6煤层工作面开采过程中底板灰岩含水层突水等问题，同时二水平底板厚度变化较大，且水文地质条件较一水平复杂，因此开展水文地质补充勘探是必要的。采用的主要方法包括：①水文地质物探；②水文地质钻探；③放水试验。

补充勘探的主要任务如下：

（1）探查太原组L1～L4灰岩的厚度及岩溶发育情况。

（2）探查6煤层至灰岩的距离及其阻水能力。

（3）探查太原组上部灰岩含水层的流场及其与奥灰含水层间水力联系通道。

（4）确定太灰含水层的水文地质参数。

3.2 深部水文地质地震勘探

3.2.1 深部水文地质三维地震勘探

深部水文地质三维地震勘探指的是对矿井二水平以深采区的水文地质探查。过去煤矿往往不将地震勘探作为主要探查内容，仅注重煤层顶底板的断裂构造，没有考虑到煤层下伏太原组灰岩的构造，因此地震的目的层是煤层，而不包括灰岩层，资料的处理上忽略灰岩地层。事实上，下伏灰岩中往往发育着不穿过煤层底板的隐伏断层，表现为煤层底板高程呈台阶式的变化，或表现为由一系列灰岩阶梯状断层组成，小范围难以见到产状的变化，这些隐伏断层往往是灰岩水导升的主要原因。为了使得地震信息得到更好的利用，恒源煤矿将陷落柱、奥灰和太灰顶界面的断层等水文地质内容列入了地震勘探的内容，在水文地质勘探领域进行了成功的探索。

奥灰和太灰顶界面的地震探查目的是查明这两个灰岩含水顶界面的断层构造，查明6

煤层底板的隐伏断层在底板隔水层内形成的导升现象，为水文地质条件的评价和水害的防治提供依据。

恒源煤矿曾委托河南省煤田地质局物探测量队和安徽省煤田地质局物探测量队分别于2002年和2005年对矿井深部进行了三维地震勘探，勘探区域东西长约5.8km，南北宽2～5.0km，总控制面积15.88km²。三维地震勘探完成的主要任务有：

（1）查明了基岩面深度，其误差小于1.5%，查明太灰、奥灰顶界面；

（2）查明了4煤层、6煤层厚度及变化趋势；

（3）查明了勘探区范围内4煤层、6煤层落差大于5m的断层，其平面摆动误差不大于20m，对3m以上的断点尽量予以组合；

（4）查明了4煤层、6煤层波幅为5m以上的褶曲，煤层底板深度误差不大于1.5%；

（5）查明了4煤层、6煤层大于20m的陷落柱，其平面摆动误差不大于20m；

（6）查明了岩浆岩的侵蚀范围；

（7）不属于上述内容的地震异常，做出相应的地质解释。

深部三维地震勘探取得的主要成果有：

（1）新生界的控制。本区新生界比较薄，横向变化平缓，纵观全区新生界的形态，呈东薄、西厚、南浅、北深的基本变化趋势，最大坡角5°。测区内新生界最薄处位于东南部U54、6-1孔附近，钻探揭露的厚度分别为113m、118m；最厚处位于测区西部95₃孔附近，钻探揭露的厚度为192m。解释地震时间剖面并结合钻探资料标定，区内存在两处古凹陷形态和一处古潜山形态，两处古凹陷形态分别位于测区东部和西部95₃孔及Ⅲ8孔附近，其轴向呈北北东和近南北展布；古潜山形态位于东部Ⅲ9孔附近，由Ⅲ9孔向北北西方向沿展。

（2）岩浆岩的控制。火成岩主要发育在测区深部，主要侵蚀区位于15-1、15-2和20-1孔（区外）一带。

（3）奥灰界面和陷落柱的解释。本区解释错断一灰的断层47条，错断一灰断层的展布方向主要为NNE，其他方向的较少。奥灰顶界面距离6煤层约有180m，形态和煤层形态基本相似，总体为走向NEE，倾向NWW，受土楼背斜控制，使等高线发生不同程度弯曲的单斜构造。奥灰顶界面标高最浅部在测区南部，最深部在测区东北部，未发现陷落柱。

3.2.2　三维地震勘探资料精细解释

由于刘桥矿区深部地震地质条件复杂，断裂构造发育，给三维地震勘探工作带来了较大困难。限于当时地震数据处理、解释的技术水平，报告成果会不可避免地遗漏掉一些构造信息。随着近几年地震勘探技术的进步，尤其是叠前时间偏移技术从试验攻关进入工业化应用阶段，辅助识别小构造的精细构造解释方法的应用，构造解释精度得到了较大程度的提高，使得以前难以解决的地质难题得以解决。为此，为了配合矿井建设实际生产需要，恒源煤矿委托任丘市林瑞计算机技术服务部开展了恒源煤矿二水平深部采区三维地震资料再解释工作。

1. 三维地震勘探资料精细解释

1）数据处理

数据处理过程中，对原始地震数据进行了仔细的分析研究，结合区内煤层的赋存特征和地震波发育情况，确定以提高煤层反射波信噪比、分辨率、保真度为主的技术路线，采用常规处理、叠前时间偏移技术手段，获得了能够真实反映地质现象的三维叠前时间偏移数据体。数据处理流程如图 3.1 所示。

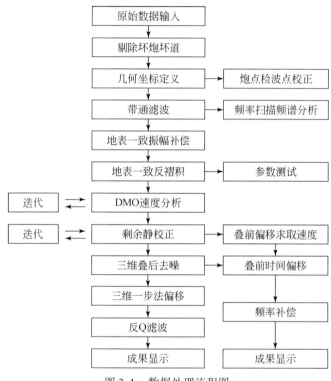

图 3.1　数据处理流程图

DMO 为倾角时差（dip moveout）

2）资料解释

针对工作区构造发育的特点，资料解释以三维叠前时间偏移数据体为主，结合方差数据体，采用井约束方法，从剖面、平面、沿层各个方向，利用地震数据的振幅、相位、频率特征，以及振幅的方差体特性，对工作区内发育在煤层上的构造现象进行不同角度的认识研究，力求获得切合实际情况的解释成果。资料解释流程如图 3.2 所示。具体解释方法如下。

（1）充分利用已有的地质信息资料，掌握区内地质条件的变化规律，将宏观的区域地质构造规律和该矿区的地质构造特点结合起来，对区内钻探和井巷揭露资料进行深入研究，力求对煤系地层的赋存形态、构造发育特征建立起完整的概念模型。

（2）本着从整体到局部、由粗到细、由简单到复杂的解释原则，先用 40m×40m 的粗

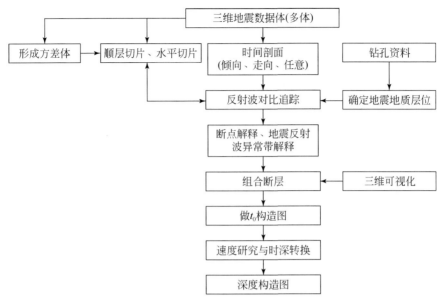

图 3.2　三维地震资料解释流程图

t_0 为等值线

网格进行解释，建立起大的构造轮廓，然后加密到 20m×20m，形成全区构造骨架，确定较大断层。最后利用解释软件自动追踪功能对层位和构造加密到 5m×5m 的细网格解释小断层，确定最终解释方案。

（3）解释过程中，纵向、横向和任意时间剖面相结合，规则的时间剖面和联井时间剖面相结合，时间剖面和水平切片、顺层切片相结合，全方位反复对比、反复检查、反复修改确认，确保解释结果的正确可靠。针对本区小断层发育的特点，除了在剖面上解释外，还须在平面上进行确认，因为断层在平面上的反映往往比在剖面上明显。在不同时间的水平切片上，断层不仅错断同相轴主相位，而且也错断辅助相位，因而容易辨认，通过工作站的局部放大功能和彩色显示功能，断层特征显示更明显；在顺层切片和面块切片上，断层表现为能量的扰动，其扰动的方向也就是断层的走向，因而有利于断层走向判断。

（4）将三维可视化技术贯穿于解释全过程中，将解释结果展示于空间，进行多角度、多方位地观察。根据解释的不同目的，解释成果的三维可视化可以不同层位、不同断层随意组合显示，这样可使解释过程与三维可视化密切而有机地结合起来，充分发挥可视化的作用。

（5）多个数据体进行综合解释。每一个数据体的处理目标不同，对同一个地质现象的反应特征也有差别，在不同数据体上交互对比解释能够起到去伪存真的作用。本次解释以新处理的叠前时间偏移数据体为主，同时参考以前的老数据体。

3）解释成果

本次三维地震资料精细处理解释结果：查明了 4 煤层、6 煤层的起伏形态和次一级褶曲发育情况；查明了测区内 4 煤层、6 煤层上落差 ≥5m 的断层，对落差 <5m 的断层和孤立断点进行了解释，查明了测区内直径 >20m 的陷落柱，圈定了 4 煤层、6 煤层的冲刷缺失范围，为煤矿井巷开拓和开采提供了详细的地质资料，主要表现如下。

（1）查明了 4 煤层、6 煤层的起伏形态及波幅大于 5m 的褶曲，总体地层形态为一单斜构造（走向为 EW-NWW 向、倾向为 N-NNE 向），在单斜的基础上发育有次一级的褶曲，勘探区东南部、孟-1 正断层南端及其西部发育轴向北东的丁庄背斜。

（2）全区共解释发育于 4 煤层、6 煤层中的断层 133 条，其中新发现断层 90 条，修改断层 43 条，否定了原来解释的断层 3 条（DF47、DF73、DF80），见表 3.1。按断层性质划分，其中正断层 132 条，逆断层 1 条（孟口断层）；按落差大小划分，落差 ≥ 50m 的断层 3 条，落差 20 ~ 50m（含落差 20m）的断层 5 条，落差 10 ~ 20m（含落差 10m）的断层 10 条，落差 5 ~ 10m（含落差 5m）的断层 36 条，落差 <5m 的断层 79 条；按错断层位划分，错断 4 煤层的断层 78 条，错断 6 煤层的断层 82 条；按断层走向划分，较大落差断层以 NE 及 NNE 走向为主，NW 及 SN 走向次之；按可靠程度划分，全区落差 ≥5m 的断层共 54 条，可靠断层 37 条（占 68.52%），较可靠断层 17 条（占 31.48%）。总体来看，该区域断层构造相对发育，发育断层绝大多数为正断层，只发育 1 条逆断层（孟口断层）。

表 3.1 三维地震资料再处理解释前后构造对比表

落差 /m	断层统计/条				总计 /条
	新发现断层	合计	修改断层	合计	
≥50		0	孟口断层、孟-1、DF45	3	3
20 ~ 50	DF252、F18、F19	3	DF43、DF44	2	5
10 ~ 20	DF165、DF239、DF250、DF258、DF264	5	FF1、DF41、DF42、DF57、DF62	5	10
5 ~ 10	EF37、EF38、EF39、EF92、DF160、DF164、DF167、DF183、DF230、DF235、DF236、DF240、DF245、DF248、DF249、DF251、DF254、DF256	18	孟-4、DF46、DF48、DF51、DF52、DF54、DF55、DF58、DF61、DF63、DF64、DF65、DF66、DF69、DF70、DF71、DF74、DF76	18	36
<5	EF24、EF25、EF31、EF36、EF83、EF90、EF91、EF93、EF94、EF95、EF96、EF97、EF102、DF166、DF175、DF183、DF201、DF202、DF203、DF204、DF205、DF206、DF207、DF208、DF209、DF210、DF211、DF212、DF213、DF214、DF215、DF216、DF217、DF218、DF219、DF220、DF221、DF222、DF223、DF224、DF225、DF226、DF227、DF228、DF229、DF231、DF232、DF233、DF234、DF237、DF238、DF241、DF242、DF243、DF244、DF247、DF255、DF257、DF259、DF261、DF262、DF263、DF265、DF266	64	DF49、DF50、DF53、DF56、DF59、DF60、DF67、DF68、DF72、DF75、DF77、DF78、DF79、DF122、DF123	15	79
总计		90		43	133

（3）经过再处理解释，共解释疑似陷落柱 4 个（图 3.3），均只发育到 6 煤层，长轴直径都大于 20m，陷落柱的存在使 T_6 煤层反射波紊乱，不能够连续追踪。在煤层底板等高线图上其形态为近似圆形或近似椭圆形。各疑似陷落柱特征简述如下。

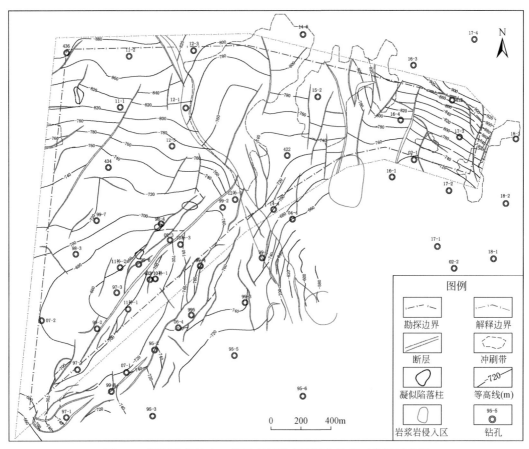

图 3.3　疑似陷落柱在 6 煤层底板等高线图上的相对位置示意图

疑似陷落柱 4，位于测区的西北角、DF62 断层南端，呈椭圆形，发育到 6 煤层。在 6 煤层上，其长轴呈南北向，长轴长 145m，短轴长 76m，面积约为 8046m²。在时间剖面上特征为 T_6 煤层反射波缺失，在时间水平切片上的显示特征为一椭圆形的低振幅区［图 3.4（a）］。

疑似陷落柱 5，位于测区的西南部、DF164 断层南端，呈椭圆形，发育到 6 煤层。在 6 煤层上，其长轴呈北东向，长轴长 84m，短轴长 60m，面积约为 3868m²。在时间剖面上特征为 T_6 煤层反射波缺失，在时间水平切片上的显示特征为一椭圆形的低振幅区［图 3.4（b）］。

疑似陷落柱 6，位于测区的西南部、DF164 断层中段，呈椭圆形，发育到 6 煤层。在 6 煤层上，其长轴呈北东向，长轴长 68m，短轴长 52m，面积约为 2597m²。在时间剖面上特征为 T_6 煤层反射波缺失，在时间水平切片上的显示特征为一椭圆形的低振幅区［图 3.5（a）］。

疑似陷落柱 7，位于测区的中部偏西南、DF164、DF165 断层的北端，呈椭圆形，发育到 6 煤层。在 6 煤层上，其长轴呈东西向，长轴长 134m，短轴长 72m，面积约为 7450m²。在时间剖面上特征为 T_6 煤层反射波缺失，在时间水平切片上的显示特征为一椭圆形的低振幅区［图 3.5（b）］。

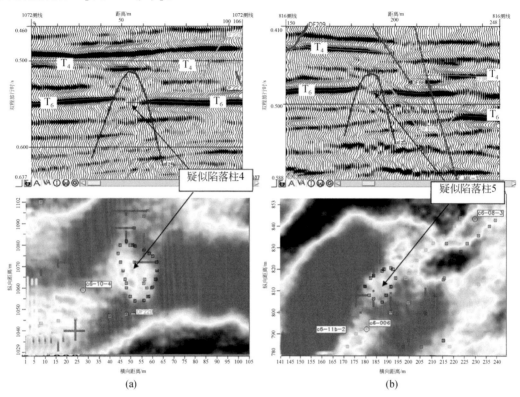

图 3.4　疑似陷落柱 4、疑似陷落柱 5 在时间剖面及水平切片上的显示

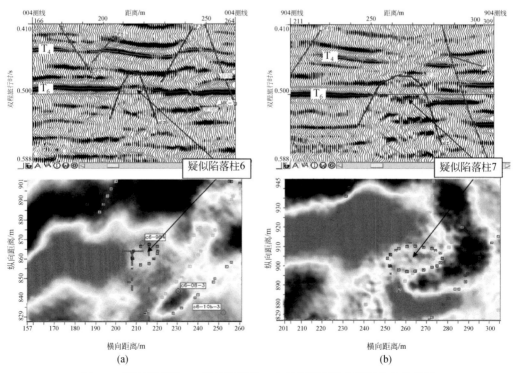

图 3.5　疑似陷落柱 6、疑似陷落柱 7 在时间剖面及水平切片上的显示

（4）圈出了 4 煤层、6 煤层中的煤层冲刷、缺失带。

经过对 T_4 煤层反射波的对比追踪，结合钻孔资料对 4 煤层冲刷、缺失情况进行分析，在测区内 4 煤层中共解释了一大、两小共 3 块煤层冲刷、缺失带：第一小块 4 煤层冲刷、缺失带位于测区西南部，为 98-3 孔及 DF69、DF203、DF71 断层所在的一个近南北走向条带，面积约为 116184m²；第二小块 4 煤层冲刷、缺失带位于测区中部偏西南，为 08-3 孔及孟 1 断层中段、DF66、EF38、EF39 断层所在的一个北东走向条带，面积约为 87261m²；在测区中部偏西、孟口断层西部，存在一大块 4 煤层冲刷、缺失带，由 11-1、434，12-5 孔控制，近似为走向北西的规则条块状，面积约为 670861m²。

经过对 T_6 煤层反射波的对比追踪，结合钻孔资料对 6 煤层冲刷、缺失情况进行分析，在测区内 6 煤层中共解释了两大、三小共 5 块煤层冲刷、缺失带：第一大块位于测区中部，是由 13-1、13-2、424、14-6 孔控制的一个近南北走向的条带，面积约为 782666m²；第二大块位于测区中部偏东，是由 15-2、15-3 孔控制的一个北东走向的条带，面积约为 424202m²；第一小块位于测区最东部，是 DF261、DF259 断层所围的近似三角形区域，面积约为 18533m²；第二小块位于测区最东部、勘探边界附近，是由 511 孔控制，DF263、DF41、DF40 断层所在的一个近南北向条带，面积约为 109060m²；第三小块位于测区西北角、勘探边界上、DF63 断层西端，是一个近南北向条带，面积约为 25051m²。

2. 三维地震勘探资料动态解释

在Ⅱ617 工作面陷落柱被揭露以后，为了确定陷落柱的形态，对地震资料进行了动态解释。

地震资料的动态解释以利用常规的三维地震资料构造解释为基础，即地震资料解释以两个方向的垂直时间剖面为基础，以动态显示解释为辅。本区资料解释的顺序是：首先通过对主控剖面（50m×50m）的解释，确定区内构造的分布规律，然后进行加密解释（25m×25m），最后进行精细解释（5m×5m），最大限度地提高了解释效率和精度。通过人工对主控剖面的解释，确定主要反射波所对应的地质层位、划分整体构造形态、断层展布规律，为人机联作精细解释打下了基础。具体方法如下：

（1）人工解释与微机解释相结合。以人工解释为基础，利用该解释系统的自动追踪拾取功能，由粗网格到细网格逐步加密解释。首先利用人工解释的粗网格建立区内主体构造骨架，确定较大断层和构造。再利用人机联作进行细网格追踪对比，解释局部小断层及细微构造，最后确定整体构造方案。

（2）垂直剖面与水平和沿层切片解释相结合。以垂直剖面解释为主，水平和顺层切片解释为辅，再配合其他方法，使资料解释更精细准确。垂直剖面是沿铅垂方向的剖面，在解释系统上可以有多种显示方式，如波形+变面积、正极性、负极性、变颜色等多种显示方式。垂直剖面可以沿测线显示，也可以沿任意方向显示。

（3）人机交互解释。利用三维数据体的时间剖面、水平和顺层切片与相干方差切片，对自动跟踪、图形缩放、变颜色、动态浏览，在显示屏上进行精细解释。

动态解释的流程是：

（1）利用区内钻孔资料标定地质层位，通过对钻孔时间剖面的对比来确定反射波的地质层位及对应的目的层反射波。

（2）以选定的标准反射波为主要对象，根据反射波同相轴振幅、波形、波组特征和时差特性进行连续对比追踪，在垂直剖面上构造变化和断点的反应均为同相轴错断、分叉、强相位转移和振幅变弱等，落差小的断层多为扭曲。

（3）利用水平和顺层切片解释煤层褶曲的起伏形态、走向和倾向。通过相干切片的非连续性准确地确定断层的平面展布规律、小断裂和陷落柱等地质现象。

（4）对每个断块区进行解释，针对各主要目的层对比追踪，构绘出时间域构造图。

（5）三维数据体已经作了全方位空间归位，利用钻孔资料建立空间速度场，进行时深转换，由该解释系统绘制出各目的层深度构造图。可沿任意方向切割出相应的地震地质剖面图及所需要的其他图件。

解释流程如图3.6所示。

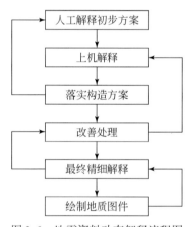

图3.6　地震资料动态解释流程图

动态解释结果如下：

本书的动态解释采用了人工解释与微机解释相结合、垂直剖面与水平和顺层切片解释相结合以及人机交互解释的方法，对以往的地震资料进行了切片和相干方差处理。由于恒源煤矿以前没有发现任何陷落柱，数据处理时以对"噪声"屏蔽为主，以拟合已经揭露的漏译小断点为标准，最终突出了陷落柱的信息。解释结果如图3.7和图3.8所示。

由图3.7和图3.8可以看出陷落柱对波的反射强度比周围的低，主要是陷落柱充填物较为松散，或不成层的原因，这和剖面图是一致的（图3.9和图3.10）。

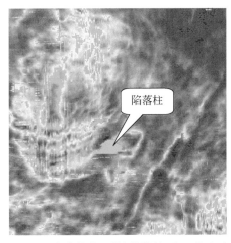
图 3.7　陷落柱在 6 煤层顺层切片上的显示

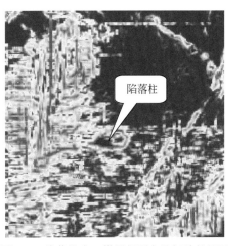
图 3.8　陷落柱在 6 煤层相干方差切片的显示

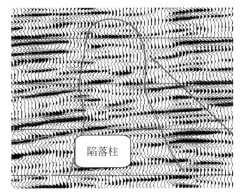
图 3.9　陷落柱在地震剖面上的反映

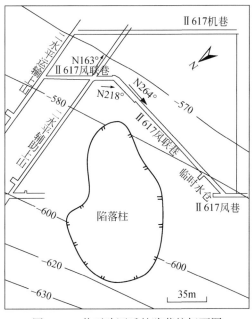
图 3.10　井下验证后的陷落柱切面图

3.3　地面瞬变电磁法勘探

3.3.1　电法勘探原理及测区电性特征

1）电法勘探的原理

利用电法勘探解决地质问题的前提条件是目标地质体和围岩存在电性差异，本区瞬变电磁勘探的主要任务为探测 4 煤层、6 煤层顶、底板砂岩及石炭系和奥陶系灰岩富水异常区。完整砂岩和灰岩的视电阻率较高，但当其因破碎、岩溶或裂隙发育充水时，其导电性会显著增强，视电阻率明显降低，在电法资料上会形成横向上的低阻异常。

瞬变电磁法属于时间域电磁感应法，它利用不接地回线或接地线源向地下发送一次磁场，在一次磁场间歇期间利用回线或电偶极接收感应二次磁场，该二次磁场是由地下良导地质体受激励引起的涡流所产生的非稳定电磁场，通过观测到的随时间变化的二次磁场信号的变化，就可以判断出地层的电性变化及不均匀地质体的分布情况。通过对反映地电断面变化的瞬变电磁曲线的分析，可以了解深度方向上地质剖面的特征。

2）测区地层电性特征

正常情况下，纵向上新近系、第四系视电阻率呈逐渐降低趋势，一般以新生界底视电阻率为最低；二叠系中部地层中砂岩、中粗砂岩所占比例较大，地层电性为中低阻表现；石炭系上部—二叠系下部以粉砂岩和泥岩为主，地层电性为中高阻表现；奥陶系以灰岩为主，地层视电阻率较高。在纵向上，整套地层电性呈现为中—低—中—中低—中高—高的特征反映（表 3.2）。

表 3.2　测区地层电性一览表

地层	主要岩性	视电阻率/（Ω·m）
新生界（Q+N）	黄土、黏土层、砾石层、泥灰岩	10～50
二叠系（P）	泥岩、砂岩、粉砂岩及煤层	20～600
石炭系（C）	泥岩、铝土岩、粉砂岩、灰岩、赤铁矿及煤层	25～800
奥陶系（O）	灰色层状石灰岩、白云质灰岩	40～1500

3.3.2　工程概况

恒源煤矿委托河南省煤田地质局物探测量队分别于 2005 年 4～9 月和 2007 年 3～7 月对 Ⅱ62、Ⅱ63 采区进行了地面瞬变电磁水文地质勘探。

1）主要勘探任务

（1）查清 4 煤层上 30m、下 30m，6 煤层上 30m、下 30m、下 60m、下 80m，奥灰顶界面及顶界面下 50m 的富水性；

（2）查明 4 煤层、6 煤层内直径大于 20m 的陷落柱及富含水性；

（3）查明测区内断层的导（含）水性；

（4）对区内水文地质条件予以综合评价；

（5）提供重点异常区的验证孔坐标。

2）工程布置与完成的工作量

测线布置：测线布置采用东西向布设，即大致垂直于本测区的主构造方向且兼顾本测区村庄较密集，测线和线框较易通过村庄；设计线距 40m，基本点距 20m；测线两端超出勘探边界两个测点。

Ⅱ62 采区共完成瞬变电磁测线 74 条，瞬变电磁勘探物理点 6140 个，勘探区面积 4.42km²，实际控制面积 4.62km²；Ⅱ63 采区共完成瞬变电磁测线 121 条，瞬变电磁勘探物理点 9359 个，勘探区面积 6.72km²，实际控制面积 7.0km²。实际完成工作量见表 3.3。

表 3.3　工作量完成情况统计表

项目	探查区域	
	Ⅱ63 采区	Ⅱ62 采区
瞬变电磁测线/条	121	74
坐标点/个	8732	5745
质量检查点/个	577	345
试验点/个	50	50
瞬变电磁勘探物理点/个	9359	6140

3.3.3　资料处理

瞬变电磁法观测数据是各测点各个时窗（测道）的瞬变感应电压，需换算成视电阻率、视深度等参数，才能对资料进行下一步解释，主要步骤如下。

（1）滤波：测区内人文活动频繁，存在较大的人文噪声，故在资料处理前要对采集到的数据进行滤波，消除噪声，对资料进行去伪存真。

（2）时深转换：瞬变电磁仪器野外观测到的是二次场电位随时间变化，为便于对资料的认识，需要将这些数据变换成视电阻率随视深度的变化。

（3）绘制参数图件：首先从全区采集的数据中选出每条测线的数据，绘制各测线视电阻率断面图，即反映沿每条测线电性随深度的变化情况；然后依据 4 煤层、6 煤层底板等高线等地质资料绘制出不同层位的视电阻率切片图。

视电阻率计算公式为

$$\rho_t = \frac{u_0}{4\pi t}\left(\frac{2u_0 m q_1}{5tV(t)}\right)^{2/3} \tag{3.1}$$

式中，t 为时窗时间；m 为发射磁矩；q_1 为接收线圈的有效面积；u_0 为空磁导率；$V(t)$ 为感应电压。

视纵向电导 S_τ 和视深度 h_τ 的计算表达式为

$$S_\tau = \frac{16\pi^{1/3}}{(3Aq_1)^{1/3}u_0^{4/3}} \frac{\left[V(t)/I\right]^{5/3}}{\left\{d\left[V(t)/I\right]/dt\right\}^{4/3}} \tag{3.2}$$

$$h_\tau = \left(\frac{3Aq_1}{16\pi\left[V(t)/I\right]S_\tau}\right)^{1/4} - \frac{t}{u_0 S_\tau} \tag{3.3}$$

式中，$V(t)/I$ 为归一化感应电压；A 为发射回线面积；$d\left[V(t)/I\right]/dt$ 为归一化感应电压对时间的导数。

本次一维层状反演主要采用美国 Interpex 公司的 TEMIX XL V4.0 软件进行处理。数据处理及资料解释流程如图 3.11 所示。

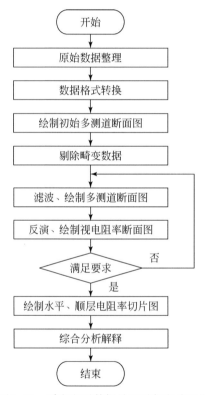

图 3.11　瞬变电磁数据处理及解释流程图

3.3.4　Ⅱ62 采区瞬变电磁勘探成果

1）6 煤层顶底板水文地质特点

图 3.12、图 3.13 分别是Ⅱ62 采区 6 煤层上 30m 和下 30m 的视电阻率顺层切片图。从整体来看，勘探区存在着 3 个视电阻率异常区，视电阻率异常区Ⅰ分布于背斜轴部，视电阻率异常区Ⅱ展布方向为 NNW，视电阻率异常区Ⅲ展布方向为 NNE。

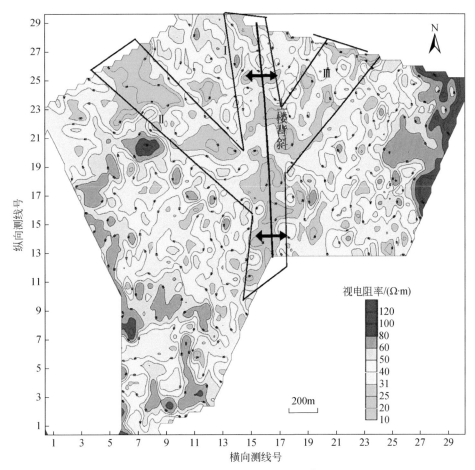

图 3.12　Ⅱ62 采区 6 煤层上 30m 视电阻率顺层切片图

红色—蓝色的过渡表示视电阻率由高—低

图 3.14 为Ⅱ62 采区八含（6 煤层顶、底板砂岩裂隙含水层）厚度等值线图，八含砂岩厚度在 5.2～49.87m 之间，平均 21.5m。从图 3.14 中可以看出，在测区东北部，砂岩较厚。厚度最大变化区展布方向近 NS，厚度最小变化区展布方向为 NW。

对比图 3.12～图 3.14 可以看出，厚度最大变化区的展布和视电阻率异常区Ⅰ一致，厚度最小变化区和视电阻率异常区Ⅱ一致，由此可见，这 3 个视电阻率异常区的水文地质条件较为复杂。

图 3.15 和图 3.16 分别是Ⅱ62 采区 6 煤层上 30m 和下 30m 富水异常区分布图，图中标出了三维地震解释的断开 6 煤层的断层位置（红线所示）。强富水异常区是 6 煤层上 30m 和下 30m 平面异常位置部分重合或完全重合的地方。

从富水异常区分布图上可以看出，富水异常区主要集中在断层附近，且与断层走向一致，呈条带状分布。断层尖灭处多有富水异常区分布，另外，土楼背斜东翼断裂构造发育较多的地方富水异常区也相对较多，因此富水异常区的分布与区内构造关系较为密切。

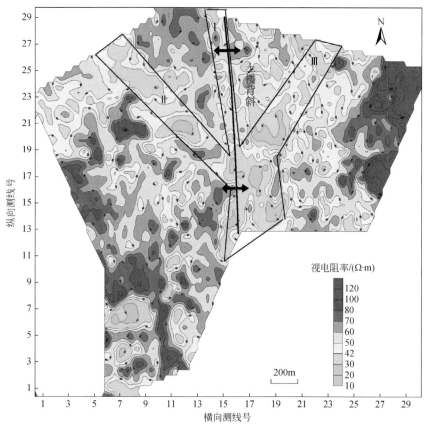

图 3.13　Ⅱ62 采区 6 煤层下 30m 视电阻率顺层切片图

红色—蓝色的过渡表示视电阻率由高—低

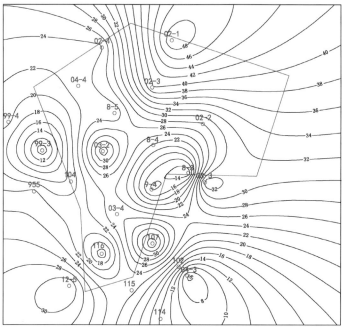

图 3.14　Ⅱ62 采区八含厚度等值线图（单位：m）

红线为本次测区边界，红色空心圆为钻孔

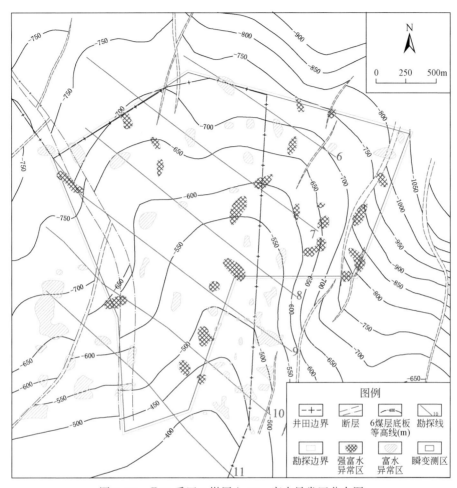

图 3.15　Ⅱ62 采区 6 煤层上 30m 富水异常区分布图

6 煤层上 30m 富水异常区 44 个（视电阻率值一般小于 36Ω·m），其中 23 个富水异常区与 6 煤层下 30m 富水异常区在平面上部分重合或完全重合，说明异常较明显，划分为强富水异常区（图 3.15）。

6 煤层下 30m 富水异常区 53 个（视电阻率值一般小于 46Ω·m），其中 23 个富水异常区与 6 煤层上 30m 富水异常区在平面上部分重合或完全重合，说明异常较明显，划分为强富水异常区（图 3.16）。

2）石炭系灰岩水文地质特点

正常情况下，矿井内 6 煤层底至太灰间距为 42.54～69.82m，平均间距为 53.70m。石炭系发育有 13 层灰岩，一～四灰渗透系数普遍较大，岩溶裂隙发育。因此重点分析了一～四灰的富水性，沿 6 煤层下 60m 和下 80m 的层位分别制作了 6 煤层下 60m、下 80m 顺层视电阻率切片图。

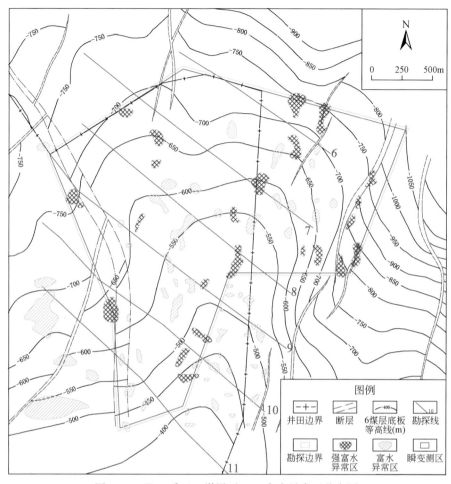

图 3.16 Ⅱ62 采区 6 煤层下 30m 富水异常区分布图

图 3.17 是 Ⅱ62 采区 6 煤层下 60m 顺层视电阻率切片图，图中红色—蓝色的过渡表示高阻—低阻的变化。图 3.17 中除了背斜轴部相对低阻区呈条带状分布外，在测区南部相对低阻区也呈条带状分布，反映了其灰岩岩溶裂隙也相对发育，这些区域也应引起重视。

图 3.18 和图 3.19 是 Ⅱ62 采区 6 煤层下 60m 和下 80m 富水异常区分布图，图中标出了三维地震解释的断开 6 煤层的断层位置。强富水异常区是 6 煤层下 60m 和下 80m 平面异常位置部分重合或完全重合的地方。

从图 3.18 和图 3.19 可以看出，富水异常区分布在 NNE、NNW、N 方向条带的规律性更为明显。另外，富水异常区分布图中强富水异常区明显增多，且在纵向上有较强的对应关系，说明一灰和四灰局部联系紧密。

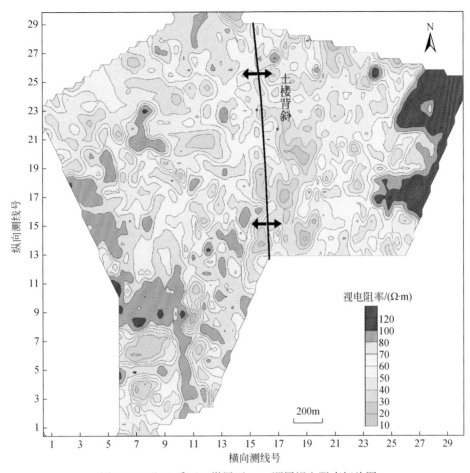

图 3.17 Ⅱ62 采区 6 煤层下 60m 顺层视电阻率切片图

6 煤层下 60m 富水异常区 49 个（视电阻率值一般小于 55Ω·m），其中 39 个富水异常区与 6 煤层下 80m 富水异常区在平面上部分重合或完全重合，划分为强富水异常区。

6 煤层下 80m 富水异常区 51 个（视电阻率值一般小于 60Ω·m），其中 39 个富水异常区与 6 煤层下 60m 富水异常区在平面上部分重合或完全重合，划分为强富水异常区。

3）奥陶系灰岩富水性评价

据钻孔揭露，石炭系厚度为 129.73m。因此，为分析奥灰顶界面和顶界面下 50m 的富水性，沿 6 煤层下 190m 和下 240m 的层位分别制作了顺层视电阻率切片图，分别反映奥灰顶界面和奥灰顶界面下 50m 层位的电性变化情况。

图 3.20 是 Ⅱ62 采区 6 煤层下 190m 顺层视电阻率切片图，图中红色—蓝色的过渡表示高阻—低阻的变化。可以看出，相对低阻区主要分布在测区的中部和南部，分布方向呈条带状或串珠状分布，其方向近南北。

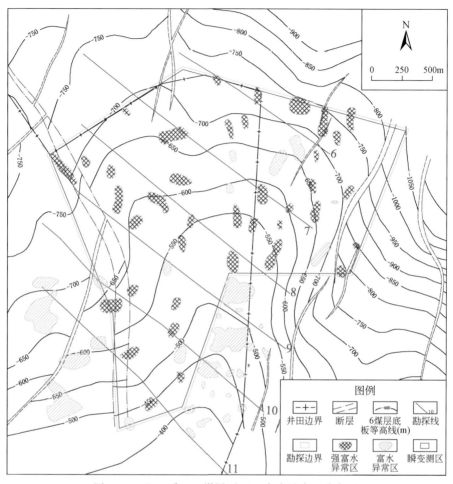

图 3.18　Ⅱ62 采区 6 煤层下 60m 富水异常区分布图

不同的是，测区的北部（图 3.20 中白色虚线以北）视电阻率较高，结合本区岩溶裂隙发育在垂向上具有在浅部发育，并向深部逐渐减弱的特征，说明测区北部岩溶裂隙相对不发育。

图 3.21 和图 3.22 是 Ⅱ62 采区 6 煤层下 190m 和下 240m 富水异常区分布图，它们分别反映了奥陶系顶界面和顶界面下 50m 层位的富水性，且图中标出了三维地震解释的断开 6 煤层（红虚线所示）的位置。强富水异常区是 6 煤层下 190m 和下 240m 平面异常位置部分重合或完全重合的地方。

从富水异常区分布图可以看出，在测区的南部和中部富水异常区分布相对较多，北部相对较少，说明奥陶系灰岩深部岩溶裂隙不是很发育。强富水异常区较多，说明测区内奥灰水在垂向上联系较好。

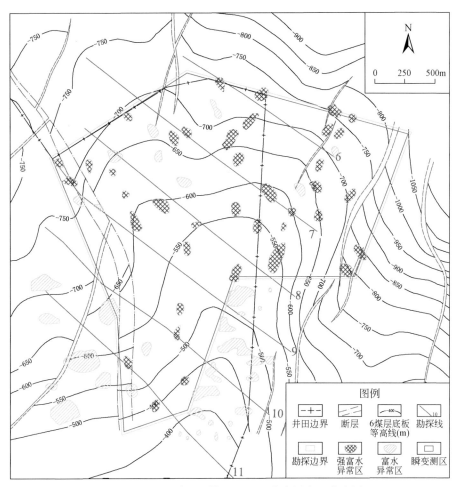

图 3.19 Ⅱ62 采区 6 煤层下 80m 富水异常区分布图

6 煤层下 190m 富水异常区 47 个（视电阻率值一般小于 90Ω·m），其中 30 个富水异常区与 6 煤层下 240m 富水异常区在平面上部分重合或完全重合，说明异常较明显，划分为强富水异常区。

6 煤层下 240m 富水异常区 43 个（视电阻率值一般小于 110Ω·m），其中 25 个富水异常区与 6 煤下 190m 富水异常区在平面上部分重合或完全重合，说明异常较明显，划分为强富水异常区。

4）岩溶陷落柱

从理论上讲，陷落柱在电性断面图上有三种表现形式：低阻异常表现，当陷落柱充水时反映为垂向上的低阻异常；高阻异常表现，当陷落柱不充水时反映为垂向上的高阻异常；中阻表现，即与周围岩层没有较大的电性差异，可能是由于陷落柱本身不充水或含少量水，电性特征与正常地层相近，认为这类陷落柱含水性较差。

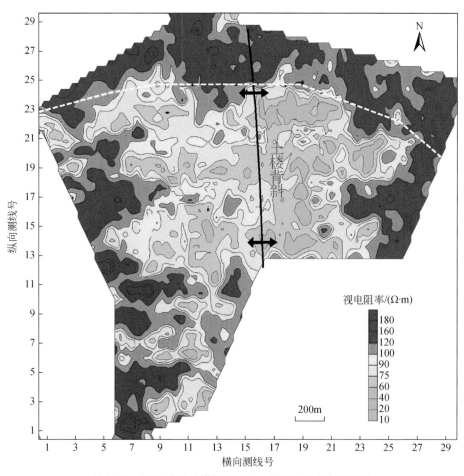

图 3.20　Ⅱ62 采区 6 煤层下 190m 顺层视电阻率切片图

　　图 3.23 为Ⅱ62 采区三条视电阻率断面图，图中黑线为 4 煤层和 6 煤层位置，红色线为矿方已揭露确定的陷落柱位置，该陷落柱长轴长 180m，短轴长 130m，该陷落柱规模较大，揭露陷落柱时没有出水，在断面图上该陷落柱也没有反映，说明该陷落柱为中阻表现，电性与周围地层相同，这类陷落柱不能被发现。测区内可能有此类陷落柱存在，但通过瞬变电磁勘探难以发现和确定。

　　从各测线视电阻率断面图和各富水异常区分布图上进行排查，未发现有类似圆柱或者倒锥形的高阻异常体和低阻异常体，在 6 煤层顶底板综合富水异常区成果图中，有多处富水异常区上下有水力联系，划分为强富水异常区。在 6 煤层底板–奥灰富水异常区综合成果图中，有多处各富水异常区在平面上有对应关系，说明这些地方上下含水层有一定的水力联系，在 6 煤层下 30m 富水异常区分布图（图 3.16）上有 7 处这种特征的富水异常区，但这些异常体都难以确定为陷落柱。

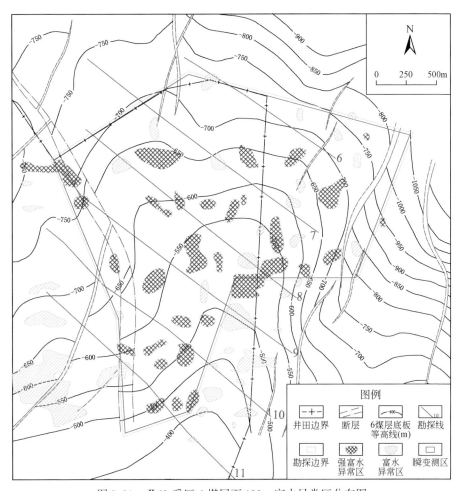

图 3.21　Ⅱ62 采区 6 煤层下 190m 富水异常区分布图

5）断层导水性

通过对本次瞬变电磁勘探资料和以往地质资料的对比分析，区内小断层密集的地方多有富水异常区出现，大中型断层的局部有富水异常区分布。这是由于大中型断层带多胶结充填裂隙密闭，具有较高的阻水能力，小断层多呈张性，充填性差，具有良好的透水性、连通性，相互连通起到汇水网络的作用。富水异常区在分布规律上一般分布在断层相互切割处、转折处和尖灭处。

测区内落差≥5m 的断层有 19 个，它们附近出现富水异常区的具体情况见表 3.4。

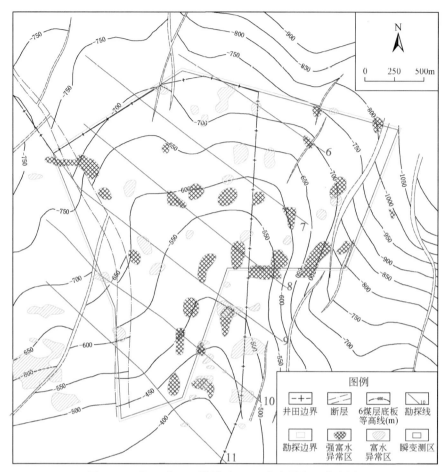

图 3.22　Ⅱ62 采区 6 煤层下 240m 富水异常区分布图

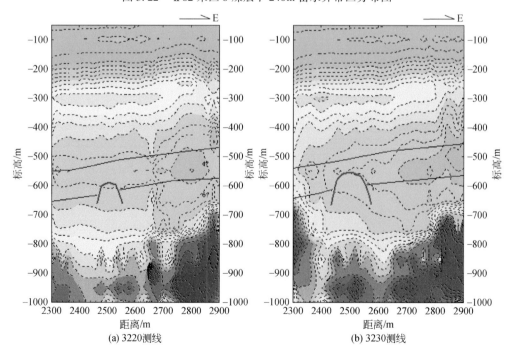

(a) 3220测线　　　　　　　　　　　　　　(b) 3230测线

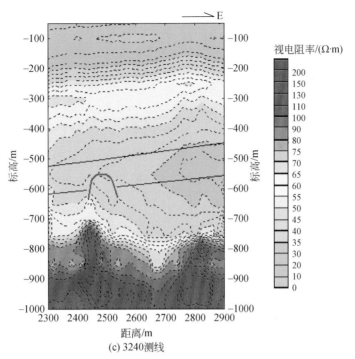

(c) 3240测线

图 3.23　视电阻率断面图

表 3.4　断层附近富水异常区在不同层位的分布

断层名称	4 煤层上 30m	4 煤层下 30m	6 煤层上 30m	6 煤层下 30m	6 煤层下 60m	6 煤层下 80m
孟口逆断层	I_{22} ，I_{31} ，I_{38}	II_{19} ，II_{36} ，II_{46}	III_5 ，　III_6 ，　III_{35} ，III_{41} ，III_{43}	IV_{10} ，IV_{39} ，IV_{46} ，IV_{50} ，IV_{53}	V_{11} ，V_{34} ，V_{35} ，V_{44} ，V_{49}	VI_{14} ，VI_{15} ，VI_{23} ，VI_{24} ，VI_{47} ，VI_{48}
DF36（土楼断层）	I_{15} ，I_{29} ，I_{30} ，I_{37} ，I_{42}	II_{18} ，II_{28} ，II_{40} ，II_{42}	III_{17} ，III_{18} ，III_{27} ，III_{28} ，III_{34}	IV_{30} ，IV_{31} ，IV_{32} ，IV_{37}	V_{42}	VI_{42}
F16	I_{40} ，I_{47}	II_{26} ，II_{30} ，II_{43} ，II_{44}	III_{21} ，III_{22} ，III_{38} ，III_{39} ，III_{40} ，III_{42}	IV_{14} ，IV_{45} ，IV_{48} ，IV_{49}	V_{23} ，V_{46} ，V_{47}	VI_{30} ，VI_{50}
F1	I_6	II_3 ，II_7 ，II_8	III_1	无	V_1	VI_1 ，VI_7
F3	I_2	无	无	无	无	无
F12	I_{33}	II_{25}	III_{19} ，III_{36}	IV_{18}	V_{20}	VI_{26}
F20	无	II_{39}	无	无	无	无
F34	I_{25}	无	III_{20}	IV_{11}	V_{19}	VI_{27}
F37	无	无	III_{30}	IV_{34}	V_{39}	VI_{40}
DF20	无	无	III_{33}	IV_{38}	V_{42} ，V_{43}	VI_{42} ，VI_{43}
DF31	I_{41}	II_{33}	III_{32}	IV_{35}	无	无

续表

断层名称	4 煤层上 30m	4 煤层下 30m	6 煤层上 30m	6 煤层下 30m	6 煤层下 60m	6 煤层下 80m
DF32	无	II_{32}，II_{34}	无	IV_{26}	无	无
DF33	I_{26}	无	无	IV_{24}	V_{29}，V_{30}	VI_{34}，VI_{35}
DF34	I_{27}	II_{27}，II_{33}	无	无	V_{25}，V_{31}	VI_{36}，VI_{37}
DF37	I_{14}	II_{15}	无	无	V_9，V_{10}	VI_{12}
DF38	I_{17}，I_{18}	II_{12}，II_{13}，II_{14}	无	IV_3，IV_9	V_8，V_{17}	VI_{11}，VI_{33}
DF39	无	无	III_4	IV_3	V_8	VI_{10}，VI_{11}
DF41	无	无	III_3	IV_2	V_4	无
DF44	I_5	II_1	无	无	无	VI_4

从表 3.4 可以看出孟口逆断层附近有多个富水异常区分布，但平面上上下对应关系不强；DF36（土楼断层）随着深度的增加富水异常区减少；F16 断层富水异常区较多，在纵向上有一定的对应关系；F1 和 DF33 富水异常区相对较少，且上下联系不密切。这说明除 F16 断层有一定的导水能力外，其他断层上下对应关系不强，导水性相对较差。

6）小结

通过对资料的处理、分析、解释，分别划分了 6 煤层上 30m、下 30m、下 60m、下 80m、下 190m 和下 240m 等各层位的富水异常区。较好地解释了测区 6 煤层顶、底板砂岩、石炭系灰岩和奥陶系灰岩富水异常区分布情况。对测区内落差≥5m 断层的导水性进行了分析和评价，初步综合评价了测区内水文地质条件，为井下探放水工程的设计与实施提供了参考资料。

3.3.5　Ⅱ63 采区瞬变电磁勘探成果

1. 6 煤顶板和底板砂岩水文地质特点

1）6 煤顶板和底板砂岩视电阻率顺层切片图分析

图 3.24 和图 3.25 分别是Ⅱ63 采区 6 煤上 50m 和下 30m 的视电阻率顺层切片图，图中红色—蓝色的过渡表示视电阻率由高—低。从整体来看，上述平面的分区性表现得更加明显。Ⅱ63 采区南部地层视电阻率偏高，反映了该区地层富水性较弱；温庄向斜的东翼（测区东部）地层和测区北部视电阻率偏低的电性，反映了这些地层富水性较强。

表 3.5 是Ⅱ63 采区八含砂岩漏水钻孔统计表，漏水钻孔也主要在测区的东部和北部区域，可见视电阻率的高低可以反映地层的富水性。因此，可以依据地层视电阻率的变化和以往水文地质资料对整个测区进行分区划分。分区线一般划在视电阻率变化带（视电阻率等值线较为密集处），图 3.24 和图 3.25 中橙色虚线表示分区线。

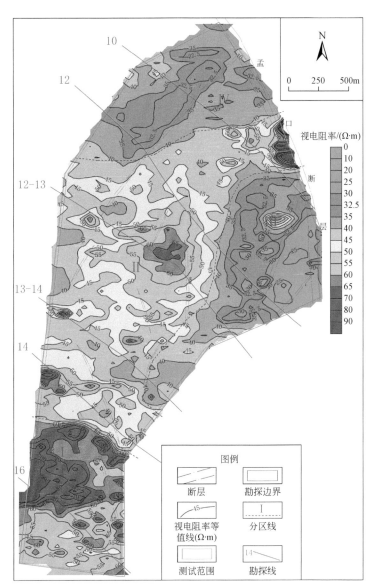

图 3.24　Ⅱ63 采区 6 煤层上 50m 视电阻率顺层切片图

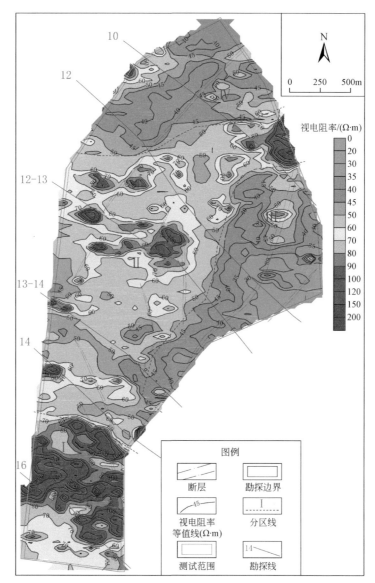

图 3.25　Ⅱ63 采区 6 煤层下 30m 视电阻率顺层切片图

表 3.5　Ⅱ63 采区八含砂岩漏水钻孔统计表

孔号	深度/m	岩性	漏失情况/(m³/h)	在测区中位置
12B₅	545.90~557.48	粉砂岩	漏水	东部
99₂	816.35	砂岩	12.0	北部
98₃	718.98	砂岩	5.0	北部
98₄	<228.25	砂岩	漏水	北部
99₈	770.95	砂岩	15.0	中北部
99₁	834.21	泥岩	12.8	北部

2）6 煤层顶板和底板砂岩富水区分布情况

图 3.26 和图 3.27 分别是 Ⅱ63 采区 6 煤层上 50m 和下 30m 砂岩富水区分布图，图中橙色虚线为分区线，全区共划分 4 个分区，编号 Ⅰ～Ⅳ；绿色、蓝色和深蓝色阴影区分别为弱富水区、富水区和强富水区，它们是各分区内的相对富水区。富水区主要集中在温庄向斜的两翼和测区中部的 13 与 14 勘探线之间，呈现 NNE、NE 或 NW 向串珠状和片状分布，方向大致与区内断裂构造走向一致，因此富水区的分布与区内构造关系较为密切。

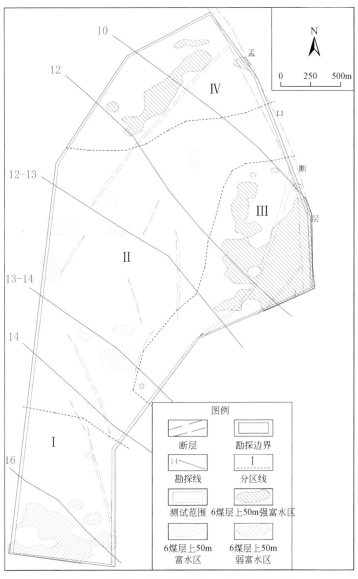

图 3.26 Ⅱ63 采区 6 煤层上 50m 砂岩富水区分布图

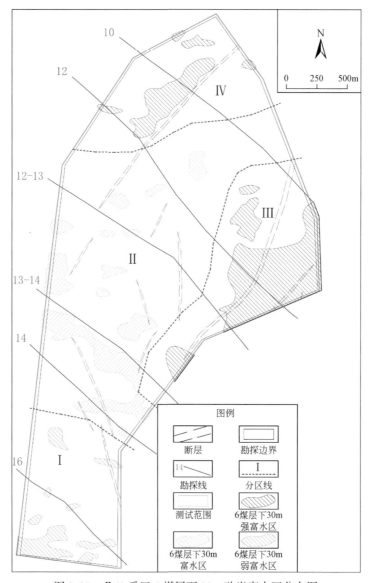

图 3.27 Ⅱ63 采区 6 煤层下 30m 砂岩富水区分布图

6 煤层顶板强富水区 10 个，其视电阻率<32.5Ω·m，分别编号为 CⅢ-1～CⅢ-6 和 CⅣ-1～CⅣ-4，其中 CⅢ-2、CⅢ-3 和 CⅣ-1 异常较为明显且分布范围较大；富水区 11 个，其视电阻率<42.5Ω·m，分别编号为 CⅡ-1～CⅡ-11，其中 CⅡ-3、CⅡ-6、CⅡ-7 和 CⅡ-9 异常较为明显且分布范围较大；弱富水区 4 个，其视电阻率<55Ω·m，分别编号为 CⅠ-1～CⅠ-4，其中 CⅠ-1 分布范围较大。

6 煤底板强富水区 9 个，其视电阻率<40Ω·m，分别编号为 DⅢ-1～DⅢ-4 和 DⅣ-1～DⅣ-5，其中 DⅢ-2、DⅢ-3 和 DⅣ-1 异常较为明显且分布范围较大；富水区 13 个，其视电阻率<55Ω·m，分别编号为 DⅡ-1～DⅡ-13，其中 DⅡ-2、DⅡ-3、DⅡ-4 和 DⅡ-7 异常较为明显且分布范围较大；弱富水区 8 个，其视电阻率<70Ω·m，分别编号为 DⅠ-1～

DⅠ-8，其中 DⅠ-1 和 DⅠ-8 分布范围较大。

2．石炭系灰岩水文地质特点

1）石炭系灰岩视电阻率顺层切片图分析

图 3.28 是Ⅱ63 采区 6 煤层下 60m 视电阻率顺层切片图，图中红色—蓝色的过渡表示高阻—低阻的变化，图中呈现出测区北部和东部视电阻率偏低，而测区南部较高的电性特征，平面上仍具有分区性，在整体上反映了测区北部和东部灰岩中岩溶较为发育。而测区的南部（Ⅰ区）和中部（Ⅱ区）部分区域的相对低阻区更为明显，反映了其灰岩岩溶相对较为发育。

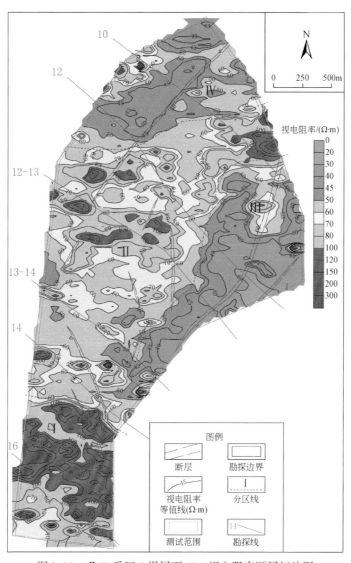

图 3.28　Ⅱ63 采区 6 煤层下 60m 视电阻率顺层切片图

2）石炭系灰岩富水区分布情况

图3.29是Ⅱ63采区石炭系灰岩水文异常区分布图，图中绿色阴影区是6煤层下60m层位的富水区，深蓝色阴影区是6煤层下100m层位的富水区。富水区主要分布在测区的北部、东部和中部的13与14勘探线之间的区域。另外测区南部有一些相对富水区，主要在16勘探线以南的区域。

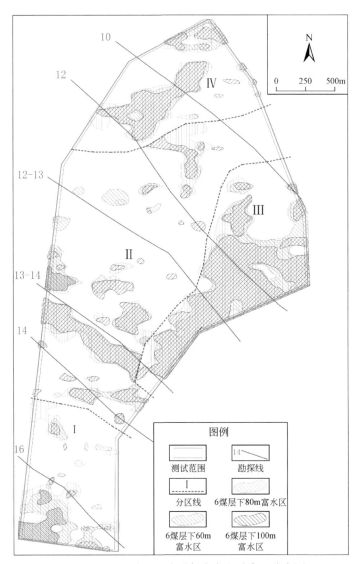

图3.29　Ⅱ63采区石炭系灰岩水文异常区分布图

6煤层下60m层位：Ⅰ区内富水区9个，分别编号为EⅠ-1～EⅠ-9，其视电阻率<90Ω·m；Ⅱ区内富水区16个，分别编号EⅡ-1～EⅡ-16，其视电阻率<55Ω·m；Ⅲ区内富水区4个，分别编号为EⅢ-1～EⅢ-4，其视电阻率<45Ω·m；Ⅳ区内富水区6个，分别编号EⅣ-1～EⅣ-6，视电阻率<45Ω·m，其中EⅢ-1和EⅣ-1异常较为明显且分布范围较大。

6煤层下80m层位：Ⅰ区内富水区9个，分别编号为KⅠ-1～KⅠ-9，其视电阻率<

100Ω·m；Ⅱ区内富水区 16 个，分别编号为 KⅡ-1～KⅡ-16，其视电阻率<65Ω·m；Ⅲ区内富水区 4 个，分别编号为 KⅢ-1～KⅢ-4，其视电阻率<50Ω·m；Ⅳ区内富水区 6 个，分别编号为 KⅣ-1～KⅣ-6，其视电阻率<50Ω·m。其中 KⅢ-1 和 KⅣ-1 异常较为明显且分布范围较大。

6 煤层下 100m 层位：Ⅰ区内富水区 9 个，分别编号为 FⅠ-1～FⅠ-9，其视电阻率<100Ω·m；Ⅱ区内富水区 24 个，分别编号为 FⅡ-1～FⅡ-24，其视电阻率<65Ω·m；Ⅲ区内富水区 7 个，分别编号为 FⅢ-1～FⅢ-7，其视电阻率<50Ω·m；Ⅳ区内富水区 7 个，分别编号为 FⅣ-1～FⅣ-7，其视电阻率<50Ω·m。其中 FⅢ-2 和 FⅣ-1 异常较为明显且分布范围较大。

3. 奥陶系灰岩水文地质特点

1）奥陶系石灰岩视电阻率顺层切片图分析

据水 8 孔揭露，石炭系厚度为 129.73m。因此，为分析奥灰顶界面和顶界面下 50m 的富水性，沿 6 煤层下 190m 和下 240m 的层位分别制作了顺层视电阻率切片图，反映了奥灰顶界面和奥灰顶界面下 50m 层位的电性变化情况。

图 3.30 是Ⅱ63 采区 6 煤层下 190m 视电阻率顺层切片图，图中红色—蓝色的过渡表示高阻—低阻的变化，图中整体的电性规律与前面大致相同，富水区主要在测区的中部、东部和北部。

不同的是，测区的中部视电阻率增高，与周围的低阻区对比更加明显，反映了测区内奥陶系上部灰岩岩溶较为发育。测区中部低阻区呈条带状或串珠状分布，其方向近南北，反映了奥灰水向北部径流的方向。从上下层位切片图的对比上看，测区中低阻异常区上下对应较好，说明该区域奥灰水在垂向上联系较好。

2）奥陶系灰岩富水区分布情况

图 3.31 是Ⅱ63 采区奥陶系灰岩水文异常区分布图，图中绿色阴影区是 6 煤层下 190m 层位的富水区，深蓝色阴影区是 6 煤层下 240m 层位的富水区，它们分别反映了奥陶系顶界面和顶界面下 50m 层位的富水性。富水区主要分布在测区的北部、东部和中部，各区内富水区互相连接，富水性也较为接近。在测区的中部有一些近南北向低阻异常条带，反映了测区内奥灰水的层间补给方向。上下层位中的富水区对应较好，说明测区内奥灰水在垂向上联系较好。

6 煤层下 190m 层位：Ⅰ区内富水区 6 个，分别编号为 GⅠ-1～GⅠ-6，其视电阻率<140Ω·m；Ⅱ区内富水区 23 个，分别编号为 GⅡ-1～FⅡ-23，其视电阻率<90Ω·m；Ⅲ区内富水区 7 个，分别编号为 GⅢ-1～GⅢ-7，其视电阻率<70Ω·m；Ⅳ区内富水区 11 个，分别编号为 GⅣ-1～GⅣ-11，其视电阻率<70Ω·m。

6 煤层下 240m 层位：Ⅰ区内富水区 8 个，分别编号为 HⅠ-1～HⅠ-8，其视电阻率<140Ω·m；Ⅱ区内富水区 19 个，分别编号为 HⅡ-1～HⅡ-19，其视电阻率<90Ω·m；Ⅲ区内富水区 10 个，分别编号为 HⅢ-1～HⅢ-10，其视电阻率<80Ω·m；Ⅳ区内富水区 7 个，分别编号为 HⅣ-1～HⅣ-7，其视电阻率<80Ω·m。

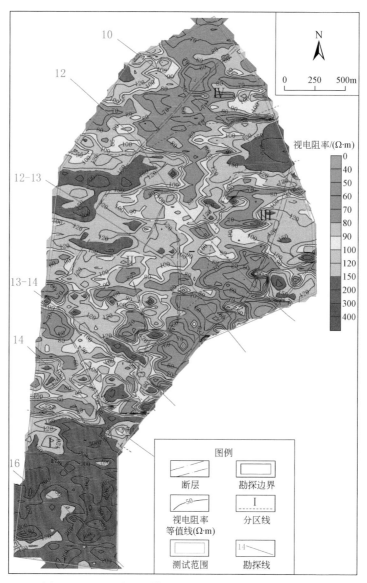

图 3.30　Ⅱ63 采区 6 煤层下 190m 视电阻率顺层切片图

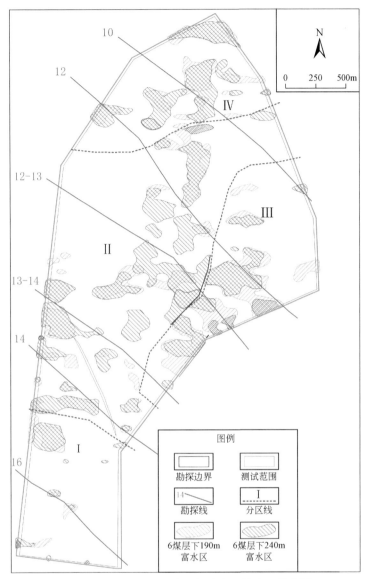

图 3.31　Ⅱ63 采区奥陶系灰岩水文异常区分布图

4. 对陷落柱的分析

测区内垂向上有高阻反映的地区较少，且不在灰岩水径流区，产生陷落柱的可能性较小，故重点对垂向低阻区进行分析。图 3.32 是 6 煤层–奥灰水文异常区综合成果图，图中紫色、绿色、蓝色、深蓝色和黑色封闭圈分别为 6 煤层下 30m、下 60m、下 80m、下 100m和下 190m 的富水异常区。上下都有重叠且类似陷落柱的区域有（以 6 煤层下 30m 层位的编号说明）：DⅠ-5、DⅡ-1、DⅡ-5、DⅡ-11 和 DⅢ-4 等区域。经过与断面图的反映形态对比，在本测区内没有发现明显的垂向低阻异常体。鉴于本次勘探的测网控制程度，认为测区内没有直径大于 20m 的陷落柱。

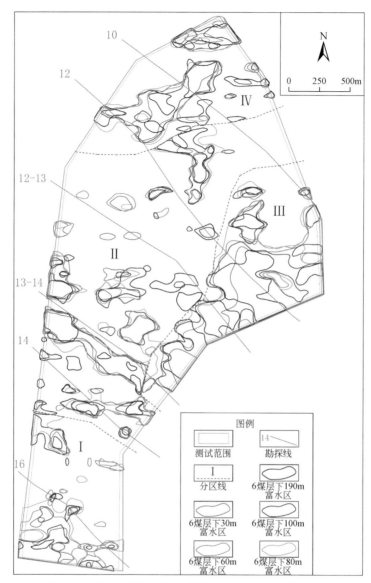

图 3.32　II 63 采区 6 煤层–奥灰水文异常区综合成果图

5. 断层的导水性

通过对本次瞬变电磁勘探资料和以往地质资料的对比分析,区内断层附近的低阻异常区并不多见,断层在电法资料上的反映也不明显,说明区内断层的含水性较弱,导水性也较差。但区内断层附近部分地段内有低阻区存在,且上下层位中的低阻异常区沿断面倾向方向有对应关系,说明了部分地段内断层有较强的含(导)水性,因此部分地段内也应引起矿方的注意。

测区内落差较大的断层有:孟口和 DF5 逆断层,孟-1、DF36 和 DF31 正断层。它们附近出现低阻异常区的具体情况见表 3.6。

表 3.6　恒源煤矿 II 61 采区较大断层富水段瞬变电磁探测结果

断层名称	断层附近的富水区		与石炭系灰岩水有联系的区域
	6 煤层顶板	6 煤层底板	
孟口	C Ⅲ-2、C Ⅲ-4、C Ⅳ-3	D Ⅲ-2、D Ⅳ-3	D Ⅲ-2、D Ⅳ-3
DF5	C Ⅰ-1	D Ⅰ-7	D Ⅰ-7
孟-1	C Ⅱ-8、C Ⅳ-1	D Ⅳ-1	D Ⅳ-1
DF36	无	无	无
DF31	C Ⅱ-2	D Ⅱ-2	D Ⅱ-2

从表 3.6 可明显看出，孟口、DF5、孟-1 和 DF31 等断层在部分区域具有一定的导水能力。

总之，6 煤层底至太灰间隔水层正常间距为 42.54～69.82m，平均间距为 54.60m。测区的大部分区域间距在 45m 以上，仅 99-6 号钻孔附近区域的间距较小，此处位于温庄向斜西翼的小背斜处，从 6 煤层下 30m 视电阻率切片图来看，为较为明显的低阻异常，说明该处裂隙发育。

石炭系和奥陶系上部灰岩的富水异常区主要集中在测区北部、东部和中部的部分区域，异常区与周围区域的电性差异较大，反映了其富水程度的不均一性。从上下层位的对比来看，在测区的北部、东部和测区中部的 13～14 勘探线之间的富水异常区有较强的对应关系，说明这些区域太灰水与奥灰水有一定的水力联系（图 3.32）。太灰水和奥灰水水量丰富，对开采 6 煤层存在较大的威胁。

区内断层在部分区段有一定的导水能力；根据矿井实际揭露的资料来看，小断层较多，也有一定的导水能力。因此该区 6 煤层水文地质条件复杂。

6. 小结

通过对资料的处理、分析、解释，分别划分了 6 煤层上 50m、下 30m、下 60m、下 80m、下 100m、下 190m 和下 240m 等各层位的富水区，较好地解释了测区 6 煤层顶、底板砂岩、石炭系灰岩和奥陶系灰岩富水区分布情况。

对测区内深大断层的导水性进行了分析和评价，并推测区内没有大于 20m 的岩溶陷落柱，初步综合评价了测区内水文地质条件，并为矿方提供了验证钻孔的孔位，为井下探放水工程的设计与实施提供了参考资料。

3.4　水文地质钻探

进入二水平以后，恒源煤矿在深部进行了多次水文地质补充钻探，2003 年施工钻孔 8 个，工程量 5209.00m；2005 年施工钻孔 10 个，工程量 5462.20m；2006 年施工钻孔 3 个，工程量 1842.72m；2007 年施工钻孔 4 个，工程量 2151.84m；2008 年施工钻孔 4 个，工程量 2260.06m；2009 年施工钻孔 1 个，工程量 752.36m；2010 年施工钻孔 4 个，工程量 3384.62m；2011 年施工钻孔 2 个，工程量 1821.89m；2012 年施工钻孔 3 个，工程量 1293.08m；2014 年施工钻孔 5 个，工程量 4734.11m。2003 ~ 2014 年合计施工钻孔 44 个，总钻探工程量为 28911.88m。开展了钻孔抽水试验 5 次，流量测井 20 次，并对各钻孔均进行了简易水文观测。通过各阶段勘查和水文地质补充勘探以及后续的防治水工作的实施，恒源煤矿在多年的生产过程中，对矿井水文地质条件有了较清晰的了解，通过以往的地质及水文地质工作已基本查明一、二水平开采的充水条件，为今后采掘活动和地质及水文地质工作提供了地质依据。

3.5　水文地质试验

3.5.1　放水试验目的和任务

本区矿井水文地质条件复杂，主要水害影响有第四系松散层水、4 煤层顶板砂岩裂隙水及 6 煤层底板灰岩水及老塘水。其中，6 煤层底板灰岩水对于矿井生产影响较大。6 煤层以下石炭系太原组三灰、四灰为主要含水层，6 煤层底板距离石炭系太原组三灰、四灰 50m 左右。石炭系灰岩区域总厚 120m 左右，与下伏奥陶系（O）不整合接触。随着矿井二水平打开，回采深度加大，6 煤层底板承受水压增加，太灰水位虽以每年 20m 的速度下降，但远不及矿井回采深度的增加。把这种因素考虑在内，在开采到-600m 水平时，工作面底板承受水压仍在 3.4MPa，相应突水系数在 0.085MPa/m，大于构造复杂条件下突水系数临界值。太灰水在遇地质构造处或地质裂隙带，将有极大可能进入工作面并造成突水。同时，奥陶系灰岩水也存在通过大的导水构造（如陷落柱、基底断裂等）突破煤层底板进入采场的可能。

由于本区矿井条件的复杂性，开采过程中受到底板太原组灰岩含水层的高承压和强富水威胁。《煤矿防治水细则》第三十三条中明确规定，矿井有下列情形之一的，应当进行井下水文地质补充勘探：①采用地面水文地质勘探难以查清问题，需要在井下进行放水试验或者连通（示踪）试验的；②受地表水体、地形限制或者受开采塌陷影响，地面没有施工条件的；③孔深或者地下水位埋深过大，地面无法进行水文地质试验的。水文地质试验是对地下水进行定量研究的重要手段，其中井下放水试验是矿区水文地质工作中应用最多的方法。

放水试验是以地下水井流理论为基础，通过在实际井孔中放水时，对水量和水位变化的观测来获取水文地质参数，评价水文地质条件，为预计矿井涌水量、疏干降压和评价安全性等方面提供依据。

根据恒源煤矿的水文地质条件和防治水工作要求，本次放水试验的主要任务是：

（1）确定区域太原组灰岩的水文地质参数，如渗透系数 K、导水系数 T、储水系数 μ^* 等；并且尽可能地了解越流层的情况，特别是下部奥陶系灰岩与太灰的连通情况。

（2）掌握和预测二水平开采过程中的矿井涌水量及其水位降深之间的关系。

（3）研究放水过程中降落漏斗的形状、大小及扩展过程。

（4）研究太原组灰岩与上部 6 煤层上下砂岩裂隙含水层、下部奥陶系灰岩含水层之间的水力联系。

（5）确定太原组灰岩含水层的边界位置及性质（补给边界或隔水边界），深部孟口和孟-1 等断层的富水性和导水性。

（6）建立太原组灰岩含水层疏干的模型，以确定放水孔间距、开采降深、合理孔径等群井设计参数。

3.5.2　放水试验工程布置与实施

1）放水试验工程布置

根据放水试验放水孔和观测孔的布置原则，结合矿井水文地质条件和井下场地条件，同时考虑放水试验的任务、精度要求、规模大小、含水层的性质，以及资料整理和参数的计算方法等因素，并充分利用相邻矿井观测孔，合理布置放水试验工程。放水试验工程布置如图 3.33 所示，各孔信息见表 3.7。

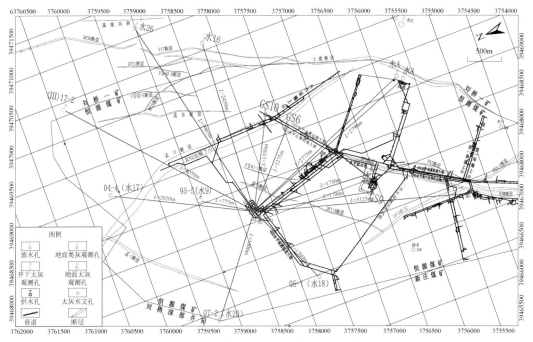

图 3.33　恒源煤矿二水平放水试验钻孔分布图

表 3.7　恒源煤矿二水平北翼放水试验钻孔信息表

钻孔用途	钻孔编号	终孔层位	观测方式	观测内容	所属矿井
观测孔	GC1	太灰	井下自记仪	水压	恒源煤矿
	GC3	太灰	井下自记仪	水压	恒源煤矿
	GS6	太灰	井下自记仪	水压	恒源煤矿
	GCS9	太灰	井下自记仪	水压	恒源煤矿
	GS10	太灰	井下自记仪	水压	恒源煤矿
	观1	太灰	井下自记仪	水压	新庄煤矿
	17-2	太灰	井下自记仪	水压	刘桥一矿
	水4	太灰	地面遥测仪	水位	恒源煤矿
	水5	太灰	地面遥测仪	水位	恒源煤矿
	水9	太灰	地面遥测仪	水位	恒源煤矿
	水17	太灰	地面遥测仪	水位	恒源煤矿
	水18	太灰	地面遥测仪	水位	刘桥一矿
	水20	太灰	地面遥测仪	水位	恒源煤矿
	水16	太灰	地面遥测仪	水位	刘桥一矿
	水26	太灰	地面遥测仪	水位	恒源煤矿
	水8	奥灰	地面遥测仪	水位	恒源煤矿
放水孔	FS1	太灰	井下自记仪	水量/水压	恒源煤矿
	FS2	太灰	井下自记仪	水量/水压	恒源煤矿
	FS3	太灰	井下自记仪	水量/水压	恒源煤矿
	FS4	太灰	井下自记仪	水量/水压	恒源煤矿

2）放水试验实施过程

本次放水试验为一次最大降深、群孔干扰非稳定流放水试验，根据现场条件，FS1～FS4孔于2009年12月3日14:30开始正式放水，至2009年12月7日15:15关阀，放水历时96.75h，总放水量约20995m³。四孔总流量约为217m³/h。放水结束后，开始水位恢复阶段的观测，即2009年12月7日15:15～9日10:30，水位恢复历时43.25h。

本次放水试验数据监测采用井下放水，井上、下同步观测的方法。其中4个放水孔FS1～FS4和7个井下放水孔水位观测选用中煤科工集团西安研究院有限公司研制的YJSY型自动水压观测仪，初始采集频率设为5min/次，放水开始后第1min、3min、5min、8min、11min、15min、20min、27min、30min时采用人工加密读数，并在放水1h后将水压自记仪采集频率设为30min/次。同时在FS1～FS4四个放水孔分别采用自记仪和流速仪监测放水孔的出水量。在地面监测孔采用水位自记仪，直接将数据实时传入监测中心的电脑里，进行数据的实时采集。

3.5.3　放水试验观测资料整理分析与成果评价

放水试验结束后，进行了室内资料整理工作。其主要内容有：检验、校核原始观测数据；计算水文地质参数；绘制钻孔放水试验成果，包括钻孔位置图、水文地质综合柱状图、各种关系曲线，以及试验数据、参数、流量 Q 及水质分析成果等。

1. 放水阶段资料整理分析

本次放水试验由 FS1、FS2、FS3、FS4 四个放水孔进行干扰井群放水，其流量–时间关系见表 3.8 和图 3.34。

表 3.8　放水孔孔流量统计表

日期 （年/月/日）	时刻	各放水孔流量/（m³/h）				总流量/（m³/h）
		FS1 孔	FS2 孔	FS3 孔	FS4 孔	
2009/12/3	14:50	85.91	67.69	32.29	43.98	229.87
	15:30	84.24	67.63	36.72	47.60	236.19
	16:00	84.66	67.94	30.40	46.14	229.14
	16:30	80.66	66.49	45.20	45.72	238.07
	19:40	68.40	66.67	46.08	42.68	223.83
	20:10	65.80	67.00	44.78	43.23	220.81
	20:40	65.57	65.60	44.31	38.20	213.68
	21:10	62.80	66.25	43.93	36.47	209.45
	23:30	72.47	66.38	42.12	38.72	219.69
2009/12/4	1:00	74.55	66.20	32.29	41.54	214.58
	2:00	76.24	66.97	32.40	42.98	218.59
	3:00	75.26	67.15	34.25	41.33	217.99
	4:00	74.57	66.49	33.52	39.42	214.00
	5:00	75.14	67.04	34.46	40.27	216.91
	6:00	73.25	63.72	32.59	42.14	211.70
	7:00	71.03	58.04	34.41	39.27	202.75
2009/12/5	16:00	64.27	62.72	30.88	36.43	194.30
	21:00	66.74	62.47	30.05	35.88	195.14
2009/12/6	5:00	71.67	62.23	34.17	41.33	209.40
	18:00	66.30	80.24	40.78	34.57	221.89
	20:00	66.29	80.84	41.12	36.27	224.52

由表 3.8 和图 3.34 可见，放水孔流量变化幅度较小，近似为稳定，其中 FS1 和 FS2 孔流量较大，稳定在 70.00m³/h 左右，FS3 和 FS4 孔流量较小，稳定在 40.00m³/h 左右，

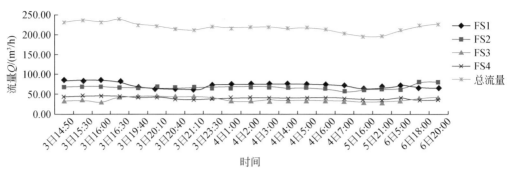

图 3.34　2009 年 12 月 FS1、FS2、FS3、FS4 孔流量及放水总流量历时曲线

放水总流量平均为 217.00m³/h。

　　根据 4 个放水孔的现场观测资料，FS1、FS2、FS3、FS4 孔的稳定流量分别为 74.99m³/h、66.71m³/h、35.24m³/h、40.39m³/h，采用裴布依公式反求其水位降深，得到 4 个放水孔的单位涌水量 q 约为 0.9367L/(s·m)。《煤矿防治水细则》中规定中等富水性 q 为 0.1~1L/(s·m)，强富水性 q 为 1~5L/(s·m)，考虑区域的岩溶发育不均一性，区域内的太灰含水层应属于中等富水性至强富水性。

　　由表 3.9 和图 3.35 可以看出，放水试验开始后，放水孔中心附近的两个观测孔分别形成了 253.3m 和 50.6m 的降深，其他各观测孔也产生了一定的降深，多数观测孔水位迅速下降后保持缓慢的发展趋势，水 9 孔水位持续下降幅度较大，区域内不存在降不下去的高水位异常区，为今后的疏降水工作提供有利条件。

表 3.9　主要水文观测孔水位动态变化情况

钻孔编号	初始水位（2009 年 12 月 3 日 14:30）/m	初期水位变化 (2009 年 12 月 3 日 18:30)		停放时水位变化 (2009 年 12 月 7 日 15:15)	
		初期水位/m	初期降深/m	最终水位/m	最终降深/m
GC1	−281.9	−535.2	253.3	−527.9	246.0
GC3	−265.8	−316.3	50.5	−316.2	50.4
GS6	−230.5	−233.9	3.4	−237.9	7.4
GS10	−224.6	−225.7	1.1	−230.3	5.7
GS9	−234.7	−237.9	3.2	−246.0	11.3
观 1	−232.8	−232.6	−0.2	−234.7	1.9
水 4	−213.1	−214.1	1.0	−217.3	4.2
水 5	−228.4	−231.8	3.4	−236.4	8.0
水 9	−260.8	−268.8	8.0	−280.8	20.0
水 17	−313.8	−314.1	0.3	−314.9	1.1
水 18	−223.4	−224.0	0.6	−224.2	0.8
水 20	−295.2	−301.2	6.0	−316.6	21.4
水 8（奥灰）	−49.6	−49.6	0.0	−49.7	0.1

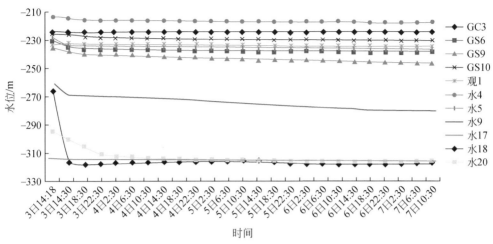

图 3.35　2009 年 12 月放水阶段太灰水位历时曲线

　　虽然以往的勘探资料和刘一放水试验资料曾表明太灰和奥灰之间在区域上应存在一定程度的水力联系，但本次放水试验所获取的数据并不支持。从图 3.36 可以看出，水 8 奥灰水观测孔水位在放水阶段和水位恢复阶段水位没有发生明显变化，其原因可能是本区域内太灰与奥灰水力联系不明显，或者受放水试验条件的影响，如放水流量小，放水孔与唯一的奥灰水位观测孔距离较远，没有深入体现出太灰与奥灰之间的水力联系，建议在日后加强对太灰与奥灰之间水力联系的研究。

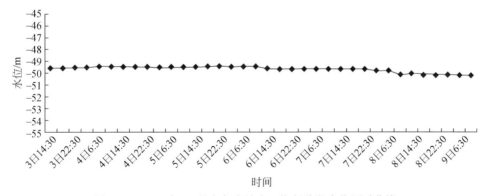

图 3.36　2009 年 12 月奥灰水放水、恢复阶段水位历时曲线

　　分析各观测孔的水位变化历时曲线，可以初步得出以下认识：

　　（1）GC1 迅速下降 353m，GC3 孔放水试验开始后水位迅速下降 51m 并保持恒定。水 20 位于矿区的西北部，是排泄边界，放水试验开始后，在放水孔中心形成大范围降落漏斗，切断其补给源，故水位迅速降低至 -316m，与 GC3 稳定水位一致，说明了地下水径流方向为东南至北西向。同时水 20 水位迅速下降，说明孟-1 断层没有对太灰水起到明显的隔水作用。

（2）水4、水5、GS9、GS6、GS10孔水位迅速下降说明太灰水静储量小，降落漏斗扩展迅速，径流条件较好，太灰L1~L4富水性强，渗透系数较大；能达到似稳定状态或保持缓慢的发展趋势说明有一定的补给源。

（3）水17在放水试验过程中水位下降仅1m左右，说明孟口断层北部具有良好的隔水性能，而GS6与GS10分别位于孟口断层南部的上下盘，虽然两个观测孔有明显的水位差，但在放水试验过程中保持同步的变化趋势，说明孟口断层南部的隔水性变差；由于奥灰水观测孔水8未发生明显的水位变化，故在现有的资料分析的基础上认为孟口断层没有导致奥灰与太灰产生水力联系。

放水过程中，观测孔GC1、GC3、GS6、GS9的水位变化较明显，这四个观测孔的水位降深统计见表3.10、图3.37。

表 3.10 GC1、GC3、GS6、GS9 孔水位降深统计表

日期 （年/月/日）	时刻	GC1 孔水位降深/m	GC3 孔水位降深/m	GS6 孔水位降深/m	GS9 孔水位降深/m
	14:30	0.00	0.00	0.00	0.00
	14:31	3.67	1.02	0.00	0.10
	14:33	101.39	3.06	0.00	0.10
	14:35	155.65	7.14	0.00	0.00
	14:38	198.29	11.22	0.00	0.00
	14:42	223.69	14.28	0.00	0.10
	14:45	229.91	15.30	0.00	0.00
	14:49	233.49	17.34	0.00	0.10
	14:55	236.95	19.38	0.10	0.10
	15:00	238.99	21.42	0.10	0.20
2009/12/3	15:05	240.62	23.46	0.20	0.31
	15:10	241.94	24.48	0.20	0.31
	15:20	243.88	26.52	0.30	0.41
	15:30	245.21	29.58	0.51	0.51
	17:00	251.53	45.70	2.17	2.12
	18:00	253.57	49.58	3.25	3.01
	19:00	248.17	51.14	3.79	3.60
	20:00	242.66	51.35	4.26	4.03
	21:00	241.43	52.18	4.83	4.57
	22:00	242.15	52.34	5.24	5.04

续表

日期 （年/月/日）	时刻	GC1 孔水位降深/m	GC3 孔水位降深/m	GS6 孔水位降深/m	GS9 孔水位降深/m
2009/12/4	0：00	256.33	52.84	5.69	5.33
	2：00	257.55	52.84	5.78	5.40
	4：00	257.96	51.92	5.84	5.50
	6：00	258.37	51.20	5.73	5.40
	8：00	255.98	51.19	5.67	5.33
	15：00	247.15	50.54	5.87	5.52
	18：00	246.68	50.14	5.90	6.59
	21：00	246.42	50.24	6.06	7.15
2009/12/5	0：00	246.28	50.44	6.12	7.29
	4：00	246.22	49.94	6.22	7.61
	8：04	246.10	49.52	6.24	7.87
	12：04	247.44	49.60	6.40	8.24
	16：00	246.50	49.20	6.36	8.43
	20：00	246.50	49.74	7.62	10.00
2009/12/6	2：00	246.76	51.41		
	16：00	246.83	51.61		
	20：00	246.90	51.77		
2009/12/7	9：55	310.56	50.62		
	13：25	310.54	50.58		

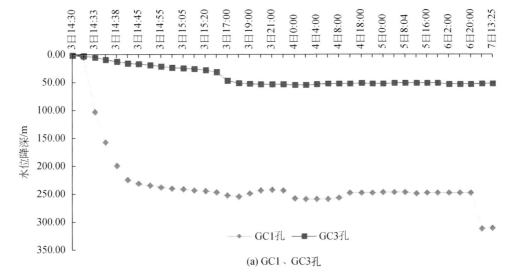

(a) GC1、GC3孔

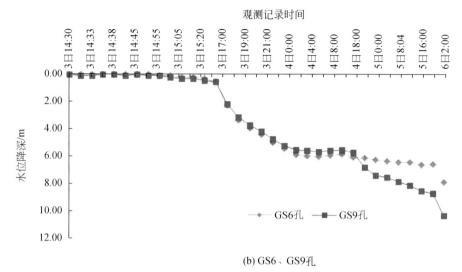

(b) GS6、GS9孔

图 3.37　2009 年 12 月井下观测孔水位降深和时间曲线

2. 水位恢复阶段资料整理分析

水位恢复工作阶段为 2009 年 12 月 7 日 15：15 ～ 9 日 6：00，水位恢复时间较短，共连续观测了 2329min，其中部分观测孔水位恢复情况较好，达稳定后停止观测（2009 年 12 月 8 日 10：30），各观测孔的水位恢复见表 3.11 和图 3.38。

表 3.11　水位恢复阶段观测孔水位动态变化情况

钻孔编号	放水阶段（2009 年 12 月 3 日 14：30 ～ 7 日 15：10）		恢复初期水位变化（2009 年 12 月 7 日 18：30）		恢复最终水位变化（2009 年 12 月 9 日 10：30）		
	初始水位 /m	停放时刻水位/m	恢复初期水位/m	初期上升值 /m	最终水位 /m	最终上升值 /m	最终降深 /m
GC1	−281.9	−527.9	−284.3	243.6	−268.4	259.5	−13.5
GC3	−265.8	−316.2	−275.6	40.6	−246.0	70.2	−19.8
GS6	−230.5	−237.9	−234.1	3.8	−229.5	8.4	−1.0
GS10	−224.6	−230.3	−229.2	1.1	−224.7	5.6	0.1
GS9	−234.7	−246.0	−242.1	3.9	−241.8	4.2	7.1
观 1	−232.8	−234.7	−234.6	0.1	−233.6	1.1	0.8
水 4	−213.1	−217.3	−216.3	1.0	−213.0	4.3	−0.1
水 5	−228.4	−236.4	−233.0	3.4	−228.8	7.6	0.4
水 9	−260.8	−280.8	−283.6	−2.8	−276.8	4.0	16.0
水 17	−313.8	−314.9	−314.9	0.0	−314.3	0.6	0.5
水 18	−223.4	−224.2	−224.1	0.1	−224.0	0.2	0.6
水 20	−295.2	−316.6	−308.6	8.0	−289.6	27.0	−5.6
水 8	−49.6	−49.7	−49.7	0.0	−50.1	−0.4	0.5

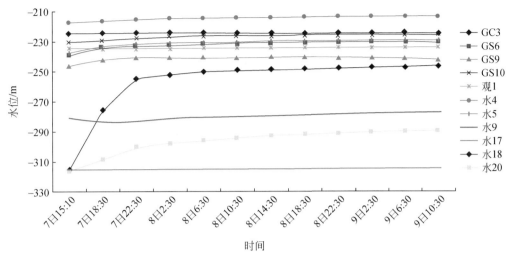

图 3.38　2009 年 12 月水位恢复阶段太灰水位历时曲线

由表 3.11 和图 3.38 可以看出，放水孔关阀后，多数观测孔水位恢复现象明显，放水孔附近的观测孔能恢复到初始水位。GC1、GC3 和水 20 出现负降深，是因为试放水后产生了一定的降落漏斗，正式放水时水位没有完全恢复，因此放水孔附近观测孔的初始水位低于天然流场下的原始水位，水位恢复后出现了负降深。水 9 和 GS9 孔仍分别有 16m 和 7.1m 的剩余降深，水位恢复极缓慢，并有一定的滞后性，且远处观 1 孔水位恢复较慢，说明其补给条件较差。以上说明太灰含水层有一定的侧向补给量，与放水阶段的稳定状态结论相符。

代表性观测孔 GC1、GC3、GS6、GS9 水位恢复阶段降深与时间关系见表 3.12 和图 3.39。

表 3.12　观测孔 GC1、GC3、GS6、GS9 水位恢复阶段降深统计表

日期 （年/月/日）	时刻	GC1 孔降深/m	GC3 孔降深/m	GS6 孔降深/m	GS9 孔降深/m
2009/12/7	15:15	209.53	48.31	7.40	11.19
	15:16	189.13	47.00	7.45	11.19
	15:18	150.96	42.11	7.48	11.26
	15:20	123.67	39.36	7.49	11.23
	15:23	96.25	36.34	7.49	11.15
	15:27	75.51	33.63	7.45	11.21
	15:30	64.32	31.80	7.42	11.06
	15:35	53.96	31.76	7.31	11.04
	15:40	47.47	26.43	7.19	10.97
	15:45	42.38	24.28	7.05	10.88

续表

日期 （年/月/日）	时刻	GC1 孔降深/m	GC3 孔降深/m	GS6 孔降深/m	GS9 孔降深/m
2009/12/7	15:50	38.54	22.26	6.93	10.74
	15:55	35.38	20.40	6.79	10.60
	16:00	32.77	18.67	6.67	10.51
	16:05	30.17	17.14	6.54	10.39
	16:10	28.22	15.55	6.41	10.24
	16:15	26.27	14.24	6.27	10.05
	17:30	9.51	1.55	4.40	8.18
	18:04	5.10		3.92	7.63
	18:34	2.47		3.56	7.35
	19:04	0.44		3.24	7.21
	19:34			2.91	6.99
	20:04			2.61	6.74
	20:34			2.36	6.60
	21:04			2.18	6.45
	21:34			2.03	6.39
	22:04			1.89	6.32
	22:34			1.74	6.17
	23:04			1.56	6.08
2009/12/8	0:04			1.34	5.95
	1:04			1.19	5.92
	2:04			1.05	5.86
	3:04			0.92	5.85
	5:04			0.88	6.11
	7:04			0.56	5.82
	9:04			0.59	5.83
	11:04			0.21	5.55
	13:34				5.50
	15:04				5.30
	17:04				5.52
	20:04				5.62
	23:04				5.70
2009/12/9	2:04				5.98
	6:04				6.41

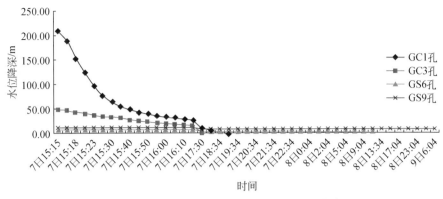

图 3.39　水位恢复阶段的水位降深与时间曲线

3. 水文地质参数求解

1）理论依据

此次放水试验是以太原组灰岩（L1 ~ L4）含水层作为主要目标层，结合该含水层的水文地质特征和放水试验类型，符合承压水完整井定流量非稳定流特征。因此，该含水层的参数求取可通过承压水完整井定流量非稳定流的相关理论计算公式，即著名的 Theis 公式，其表达式如下：

$$
\begin{cases}
S = \dfrac{Q}{4\pi T} W(u) \\
u = \dfrac{r^2}{4at} = \dfrac{r^2 u^*}{4Tt}
\end{cases}
\tag{3.4}
$$

式中，S 为降深，m；Q 为流量，$\mathrm{m^3/d}$；T 为导水系数，$\mathrm{m^2/d}$；$W(u)$ 为井函数；r 为观测孔距放水孔的距离，m；a 为压力传导系数，$\mathrm{m^2/d}$；u^* 为储水系数，无量纲；t 为时间。

a. 配线法

对于式（3.4）中的两式两端取对数有

$$
\begin{cases}
\lg S = \lg W(u) + \lg \dfrac{Q}{4\pi T} \\
\lg \dfrac{t}{r^2} = \lg \dfrac{1}{u} + \lg \dfrac{u^*}{4T}
\end{cases}
\tag{3.5}
$$

式（3.2）中两式右端的第二项在同一次放水试验中都是常数。因此，在双对数坐标系内，对于定流量放水，$S - \dfrac{t}{r^2}$ 曲线和 $W(u) - \dfrac{1}{u}$ 标准曲线在形态上是相同的，只是在横坐标上平移了 $\dfrac{Q}{4\pi T}$ 和 $\dfrac{u^*}{4T}$ 的距离而已。只要将两曲线重合，任选一匹配点，记下对应的坐标值，代入式（3.4）中即可确定有关参数，此法称为降深–时间距离配线法。

同理，由实际资料绘制的 $S - t$ 曲线和 $S - r^2$ 曲线，分别与 $W(u) - \dfrac{1}{u}$ 和 $W(u) - u$ 标准曲

线有相同的形状。因此，可以利用一个观测孔不同时刻的降深值，在双对数纸上绘出 S-t 曲线和 $W(u)$-$\frac{1}{u}$ 标准曲线，进行拟合，此法称为降深–时间配线法，本次配线法参数求取即采用这种方法进行参数求解。

b. Jacob 直线图解法

对于 Theis 公式中的井函数 $W(u)$，当 $u \leq 0.01$ 或 $u \leq 0.05$ 时，井函数有其近似表示式为

$$W(u) \approx -0.577216 - \ln u = \ln \frac{2.25Tt}{r^2 u^*} \qquad (3.6)$$

于是，Theis 公式可以近似地表示为

$$S = \frac{Q}{4\pi T} \ln \frac{2.25Tt}{r^2 u^*} = \frac{0.183Q}{T} \lg \frac{2.25Tt}{r^2 u^*} \qquad (3.7)$$

式（3.7）称为 Jacob 公式，因此，当 $u \leq 0.01$ 或 $u \leq 0.05$ 时，可以用 Jacob 公式计算参数。首先把它改写成下列形式：

$$S = \frac{2.3Q}{4\pi T} \lg \frac{2.25T}{u^*} + \frac{2.3Q}{4\pi T} \lg \frac{t}{r^2} \qquad (3.8)$$

式（3.8）表明，S 与 $\lg \frac{t}{r^2}$ 呈线性关系，斜率为 $\frac{2.3Q}{4\pi T}$。利用斜率可求出导水系数 T：

$$T = \frac{2.3Q}{4\pi i} \qquad (3.9)$$

式中，i 为直线的斜率，此直线在零降深线上的截距为 $\left(\frac{t}{r^2}\right)$。把它代入式（3.8）有

$$0 = \frac{2.3Q}{4\pi T} \lg \frac{2.25T}{u^*} \left(\frac{t}{r^2}\right) \qquad (3.10)$$

因此：

$$\lg \frac{2.25T}{u^*}\left(\frac{t}{r^2}\right) = 0, \quad \frac{2.25T}{u^*}\left(\frac{t}{r^2}\right)_0 = 1 \qquad (3.11)$$

于是得

$$u^* = 2.25T\left(\frac{t}{r^2}\right) \qquad (3.12)$$

以上即利用综合资料（多孔长时间观测资料）求参数，称为 S-$\lg \frac{t}{r^2}$ 直线图解法，本次 Jacob 直线图解法参数求取即采用这种方法进行参数求解。

c. 利用水位恢复试验数据求参

如不考虑水头惯性滞后动态，水井以流量 Q 持续放水 t_p 时间后停抽恢复水位，那么在时刻（$t \sim t_p$）的剩余降深 S'（原始水位与停抽后某一时刻水位之差），可理解为流量 Q 继续放水一直延续到 t 时刻的降深和停抽时刻起以流量 Q 注水 $t \sim t_p$ 时间的水位抬升的叠加。两者均可用式（3.1）计算。故有

$$S' = \frac{Q}{4\pi T}\left[W\left(\frac{r^2 u^*}{4Tt}\right) - W\left(\frac{r^2 u^*}{4Tt'}\right)\right] \qquad (3.13)$$

式中，$t' = t - t_{\mathrm{p}}$。当 $\dfrac{r^2 u^*}{4Tt'} \leqslant 0.01$ 时，式（3.9）可简化为

$$S' = \frac{2.3Q}{4\pi T}\left(\lg \frac{2.25Tt}{r^2 u^*} - \lg \frac{2.25Tt'}{r^2 u^*}\right) = \frac{2.3Q}{4\pi T}\lg \frac{t}{t'} \tag{3.14}$$

式（3.13）表明 S' 与 $\lg \dfrac{t}{t'}$ 呈线性关系，$i = \dfrac{2.3Q}{4\pi T}$ 为直线斜率。利用水位恢复资料绘出

$S' \text{-} \lg \dfrac{t}{t'}$ 曲线，求得其直线斜率 i，由此可以计算出参数：

$$T = 0.183 \frac{Q}{i} \tag{3.15}$$

由于停止放水后，如果没有其他外界的放水影响，放水孔水位恢复不受流量波动的干扰，地下水水位会自然回升，所以用测得的水位恢复资料进行含水层水文地质参数求取更为准确。

2）参数求取

a. 根据放水阶段观测数据求参

先将 FS1、FS2、FS3、FS4 四个放水孔概化为一个大井，再利用观测资料计算水文地质参数。

Ⅰ. 配线法

计算步骤：

（1）在双对数坐标纸上绘制 $W(u) \text{-} \dfrac{1}{u}$ 标准曲线；

（2）在另一张模数相同的透明双对数纸上绘制实测的 $S \text{-} t$ 曲线；

（3）将实际曲线置于标准曲线上，在保持对应坐标轴彼此平行的条件下相对平移，直至两曲线重合为止；

（4）任取一匹配点（在曲线上或曲线外均可），记下匹配点的对应坐标值：$W(u)$、$\dfrac{1}{u}$、S 和 t，代入式（3.4）中计算参数。

参数计算结果见表 3.13。

表 3.13　放水资料配线法求参成果表

观测孔	$1/u$	$W(u)$	S/m	$t/\min$	$T/(\mathrm{m^2/d})$	$K/(\mathrm{m/d})$	u^*
GC1	53	3.7	123	15	12.50	0.58	3.00×10^{-7}
GC3	26	2.9	24	30	50.1	2.33	5.24×10^{-6}
GS6	13.6	2.2	4.8	136	190.40	8.86	3.25×10^{-6}
GS9	10	2	5.2	485	159.48	7.42	7.61×10^{-6}

Ⅱ. Jacob 直线图解法

计算步骤:

（1）根据观测孔的资料，绘制 S-$\lg \dfrac{t}{r^2}$ 曲线；

（2）将 S-$\lg \dfrac{t}{r^2}$ 曲线的直线部分延长，在零降深线上的截距为 $\left(\dfrac{t}{r^2}\right)_0$；

（3）求直线斜率 i，最好取和一个周期相对应的降深 ΔS，这就是斜率 i，由此得 $i = \Delta S$；

（4）代入 $T = \dfrac{2.3Q}{4\pi\Delta S}$、$u^* = 2.25T\left(\dfrac{t}{r^2}\right)$ 计算。

参数计算结果见表 3.14。

表 3.14　放水资料直线法求参成果表

观测孔	t/r^2	$\Delta S/\text{m}$	$T/(\text{m}^2/\text{d})$	$K/(\text{m}/\text{d})$	u^*
GC3	6.33×10^{-5}	20.58	46.34	2.16	4.59×10^{-6}
GS6	3.8×10^{-5}	5.9203	161.38	7.51	9.59×10^{-6}
GS9	1.23×10^{-5}	4.08	234.32	10.90	4.49×10^{-6}

b. 利用水位恢复资料进行参数求取

计算步骤:

（1）根据观测孔的资料，绘制 S'-$\log \dfrac{t}{t'}$ 曲线；

（2）将 S'-$\log \dfrac{t}{t'}$ 曲线的直线段延长，求得其直线段的斜率 i；

（3）代入 $T = 0.183\dfrac{Q}{i}$ 计算。

参数计算结果见表 3.15。

表 3.15　水位恢复资料直线法求参成果表

观测孔	i	$T/(\text{m}^2/\text{d})$	$K/(\text{m}/\text{d})$
GC1	80.738	11.83	0.55
GC3	20.902	45.68	2.12
GS6	4.177	228.59	10.63
GS9	3.8152	250.28	11.64

同时补充水 5、水 9、水 20 三个地面观测孔的求参结果，见表 3.16。

表 3.16　观测孔平均渗透系数　　　　（单位：m/d）

观测孔	放水阶段		水位恢复阶段	观测孔平均渗透系数
	配线法渗透系数	Jacob 直线法渗透系数	Jacob 直线法渗透系数	
GC1（舍弃）	0.57	—	0.56	0.57
GC3	2.33	2.16	2.12	2.20
GC6	8.86	7.51	10.63	9.00
GC9	7.42	10.90	11.64	9.99
水 5	—	7.45	9.57	8.51
水 9	—	2.81	3.20	3.01
水 20	—	2.66	2.21	2.43
矿区平均渗透系数	—	—	—	5.86

由表 3.16 可以看出，矿区内太灰岩溶发育存在一定的非均一性。

3）单位涌水量计算

根据各放水孔流量及水位降深资料，在上述计算的基础上，对各放水孔单位涌水量进行计算，结果见表 3.17。

表 3.17　各放水孔单位涌水量计算值　　　　[单位：L/（s·m）]

q 值	孔号		
	FS1	FS2	FS3
q_{max}	0.2315	0.2277	0.1256
q_{min}	0.1348	0.1505	0.0710

根据放水试验水位观测，本区域的影响半径 R 约为 3000m；根据计算结果，渗透系数 $K = 5.86$m/d；根据经验公式：$R = 10S\sqrt{K}$，其中，S 为水位降深（m），故 $R = 242$m。综上所述，影响半径 $R_{91} = R_{孔} = R = 3000$m。

放水孔（FS1、FS2、FS3）孔径均为：$\varphi = 75$mm，即 $r_{孔} = 0.0375$m，孔径为 91mm 的钻孔，$r_{91} = 0.0455$m。

根据《煤矿防治水细则》附录二，换算公式：

$$Q_{91} = Q_{孔}\left(\frac{\lg R_{孔} - \lg r_{孔}}{\lg R_{91} - \lg r_{91}}\right) \tag{3.16}$$

式中，Q_{91}，R_{91}，r_{91} 是孔径为 91mm 的钻孔的涌水量、影响半径和钻孔半径；$Q_{孔}$，$R_{孔}$，$r_{孔}$ 是孔径为 r 的钻孔的涌水量、影响半径和钻孔半径。

对单位涌水量进行换算见表 3.18。

表 3.18   各放水孔单位涌水量换算结果   [单位: L/(s·m)]

q 值	孔号		
	FS1	FS2	FS3
q_{max}	0.2972	0.2924	0.1613
q_{min}	0.1731	0.1933	0.0911

根据计算结果，参照《煤矿防治水细则》附录二中含水层富水性的等级标准，恒源煤矿太灰含水层富水性表现的不均一性较为明显，总体为中等富水性。

3.5.4   水化学监测与分析

水化学数据是地下水最本质的特征，通过水化学资料的分析，可以查明含水层的富水性、水化学特征以及地下水的补给来源和径流条件，确定含水层之间的水力联系等。煤系下伏灰岩地层的岩溶裂隙地下水对矿井安全开采威胁最大，是水害防治的重点。结合本次放水试验的目的，重点分析煤层底板太灰含水层与奥灰含水层的水质特征，并对放水试验过程中的太灰水质变化情况予以分析。

1. 太灰含水层与奥灰含水层水质特征

参考恒源煤矿以往水质分析成果资料，两个含水层水质特征总结整理如下。

1) 太灰含水层

太原组地层总厚约120m，从上至下分为12层石灰岩，其埋藏深度不同，不同深度上岩溶发育程度相差较大，导致水动力条件呈现显著的非均一性。矿化度在 1916~4018mg/L，变化幅度较大，也充分说明了太灰水质特征的不均一性。总硬度较高，7.45~19.83mmol/L，pH 在 7.0~7.8 之间，主要离子成分含量见表 3.19。

表 3.19   太灰含水层常规离子指标

离子指标	HCO_3^-	SO_4^{2-}	Cl^-	K^++Na^+	Ca^{2+}	Mg^{2+}
浓度/(mg/L)	140.6~330.2	980.2~2034.2	17.1~258.7	325.5~1015.1	38.4~506.4	2.9~155.2

2) 奥灰含水层

奥灰埋藏深，井下探查资料很少，水文地质报告中仅给出了矿区边界人公村4#水源井水质数据，矿化度3365mg/L，总硬度20.37mmol/L，pH 7.7，常规离子含量见表 3.20。

表 3.20   奥灰含水层常规离子指标

离子指标	HCO_3^-	SO_4^{2-}	Cl^-	K^++Na^+	Ca^{2+}	Mg^{2+}
浓度/(mg/L)	257.5	1862.7	249.6	216.7	572.8	146.1

从表 3.19 和表 3.20 中可以看出，奥灰含水层 Ca^{2+} 含量高于太灰含水层，$K^{+}+Na^{+}$ 含量低于太灰含水层，其他水质指标相差不明显。

2. 放水试验过程中太灰水质变化情况

在放水试验过程中，对四个放水孔进行了连续水样测试，以监测水质变化情况，分析太灰与外界补给源和其他含水层水力联系情况，水质监测数据见表 3.21。

从表 3.21 可以看出，各放水孔不同时刻的常规离子含量差别不大，以放水试验初始即 2009 年 12 月 3 日 14:30 时刻的水质数据作为放水试验前的水质背景值，做出 piper 图，如图 3.40 所示。

表 3.21　太灰水常规离子原始数据表

取样日期（年/月/日）	时刻	取样地点	各常规离子含量/(mg/L)						
			Na^{+}	Ca^{2+}	Mg^{2+}	Cl^{-}	SO_4^{2-}	HCO_3^{-}	CO_3^{2-}
2009/12/3	14:30	FS1	217	342	117	150	1286	310	0
		FS1	285	380	100	148	1462	302	0
		FS2	292	416	88	160	1494	309	0
		FS2	287	380	104	145	1485	304	0
		FS3	197	454	102	143	1548	172	14
		FS3	203	431	105	142	1500	224	0
		FS4	188	447	116	154	1529	234	0
2009/12/4	23:33	FS1	209	365	64	146	1163	254	0
		FS1	187	363	70	144	1139	259	0
		FS2	239	401	27	150	1167	249	0
		FS2	232	383	33	149	1128	255	0
		FS3	193	422	83	147	1312	295	0
		FS3	239	386	81	143	1323	290	0
		FS4	255	468	109	161	1647	280	0
		FS4	245	465	114	161	1645	272	0
2009/12/5	20:00	FS1	221	369	93	147	1302	265	0
		FS1	181	364	85	148	1223	207	0
		FS2	224	387	67	154	1302	189	0

续表

取样日期 （年/月/日）	时刻	取样地点	各常规离子含量/（mg/L）						
			Na^+	Ca^{2+}	Mg^{2+}	Cl^-	SO_4^{2-}	HCO_3^-	CO_3^{2-}
2009/12/6	15:21	FS3	223	414	82	129	1361	312	0
		FS3	219	413	82	125	1354	311	0
	15:26	FS2	105	401	126	139	1227	333	0
		FS2	262	399	127	138	1569	291	0
	15:45	FS4	260	473	102	140	1665	254	14
		FS4	283	470	111	140	1735	250	22
	15:50	FS1	262	371	95	133	1375	321	0
		FS1	332	370	95	131	1526	316	0
	19:20	FS4	82	469	100	161	1289	232	0
		FS4	287	467	110	162	1703	296	0
	19:30	FS3	69	419	91	144	1093	278	0
		FS3	211	381	73	131	1245	281	0
	20:00	FS2	204	369	42	147	1126	192	
2009/12/7	12:00	FS1	293	365	86	141	1370	336	0
		FS1	285	374	90	143	1382	346	0
		FS2	299	403	82	139	1468	328	0
		FS2	240	403	87	137	1389	297	0
		FS3	130	424	85	130	1204	309	0
		FS3	230	414	92	123	1386	295	0
		FS4	267	461	97	143	1614	305	0
		FS4	246	453	100	142	1554	310	0

从图 3.40 中可以看出，4 个放水孔的水质类型相同，水质差别极小，因其都是太灰含水岩组的一~四灰含水段，埋藏深度相同，且其距离很近，埋藏深度和介质条件相似，水质类型基本一致。三部分主要阳离子中，Ca^{2+}、Mg^{2+} 和 $Na^+ + K^+$ 占的比例差距不是特别大，比例多在 20% ~55%，其中以 Ca^{2+} 比例稍多，占 50% 左右，$Na^+ + K^+$ 占 30% 左右，Mg^{2+} 所占比例最小，为 20% 左右；三种主要阴离子成分中，SO_4^{2-} 仍然占主导优势，其相对比例多在 75% ~82%，其余 Cl^-、HCO_3^- 离子所占比例相当，约 12%。水化学类型为 SO_4-Ca·Na·Mg或 SO_4-Na·Ca（Mg）型。

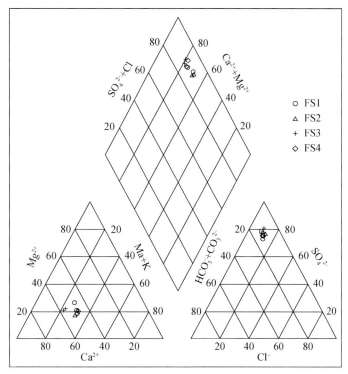

图 3.40　太灰水质背景值 piper 图

同样以 2009 年 12 月 3 日 14:30 的水质数据作为太灰水的水质背景值,从表 3.22 中可以看出太灰水的矿化度较高,平均 2660mg/L 左右;总硬度约为 16.11mmol/L,其中永久硬度在 13.96mmol/L 左右,属于极硬水。pH 变化平均 7.7,属于弱碱性;总碱度为 11,也体现了太灰水的弱碱性,水质类型为 SO_4-Ca·Na·Mg 或 SO_4-Na·Ca(Mg) 型。

表 3.22　太灰水其他指标原始数据表

取样日期 (年/月/日)	时刻	取样地点	总矿化度/ (mg/L)	总硬度/ (mmol/L)	永久硬度/ (mmol/L)	暂时硬度/ (mmol/L)	pH	总碱度/ (mmol/L)	负硬度/ (mmol/L)
		FS1	2420.84	13.38	10.83	2.55	7.61	2.55	0.00
		FS1	2676.59	13.63	11.15	2.48	7.60	2.48	0.00
		FS2	2759.84	14.07	11.52	2.54	7.62	2.54	0.00
2009/12/3	14:30	FS2	2704.32	13.81	11.31	2.50	7.62	2.50	0.00
		FS3	2629.46	15.56	13.91	1.65	7.70	1.65	0.00
		FS3	2604.01	15.11	13.27	1.84	7.68	1.84	0.00
		FS4	2667.92	15.98	14.06	1.93	7.68	1.93	0.00

续表

取样日期 （年/月/日）	时刻	取样 地点	总矿化度/ （mg/L）	总硬度/ （mmol/L）	永久硬度/ （mmol/L）	暂时硬度/ （mmol/L）	pH	总碱度/ （mmol/L）	负硬度/ （mmol/L）
2009/12/4	23：33	FS1	2667.92	15.98	14.06	1.93	7.68	1.93	0.00
		FS1	2201.19	11.76	9.67	2.09	7.66	2.09	0.00
		FS2	2162.48	11.99	9.86	2.13	7.73	2.13	0.00
		FS2	2231.73	11.16	9.12	2.04	7.72	2.04	0.00
		FS3	2178.32	10.94	8.84	2.09	7.72	2.09	0.00
		FS3	2451.83	14.02	11.59	2.43	7.72	2.43	0.00
		FS4	2462.85	13.04	10.65	2.38	7.73	2.38	0.00
		FS4	2921.70	16.25	13.94	2.30	7.73	2.30	0.00
2009/12/5	20：00	FS1	2902.56	16.36	14.13	2.24	7.76	2.24	0.00
		FS1	2902.56	16.36	14.13	2.24	7.76	2.24	0.00
		FS2	2395.62	13.06	10.88	2.18	7.72	2.18	0.00
2009/12/6	15：21	FS3	2208.23	12.63	10.93	1.70	7.72	1.70	0.00
		FS3	2322.60	12.46	10.91	1.55	7.72	1.55	0.00
	15：26	FS2	2308.82	12.72	10.91	1.81	7.72	1.81	0.00
		FS2	2079.92	10.98	9.40	1.58	7.71	1.58	0.00
	15：45	FS4	2322.52	12.58	10.26	2.31	7.72	2.31	0.00
		FS4	2093.02	14.25	11.96	2.28	7.73	2.28	0.00
	15：50	FS1	2332.81	15.88	13.97	1.91	7.70	1.91	0.00
		FS1	3024.95	16.25	13.82	2.43	7.72	2.43	0.00
	19：20	FS4	2556.32	13.19	10.54	2.64	7.72	2.64	0.00
		FS4	2768.88	13.17	10.58	2.60	7.74	2.60	0.00
	19：30	FS3	2331.67	15.25	12.51	2.74	7.76	2.74	0.00
		FS3	2803.40	15.22	12.83	2.40	7.73	2.40	0.00
	20：00	FS2	2521.78	13.75	11.18	2.57	7.75	2.57	0.00
2009/12/7	12：00	FS1	2503.24	13.72	11.16	2.56	7.76	2.56	0.00
		FS1	2908.60	16.04	13.71	2.33	7.71	2.33	0.00
		FS2	3011.51	16.36	13.94	2.42	8.21	2.42	0.00
		FS2	3011.51	16.36	13.94	2.42	8.21	2.42	0.00
		FS3	2590.80	12.70	9.94	2.77	7.72	2.77	0.00
		FS3	2619.74	13.10	10.24	2.86	7.73	2.86	0.00
		FS4	2719.61	13.48	10.79	2.70	7.72	2.70	0.00
		FS4	2551.48	13.67	11.23	2.44	7.76	2.44	0.00

　　因四个放水孔的水质特征极其相似，在分析放水试验过程中太灰水质变化时取四个放水孔的均值作为分析依据。统计其水质资料见表 3.23 和表 3.24。

表 3.23　放水过程中太灰水常规离子分析成果表

取样日期 （年/月/日）	取样 地点	各常规离子含量/（mg/L）						
		Na^+	Ca^{2+}	Mg^{2+}	Cl^-	SO_4^{2-}	HCO_3^-	CO_3^{2-}
2009/12/3	FS1 ~ FS4	238	407	105	149	1472	265	2
2009/12/4	FS1 ~ FS4	225	407	73	150	1316	269	0
2009/12/5	FS1 ~ FS4	209	373	82	150	1276	220	0
2009/12/6	FS1 ~ FS4	215	417	95	140	1405	282	3
2009/12/7	FS1 ~ FS4	249	412	90	137	1421	316	0

表 3.24　放水过程中太灰水其他指标分析成果表

取样日期 （年/月/日）	取样 地点	总矿化度 /（mg/L）	总硬度 /（mmol/L）	永久硬度 /（mmol/L）	暂时硬度 /（mmol/L）	pH	总碱度 /（mmol/L）	负硬度 /（mmol/L）
2009/12/3	FS1 ~ FS4	2667.92	15.98	14.06	1.93	7.68	1.93	0.00
2009/12/4	FS1 ~ FS4	2902.56	16.36	14.13	2.24	7.76	2.24	0.00
2009/12/5	FS1 ~ FS4	2308.82	12.72	10.91	1.81	7.72	1.81	0.00
2009/12/6	FS1 ~ FS4	3011.51	16.36	13.94	2.42	8.21	2.42	0.00
2009/12/7	FS1 ~ FS4	2632.60	14.04	11.37	2.67	7.75	2.67	0.00

　　做出放水试验期间不同时刻的水质 piper 图，如图 3.41 所示。

　　从图 3.41 中可以看出，在放水期间的不同时刻，太灰水的水质类型近于重合状态，表明其水质特征受放水试验影响极其微弱，近似认为没有发生变化，说明放水过程中补给源的水质特征与矿区的太灰水水质类型相近。

　　为了更直观地看出各种离子指标在放水试验期间的变化情况，分别做出了常规离子浓度和其他指标变化历时曲线，如图 3.42 和图 3.43 所示。

　　从图 3.42 和图 3.43 中可以看出，各指标在放水试验期间并没有发生本质的变化，但也呈现微小的变化趋势，其原因是太灰含水层埋藏深度变化很大，不同深度上岩溶发育程度相差较大，导致水动力条件呈现显著的非均一性，在放水过程中，放水孔及其影响范围内水动力条件明显改善，深部太灰水与浅部太灰水发生一定的水力联系，使其与放水试验初期的水质特征产生微小差异。

　　通过放水试验期间的太灰水质资料可以看出，其矿化度、总硬度 Ca^{2+} 和 Mg^{2+} 含量明显低于奥灰水，也可以说明太灰水与奥灰水基本无水力联系。

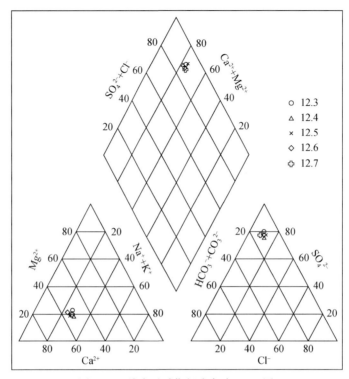

图 3.41　放水试验期间太灰水 piper 图

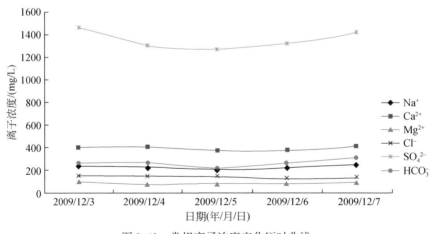

图 3.42　常规离子浓度变化历时曲线

3.5.5　太灰含水层可疏放性评价

综合本次放水试验中水质、水位、水量动态观测资料及地下水数值模拟结果，分析认为矿区 6 煤层底板太灰含水层整体上的疏水降压是可行的，其依据如下：

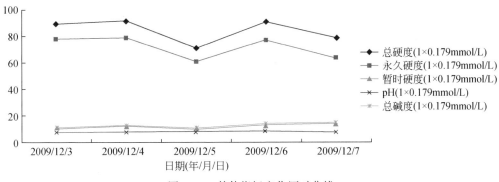

图 3.43　其他指标变化历时曲线

（1）放水试验期间，太灰水质类型保持不变，其离子含量变化幅度均在太灰平均值附近变动，无明显变化，证明其他含水层地下水很少或未参与，矿区太灰含水层的垂向补给强度微弱，所疏水量基本为太灰含水层本层储量。

（2）根据放水试验期间求得的参数值及水量动态资料的分析，表明矿区部分地段富水性较好，但非均一性比较明显，在放水试验阶段，放水孔水量衰减较明显，证实其地下水储量有限。

（3）矿区边界的部分水位观测孔在放水期间的水位下降速度和恢复速度都较缓慢，放水过程中水位不易稳定，经较长时间恢复，水位未恢复到放水试验开始前的初始水位，说明矿区太灰含水层有一定的侧向补给，但强度有限。

（4）根据放水试验过程中四个放水孔 FS1、FS2、FS3、FS4 的实际资料，经过四个中心放水孔的短时间疏放，其较大范围内的水位观测孔的水头高度均基本低于矿区 6 煤层底板安全水头高度，具有安全带压开采的可行性。

综上所述，本次太灰放水试验资料为评价太灰水疏水降压的可行性提供了极为有利的依据，试验结果分析表明太灰水是可以疏降至安全水头以下的。

3.5.6　资料分析与求参结果讨论

通过对本次放水试验资料和水化学资料的分析整理与求参计算，得出如下结论：

（1）放水试验开始后，放水孔附近的观测孔分别产生了 50m 的降深，其他观测孔均产生一定的水位降深，不存在水位无变化的高水位异常区，为今后的疏降水工作提供有利条件。

（2）根据试验前静止水位和降深观测资料分析，区域地下水流向的总体趋势大体呈自南东向北西方向流动；试验区域内太灰含水层具有总体统一的地下水流场，静储量较小，含水层渗透性较好，富水性局部较强，整体为中等，水文地质参数呈现了一定的非均一性。径流条件相对较好，有一定的侧向补给，水力坡度较小。

（3）区内断层较多，通过放水试验阶段良好的隔水性和水位恢复阶段各观测孔的水位变化可以看出，孟口断层北部有良好的隔水性能，断层两盘 GS6、GS10 孔水位动态变化趋势近似，说明南部隔水性变差。水 20 孔水位下降迅速，说明孟-1 断层对太灰水没有起到明显的隔水作用。

（4）通过承压水完整井定流量非稳定流理论，对放水试验资料采用配线法和 Jacob 直线图解法，对水位恢复资料采用了 Jacob 直线图解法，分别计算了区域水文地质参数 K、T、u^*，各种计算方法的结果比较接近，表明区域岩溶较发育，K 值在 $0.55 \sim 11.64\text{m/d}$ 之间，平均为 5.86m/d；q 值在 $0.09 \sim 0.30\text{L/(s·m)}$ 之间，平均 0.20L/(s·m)，为中等富水含水层。

（5）太灰观测孔水 4 孔水位迅速下降并达到稳定，而附近的奥灰水 8 孔水位并无明显下降现象，说明奥灰水没有对太灰水产生补给关系，即两个含水层不存在水力联系或水力联系极其微弱，是两个独立的含水系统。

（6）根据已往奥灰水井采样点的水质资料分析，奥灰水的矿化度和总硬度高于太灰水，部分离子含量如 Ca^{2+} 也略高于太灰含水层。放水试验过程中，太灰水质特征变化不明显，说明本次放水试验中太灰与奥灰无水力联系或水力联系极其微弱。

（7）放水试验观测数据及分析表明，本区域内不存在高水位异常区，太灰含水层是可疏降的。

第4章　恒源矿井山西组煤层底板岩层工程地质特征

研究区二叠系山西组为一套三角洲体系沉积，主要由泥岩、细砂岩、粉砂岩、砂质泥岩、煤层组成。煤系形成以后，经历了多期构造运动，岩体产生了变形和破坏，形成了一系列的褶曲和断裂构造，降低了底板岩层的隔水性能，对此进行分析研究，对底板水害防治有重要的指导作用。

4.1　山西组6煤层底板岩性特征

4.1.1　6煤层底板岩层岩石组成

恒源煤矿6煤层至一灰的厚度为42.54~69.82m，平均54.60m。下部为深灰色或灰黑色泥岩、粉砂质泥岩（俗称海相泥岩），向上为粉砂岩、细砂岩，常见波状层理。上部常发育浅灰色细砂岩与深灰色泥岩（或粉砂岩）互层（俗称叶片状砂岩），层面多含云母碎片，水平-缓波状层理、透镜状层理发育，具底栖动物活动遗迹，含菱铁矿结核和黄铁矿晶体。6煤层的伪底以泥岩、炭质泥岩为主，含少量粉砂岩，厚度在0.29~0.98m之间，岩层较薄，全矿井有40个钻孔见伪底，占见6煤层钻孔的31.3%；直接底中粉砂岩居多，占50.7%，泥岩、炭质泥岩占26.6%，细砂岩占22.7%，厚度在0~20m之间，平均为4m左右，在Ⅱ2采区上部的10线一带和下部的8线一带厚度较大；其老底主要由细砂岩组成，厚度在0~34.82m之间，平均为11.60m左右，大部分地段在8~16m之间，仅在Ⅱ2采区深部较大。

从沉积特征看，自下而上组成一个明显向上变粗的层序，层理由下至上为水平纹理、波状-水平互层-交错层理。结合淮北矿区的沉积特征（宋立军等，2004；李增学等，1998；刘文中和徐龙，1996），认为6煤层底板岩层为三角洲体系的沉积，属下三角洲平原相，下部泥岩为前三角洲沉积；向上砂泥互层为远砂坝沉积，而再上的砂岩段属河口坝沉积。

4.1.2　6煤层底板岩层组合特征

不同的岩层组合对底板岩层的阻水性能的影响是不同的（王忠昶，2003；吴基文和樊成，2003；王玉芹和刘成林，2000）。根据恒源煤矿钻孔资料，选择井田内有代表性的钻孔，做6煤层至一灰间岩性柱状对比图（图4.1），6煤层至一灰间岩性组成主要有泥岩、细砂岩、粉砂岩和煤，其组合类型主要有以下2种。

（1）互层型：即6煤层至一灰间为砂泥互层，矿井内有多个钻孔揭示地层为此种类型，如05-2、水18、06-4、97-1、98-3、97-3、95-2、95-7、99-2、98-1等孔。一般顶层（6煤层之下）为泥岩或砂岩，再之下砂、泥岩依次排列，此类型底板隔水性能较好，如图4.1（a）所示。

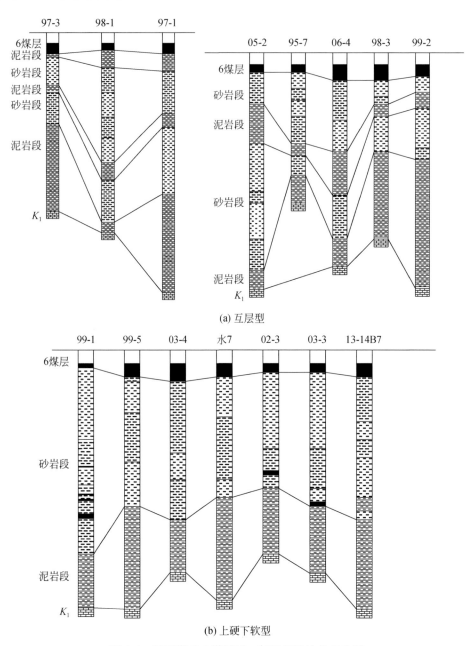

(a) 互层型

(b) 上硬下软型

图4.1　恒源煤矿6煤层至一灰间岩性柱状对比图

（2）上硬下软型：矿井内大部分钻孔揭露地层都为此种类型，如02-2、02-4、水17、03-3、03-1、97-2、95-4、G1、06-3等孔，此类底板分两段，即上部为砂岩段，下部为泥岩段，如图4.1（b）所示。当下部泥岩厚度足以抵挡下伏灰岩水压及原始导升裂隙的影响时，则可以有效阻止灰岩水的涌出，但上部砂岩易受采动破坏，使砂岩裂隙水沿采动裂隙进入工作面，这种底板结构阻水性能较互层型弱。

4.1.3　6煤层底板岩层厚度分布特征

根据恒源煤矿历年勘探揭露资料统计（表4.1），6煤层至一灰顶间距的分布特征如图4.2所示。恒源煤矿6煤层底板厚度在42.54～69.82m，平均54.60m。

表4.1　恒源煤矿6煤层至一灰顶间距统计表

孔号	间距/m	孔号	间距/m	孔号	间距/m
水18	63.27	04-2	54.03	97-2	56.09
G2	56.61	99-2	52.05	95-2	56.03
05-2	53.64	99-8	51.89	12B5	55.87
99-2	52.05	99-8	51.89	水4	48.10
98-1	51.7	17B6	51.85	水4	48.10
水5	51.6	99-1	51.56	98-4	48.00
13B6	51.17	95-7	51.26	95-6	47.75
02-4	50.43	G3	51.02	06-4	46.98
99-4	49.74	14-4	50.46	水17	46.98
02-1	48.41	99-5	50.03	06-4	46.97
04-3	44.85	水19	49.96	水7	46.71
04-4	42.5	99-4	49.74	08-2	46.36
17B4	69.81	16-5	49.65	06-3	46.23
97-1	69.04	16-5	49.65	07-3	46.20
28-4	64.94	98-3	49.17	95-4	44.30
G5	63.50	99-3	48.92	10补-3	42.57
16B5	62.66	16B6	58.70	97-3	42.54
17B3	62.32	17-2	56.82	G4	54.89
19-1	61.76	U11	56.80	17-3	54.46
24-4	60.68	17-18B3	58.95		

由图4.2可以明显看出，矿井的南部和西部6煤层底板的厚度较大，局部超过60m，并向东、向北逐渐减小，至矿井的东部和北部底板厚度在50m以下。

同时对恒源煤矿6煤层底板海相泥岩的厚度进行了统计，并根据统计结果编制了恒源煤矿6煤层底板海相泥岩厚度分布图（图4.3）。

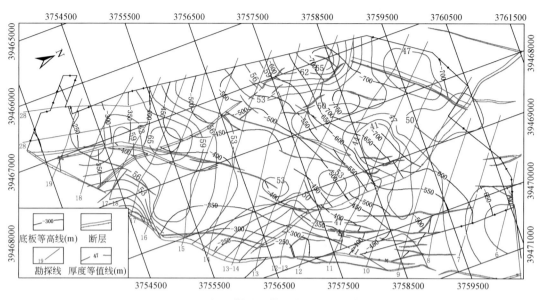

图 4.2　恒源煤矿 6 煤层底板厚度分布图

由图 4.3 可以看到，矿井北部靠近中部的区域和西部的海相泥岩的厚度较大，基本上大于 24m，局部大于 30m。在其他区域，海相泥岩的厚度基本上都在 24m 以下。矿井最北部的泥岩厚度在 18m 以下；矿井南部海相泥岩的厚度也在 18m 以下；矿井东部的泥岩厚度在 22m 以下。该泥岩可塑性强，能有效地阻止底板裂隙的发展和下延，为良好的隔水层（凌力，2014；符家驹等，2014）。

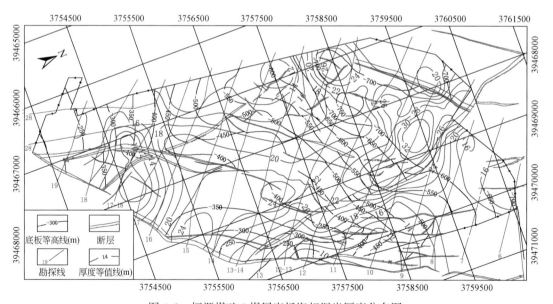

图 4.3　恒源煤矿 6 煤层底板海相泥岩厚度分布图

4.1.4　6 煤层底板岩性类型

不同岩性组成的隔水层，由于其力学性质不同，其阻抗突水的能力存在差异（李法柱等，2013；李运成，2006），主要表现如下。

（1）坚硬脆性的岩层组成的隔水层，如钙质或硅质胶结的砂岩、岩溶不发育的灰岩、致密的砂质页岩、砂页岩等，在采动压力作用下易产生刚性破坏而出现裂隙。如果隔水层中这类岩层较厚，且由于原生裂隙的存在，其本身就具有一定的透水性，在采动影响下易发生底板突水，但受阻力的限制，裂隙不易被水冲刷扩大或移动变位而使水量产生波动性变化。

（2）较松软岩层组成的隔水层，如黏土页岩、页岩、泥质砂岩或砂质页岩等，本身抗压、抗拉、抗剪能力就比较低，受力后易于塑性变形。破坏的结构面碎屑物较多，裂隙易于被充填，透水性较差，往往不易导水。但一旦突水，裂隙被高压水冲刷扩大，就会产生底板的错动位移和胀裂。若隔水层中这类岩层较厚时，突水后水量易于迅速加大。

（3）隔水层由软硬岩性组合的岩层，其组合关系不同，制约突水的作用也不同，如硬软岩层相间组合时，能互相取长补短，提高抗水压破坏能力。其中，有以下三种情况应具体分析：

硬岩层在底板易于发生底板裂隙渗流导水，其上部的软岩易受采动矿压作用形成底鼓出水，但水量受其下部硬岩层裂隙破坏程度的制约；

硬岩在煤层直接底板，下面由软岩层组成，硬岩层受采动矿压破裂，底板软岩层一旦产生导水张裂隙，则易于被冲刷扩大，形成较大的底板突水；

软硬岩层相间组合的隔水层若遇断裂位移错动，则软硬岩层相互对接，使断裂面上硬岩层顶、底界面相互连接。由于硬岩层裂隙发育充填较差易于导水，相对的软岩又易于冲刷扩大，则较易于突水，但水量受其两者共同制约。

以上三种隔水层的岩性组合及力学性质体现了其在底板突水中的不同作用，因此，确定底板隔水层的岩体结构类型及其力学条件在煤层底板承压水上采煤的预分析研究中占有重要地位。

受沉积环境的控制，煤层底板沉积岩性在垂向上旋回变化，不同岩性的岩层作有规律的组合，称层组岩体（简称岩体），因此底板岩体力学性质及其稳定性并不是由一层岩性所能代表的，而是多层岩性的组合。底板岩体岩性和厚度及其组合，既能通过矿山压力分布，又能通过岩体强度来影响底板稳定性。从岩性角度，可将底板岩体分为软质岩体、中硬岩体和硬质岩体。在力学性质方面软质岩体表现为塑性，硬质岩体表现为脆性，而中硬岩体处于两者之间。岩体不同则岩体力学性质不同。

根据岩石试块单轴抗压强度，可以把岩石简单地分为：硬质岩石、中硬岩石和软质岩石三类。同样，对于层组岩体采用硬质岩石百分含量（Y）来表示底板岩体岩性特征：

$$Y = \frac{h}{H} \times 100\% \tag{4.1}$$

式中，h 为赋存于煤层之下一定厚度底板岩体中各硬质岩石厚度之和；H 为赋存于煤层之下太原组一灰顶以上底板岩体总厚度，即底板岩体中各硬质岩石、中硬岩石和软质岩石厚度之和。

根据 Y 值的大小将底板岩体岩性分为三类，即硬质岩体、中硬岩体和软质岩体（表4.2）。

表4.2　煤层底板岩体岩性类型

底板岩体岩性类型	Y 值/%	主要岩性
硬质岩体	≥65	砂岩、粉砂岩和石灰岩
中硬岩体	35～65	粉砂岩、粉砂质泥岩和泥岩
软质岩体	<35	泥岩、粉砂质泥岩和煤层

当 Y 值≥65%时，反映在底板岩体中硬质岩石占主要部分，说明硬质岩石厚度增大或层数增多，在构造应力作用下或在采动影响下底板岩体的力学性质主要由这些硬质岩石所决定。

当35%≤Y<65%时，反映在底板岩体中硬质岩石、中硬岩石和软质岩石各部分大致相当，在构造应力作用下或在采动影响下底板岩体的力学性质主要取决于这些岩石类型的组合。

当Y<35%时，反映在底板岩体中软质岩石和中硬岩石占主要部分，说明软质岩石和中硬岩石厚度增大或层数增多，在构造应力作用下或在采动影响下底板岩体的力学性质主要由这些软质岩石所决定。

对恒源煤矿6煤层底板岩层砂岩厚度进行了统计，计算砂岩占底板厚度的百分比，并根据结果编制了恒源煤矿6煤层底板砂岩含量等值线及岩性类型分布图（图4.4）。

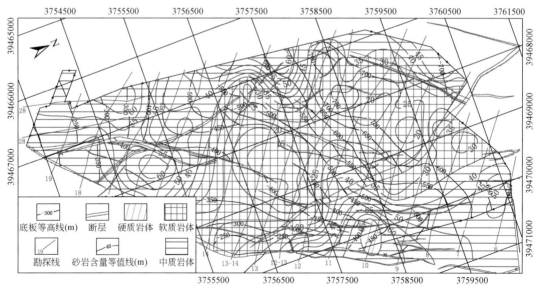

图4.4　恒源煤矿6煤层底板砂岩含量等值线及岩性类型分布图

由图4.4可以看出,在矿井的西部、南部、东部砂岩占底板的比例较大,在55%以上,尤其在东部局部比例大于60%;北部的含砂比例绝大部分在50%以下,一般在40%以下;矿井中部的含砂比例在30%以下,比例明显有从矿井中部向四周逐渐变大的趋势。

该矿6煤层底板岩层岩性类型以软质岩体为主,占70%;中硬岩体占30%左右,分布于矿井南部、西部及东北角;硬质岩体占极少数。研究表明,煤层底板为硬质岩体分布区,岩体以断裂变形为主,岩体中节理相对发育,多为块裂结构,抵抗采动破坏能力较强,但阻水能力较弱;而煤层底板为软质岩石分布区,层理面发育,易发生柔性变形,但其阻水能力较强;中硬岩体分布区为软夹硬岩层,是阻水能力较强的岩层组合类型。

4.2　6煤层底板岩石力学特性

煤层底板岩石的物理力学性质是关系到煤层底板突水与否的决定因素。为了评价煤层底板岩石的阻水能力,并为预防底板突水提供安全的开采参数,本次对6煤层底板岩石进行了系统的物理力学试验,主要测试了底板岩石的单轴抗压强度、抗拉强度、抗剪强度、弹性模量、泊松比、密度、水理性等。岩样取自Ⅱ614工作面机巷里段验1孔和外段验2孔。试验主要依据《工程岩体试验方法标准》(GB/T 50266—2013)(住房和城乡建设部,2013)和国际岩石力学学会(International Society for Rock Mechanics, ISRM)提供的《岩石力学试验建议方法》(国际岩石力学学会实验室和现场标准化委员会,1981)。

4.2.1　6煤层底板岩石力学性质测试与评价

1. 试验成果数据

试验成果数据见表4.3。

表4.3　岩石物理力学性质试验结果

孔号	距煤层底深度/m	岩性	密度/(g/cm³)	抗压强度/MPa	抗拉强度/MPa	抗剪强度		弹性模量/GPa	泊松比	备注
						内聚力/MPa	内摩擦角/(°)			
验2	0~5.5	泥岩	2.61	32.82	2.35	2.27	32.5	2.78	0.33	风干
	5.5~9.5	砂质泥岩	2.65	61.29	3.56	3.23	35.0	2.16	0.14	风干
	9.55~18	细砂岩	2.67	87.30	4.37	6.67	41.6	2.13	0.29	风干
	24~24.26	砂质泥岩	2.60	32.85	2.73					
	25~25.2	粉砂岩		68.96		5.25	37.4	0.96	0.09	风干
	25~25.2	细砂岩		88.31	1.43					风干
	45.5~45.6	泥岩	2.62	15.41	3.48	1.78	29.5	0.46	0.10	风干
	51.8~51.9	泥岩		20.69	2.65					风干
	55	灰岩	2.70	71.10	4.08	8.25	40.5	2.08	0.12	风干

续表

孔号	距煤层底深度/m	岩性	密度/(g/cm³)	抗压强度/MPa	抗拉强度/MPa	抗剪强度 内聚力/MPa	抗剪强度 内摩擦角/(°)	弹性模量/GPa	泊松比	备注
验1	0～3	泥岩		19.51	1.78			1.08	0.13	风干
	0～3	泥岩		16.56	2.23					风干
	6～15	细砂岩		61.62	4.64					风干
	6～15	细砂岩		61.72	5.41					风干
	6～15	细砂岩		57.48	5.78					风干
	28～30	细砂岩			2.46					风干
	30～31	砂泥互层			3.41					风干
	30～40	细砂岩		27.36	0.98			2.87	0.22	风干

2. 试验成果综合分析

1）岩石强度特征

（1）岩石单轴抗压强度特征，主要表现为不同岩石的抗压强度不同，砂岩的抗压强度最大，泥岩的抗压强度较小；试样浸水后其抗压强度有所降低。

（2）岩石抗拉强度特征，主要表现为不同性质岩石的抗拉强度不同，砂岩的抗拉强度较大；岩样浸水后的抗拉强度明显降低，但不同岩性降低程度不同。

2）岩石单轴压缩变形与破坏特征

a. 试样单轴压缩破坏特征

岩石单轴压缩破坏主要有下列几种类型。

（1）以张裂为主的脆性弹射破坏型：在极限荷载作用下，试件积累大量的弹性变形能，并以突发式释放这些变形能，导致试块瞬间张性弹射破坏，并发出巨大声响。

（2）脆性张剪破坏型：一种是试件在破坏过程中，先出现试件轴向小张裂纹，在极限荷载作用下，突发性地将一系列的小张裂纹汇集成一个剪切带；另一种是试件上有半贯通性裂隙，试件最终破坏是沿已有裂隙的方向扩展剪断；再一种是试件上有贯通性裂隙，试件破坏是沿裂隙面剪断。

（3）张性劈裂破坏型（柱状劈裂）：劈裂面沿直径方向破裂，破裂面平直。

（4）以张裂为主兼有挤压破碎柔性破坏型：底板含炭质泥岩，总体强度较低，在单轴压缩作用下具有这种破坏特征。

（5）柔性剪破坏型：煤层底板泥岩多具有这种破坏特征。

b. 底板岩石的变形特征

Ⅰ. 单轴压缩状态下底板岩石的应力-应变关系类型

根据6煤层底板岩石力学试验结果（图4.5），可以将底板岩石的轴向应力-应变关系曲线归纳为以下三类。

（1）直线形：其应力-应变曲线为直线关系，如图 4.5（a）、（c）、（f）所示，属弹性变形，一些岩性坚硬、结构致密完整的砂岩多属这种类型。

（2）上凹形：其轴向应力-应变曲线为非线性关系，如图 4.5（b）、（e）所示，属塑弹性变形，含有隐微裂隙的砂岩或粉砂岩多具这种变形特征。

（3）拉长的"S"形：其轴向应力-应变曲线为非线性关系，呈拉长的"S"形，如图 4.5（d）所示，为塑-弹-塑性变形。这类岩石中节理、裂隙较为发育，在单向压力作用下，岩石变形经过微裂纹的压密、弹性变形、裂纹稳定扩展的非线性变形和裂纹加速扩展至岩石破裂四个阶段。

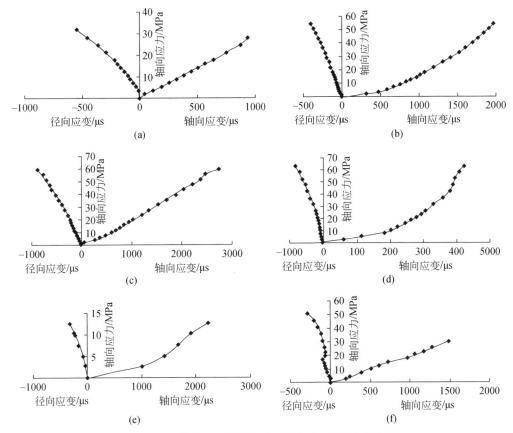

图 4.5　6 煤层底板岩石单轴压缩应力-应变关系曲线

（a）泥岩（距煤层底深度 0～5.5m）；（b）砂质泥岩（距煤层底深度 5.5～9.5m）；（c）细砂岩（距煤层底深度 9.55～18m）；（d）粉砂岩（距煤层底深度 25～25.2m）；（e）泥岩（海相泥岩，距煤层底深度 45.5～45.6m）；（f）灰岩（距煤层底深度 55.0m）

Ⅱ. 底板岩石的变形参数特征

由表 4.3 可以看出，不同岩石的弹性模量不同，砂岩的弹性模量较大，泥岩的弹性模量较小；抗压强度大，其弹性模量也较大，两者呈正相关关系。

4.2.2　底板岩石水理性质特征

地下水是岩体赋存环境之一，是影响岩体力学性质的主要因素。由于地下水的作用影响着岩体的变形和破坏，许多与岩体有关的工程不能正常运转或完全丧失稳定性，并且多数的顶板冒落和底鼓都是和地下水的活动有关。所以，研究岩体赋存环境的力学效应，必须把地下水对岩体力学性质的影响研究放在非常重要的位置上。

1）岩块含水特征

底板岩石的含水量与自然吸水率试验结果见表 4.4，从表中可以看出，岩块含水量总体较小，泥岩的含水量大于砂岩的含水量；泥岩的自然吸水率大于砂岩。

表 4.4　底板岩石含水量、自然吸水率试验结果

距 6 煤层底深度/m	岩性	含水量/%	自然吸水率/%
3.1	泥岩	1.11	1.92
7.5	砂质泥岩	0.87	1.34
14.4	细砂岩	0.43	1.13
19.37	粉砂岩	0.41	0.61
24	粉砂岩	0.52	1.01
32.4	砂质泥岩	0.60	1.57
46.7	泥岩	0.97	2.37
53.6	泥岩	1.12	2.86

2）岩块浸水特征

对所采煤层底板岩样进行了浸水试验，其结果见表 4.5，从表中可以看出，煤层底板泥岩浸水后易崩解软化；底板砂岩浸水后变化不大，相对稳定。

表 4.5　岩块浸水试验结果

距 6 煤层底深度/m	岩性	浸水特征
0 ~ 5.5	泥岩	崩解
5.5 ~ 9.5	砂质泥岩	首先顺层裂开，再沿原裂隙破裂，崩解较慢
9.5 ~ 18	砂岩	无明显反应
19.5 ~ 24.5	粉砂岩	基本上无反应
46.7 ~ 53.8	海相泥岩	首先顺层裂开，然后裂纹增加，最后崩解破碎，崩解速度较快

3）岩石软化特征

对底板岩石的软化系数进行测试，结果见表 4.6。

表 4.6 底板岩石软化系数测试结果

孔号	距煤层底深度/m	岩性	抗压强度/MPa	抗拉强度/MPa	含水状态	软化系数
验2	19.37~19.73	粉砂岩	46.65	3.98	浸水	
	25~25.2	粉砂岩	68.96		风干	0.54
	25~25.2	粉砂岩	37.03	2.14	浸水	
	32.4~32.65	泥岩	12.88	0.64	浸水	
	45.5~45.6	泥岩	15.41	3.48	风干	0.84
	46.7~46.8	泥岩		0.64	浸水	
	51.8~51.9	泥岩	20.69	2.65	风干	
	53.6~53.8	泥岩		0.13	浸水	
验1	0~3	泥岩	16.56	2.23	风干	0.86
	0~3	泥岩	14.23	2.36	浸水	
	6~15	细砂岩	55.74	5.12	风干	0.87
	6~15	细砂岩	48.45	4.65	浸水	
	30~40	细砂岩	32.52	2.49	风干	0.72
	30~40	细砂岩	23.37	0.97	浸水	

由表 4.6 可以看出，岩石饱水后其强度明显降低，不同岩石降低程度不同，总体上在 0.60~0.90 之间。

4.2.3 底板岩石三轴渗透试验

4.2.3.1 概述

在煤矿开采顶底板流固耦合分析数值计算时，大都是考虑岩体渗透系数在整个模拟过程是不变的，以定值来对待，即以线性耦合的方式，这显然这是不尽合理的。实际上，由于岩石种类繁多，组成岩石的颗粒成分大不相同，多孔介质和流体之间的关系不同，以至于岩石应力发生改变时所引起的应变不同，渗流过程中的孔隙压力差也不同，这些因素都会导致渗流特性发生变化，即使是同种岩石也是如此，故岩石渗透率与所处的应变状态密切相关。通过全应力-应变过程渗透性实验建立渗透性-应变耦合关系的研究思路是目前研究变形岩体渗透性应用较多的试验方法。很多学者根据试验过程中岩石的渗透性与应力、应变的关联特征从不同角度对变形岩体的渗透性与应力或应变的关系进行了实验研究或模拟分析（彭苏萍等，2000；姜振泉和季梁军，2001；姜春露等，2012；朱珍德等，2002）。目前的室内实验研究比较系统，初步建立了损伤、破坏、孔隙率等参数和渗透性的关系。同时，在现今数值模拟中，一般采取无渗流作用下岩体的弹性模量来替代在渗流场作用下岩体的弹性模量，这很难反映岩体在渗流场作用下岩体破坏的变化特征。而开展岩体全应力-应变过程渗透性试验研究，能有效弥补这一缺陷。

本节对研究区 6 煤层底板各岩层岩样进行了渗透性试验。通过试验，得出试件全应力-应变关系曲线和相应的应变-渗透率关系对比曲线,从而分析各岩层岩石在变形破坏全过程中的渗透率变化特征,为煤矿开采底板采动突水机理分析提供依据。

4.2.3.2　渗透试验原理

试验室内测定岩石渗透率的方法有 10 余种,大致可归纳为两大类,即稳态法和瞬态法。鉴于稳态法所需要的岩样数量多、试验周期长、费用高以及围压不易控制等缺点,本次试验选用瞬态法进行岩石渗透性分析。试验时应特别注意岩样的密封,还有轴向载荷不能为零,故预设的第一个应变值不能为零,围压要大于孔隙压力。

全应力-应变过程中的渗透试验在 MTS815.03 电液伺服岩石试验系统上进行,该试验系统配备轴压($P_1 \leq 4600kN$)、围压($P_2 \leq 140MPa$)和孔隙水压($P_3 \leq 70MPa$)等三套独立的闭环伺服控制系统,具有计算机控制、自动数据采集功能,是目前世界上最先进的室内岩石力学性质试验设备。水渗透试验原理如图 4.6 所示。

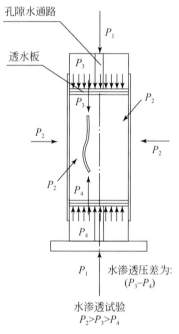

图 4.6　三轴渗透试验原理

在试件的上下端头各有一块透水板,透水板是具有均匀分布许多小孔的钢板,其作用是使水压均匀地作用于整个试件断面,以保证液体在整个试件表面均匀地向试件内渗透。在上渗透板的上部为试件上端水压,下渗透板的下部为试件下端水压,其中心各开有一个竖向小孔,这是水流动的通道。本次试验测定试件渗透率采用瞬态法。其基本原理是根据试验设计先施加一定的轴压 P_1、围压 P_2 和孔隙水压 P_3(始终保持 $P_3 < P_2$,否则将使热缩塑料等密封失效而造成试验失败),然后降低试样下端的水压值 P_4(开始时 $P_4 = P_3$),在试件两端形成渗透压差 ΔP(设备最大压差 $\leq 2MPa$,渗透试验时一般取 $\Delta P = 1.5MPa$ 左右),从而引起水体通过试件渗流。渗透试验液压系统均为伺服控制,试验全过程由计算

机操作,包括数据采集和处理,在施加每一级轴向压力过程中,测定试样的轴向变形及渗透压差随时间变化,并读取每一级轴向压力下的轴向应变及渗透率值,可以获得应力-应变和渗透率-应变关系曲线。

在渗流过程中,ΔP 不断减小,ΔP 减小的速率与岩石种类、岩石结构、试件高度(渗流路径)、试件截面尺寸大小、流体黏度与密度以及应力状态和应力水平等有关。根据试验过程中计算机自动采集的数据,岩石渗透率为

$$K = \frac{1}{5n}\sum_{i=1}^{n} 526 \times 10^{-6} \times \lg\left[\Delta p(i-1)/\Delta p(i)\right] \tag{4.2}$$

式中,n 为数据采集行数;$\Delta p(i-1)$ 为第 $i-1$ 行渗透压差;$\Delta p(i)$ 为第 i 行渗透压差。

4.2.3.3 试验结果分析

对底板岩石进行了三轴渗透试验,结果见表4.7和图4.7。

表4.7 岩石三轴渗透试验结果 (单位:$10^{-7}\mathrm{D}^*$)

岩性	编号	试样各试验点应变值与相应渗透率									
		参数	1	2	3	4	5	6	7	8	9	10
泥岩	1	S	0.0034	0.0044	0.0056	0.0070	0.0082	0.0101	0.0107	0.0122	0.0135	
		P	0.0420	0.1310	0.1400	0.2050	0.199	0.3000	1.1580	0.4220	0.3500	
	2	S	0.0081	0.0100	0.0110	0.0133	0.0150	0.0169	0.0200	0.0216	0.0286	
		P	0.1600	0.0800	0.1500	0.0640	0.045	0.1320	0.3330	0.0920	0.0690	
粉砂岩	3	S	0.0053	0.0061	0.0079	0.0095	0.0125	0.0142	0.0158	0.0183	0.0199	
		P	0.1270	0.0630	0.1080	0.1050	0.284	3.5940	13.095	2.7680	2.4550	
	4	S	0.0056	0.0076	0.0101	0.0123	0.013	0.0153	0.0166	0.0181	0.0202	
		P	0.0900	0.2330	0.0550	0.1120	0.323	0.8490	0.9150	1.0450	0.6700	
细砂岩	5	S	0.0040	0.0064	0.0082	0.0096	0.0110	0.0132	0.0156	0.0177	0.0220	0.0234
		P	0.1200	0.0620	0.0950	0.1370	0.100	0.8320	0.3990	5.3720	6.7040	4.3760
	6	S	0.0020	0.0043	0.0061	0.0084	0.009	0.0122	0.0131	0.0153	0.0165	0.0186
		P	0.7400	0.3760	0.3450	0.5680	3.113	2.3230	1.6800	28.573	27.880	24.680
	7	S	0.0052	0.0081	0.0090	0.01050	0.0109	0.0128	0.0143	0.0157	0.0179	0.0194
		P	0.4210	0.4540	0.235	0.3210	10.01	3.0450	8.7520	8.4420	7.5070	10.235
泥质砂岩	8	S	0.0076	0.0091	0.0121	0.0132	0.0161	0.0169	0.0173	0.0212	0.0234	
		P	0.1850	0.0950	0.1430	0.2960	1.341	1.1860	2.5760	3.6030	2.7710	
	9	S	0.0045	0.0082	0.0102	0.0118	0.0141	0.0160	0.0174	0.0222	0.0262	
		P	0.0820	0.1550	0.0620	0.1850	0.380	0.1970	0.1520	0.1050	0.2330	

注:S 为试验点应变值,P 为相应渗透率。

* $1\mathrm{D} = 0.986923 \times 10^{-12}\mathrm{m}^2$。

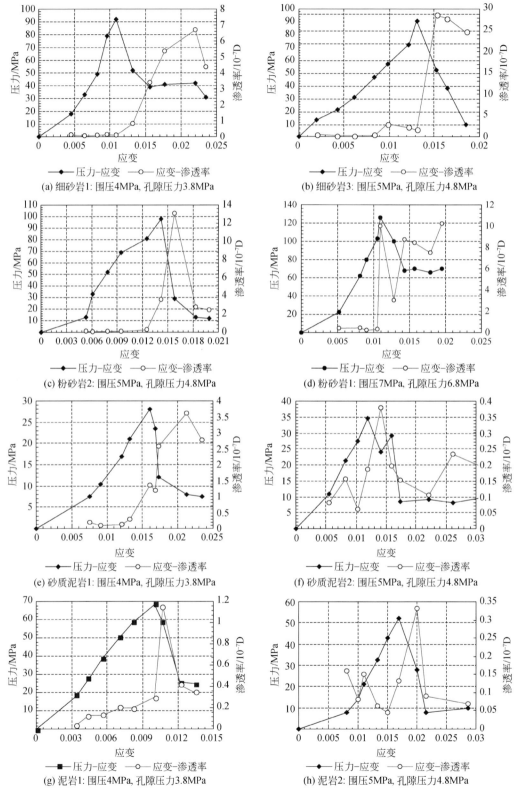

(a) 细砂岩1: 围压4MPa, 孔隙压力3.8MPa

(b) 细砂岩3: 围压5MPa, 孔隙压力4.8MPa

(c) 粉砂岩2: 围压5MPa, 孔隙压力4.8MPa

(d) 粉砂岩1: 围压7MPa, 孔隙压力6.8MPa

(e) 砂质泥岩1: 围压4MPa, 孔隙压力3.8MPa

(f) 砂质泥岩2: 围压5MPa, 孔隙压力4.8MPa

(g) 泥岩1: 围压4MPa, 孔隙压力3.8MPa

(h) 泥岩2: 围压5MPa, 孔隙压力4.8MPa

图4.7 岩石三轴压缩与渗透试验曲线

1）三轴压缩与渗透试验曲线特征

由图 4.7 可以看到，三轴渗透试验结果揭示出岩石在全应力-应变过程中，岩石的渗透性与内部结构演化相关，有如下几个特征阶段：

（1）岩石初始压密阶段，其内部在垂直于主应力的原始微孔隙出现闭合或压密时，岩石渗透率出现下降；

（2）线弹性变形阶段，随着轴向应力的增加，岩石渗透率缓慢增加，说明岩石在外载荷与孔隙压力联合作用下，内部结构出现微裂隙萌生和原始孔隙扩展；

（3）非线性变形与峰值强度阶段，随着岩石轴向应力的继续增加，岩石内部结构的微裂纹合并，逐渐演变成宏观裂缝，岩石出现破裂，岩石渗透率剧增；

（4）岩石应变软化阶段，破裂岩块沿断裂面产生错动和凹凸体的爬坡效应，使宏观裂隙法向间距加大，岩石的渗透率也达到峰值；

（5）残余强度阶段，随着破裂岩块变形的进一步发展，凹凸体被剪断或磨损，裂隙间距减小，同时剪切与磨损产生的岩屑部分充填到裂隙间，破裂岩石的渗透性下降。

2）底板岩石三轴渗透特征

从表 4.7 和图 4.7 中可以看出，在三向应力作用下，恒源煤矿不同岩石的渗透特征表现如下：

（1）各种岩石，加载初期岩石渗透率下降，在达到岩石的峰值强度前，渗透率随载荷的增加而逐渐减小，且渗透率-应变曲线出现了低值，反映岩体处于压密阶段。当轴压继续增加时，试样由弹性变形阶段过渡到塑性破坏阶段，岩石渗透性基本随应力增加而增大，并出现了峰值，试样屈服后应力-应变曲线表现为软化特征，其内部裂隙又被压密闭合，此时渗透性却随应力的增加而降低，至塑性流变阶段，渗透性减小，并趋于稳定，渗透率-应变的关系曲线在形态上大致与应力-应变曲线相似。

（2）在等围压和渗透压力条件下，不同岩性岩石的最大渗透率由小到大顺序是：泥岩<泥质砂岩<粉砂岩<细砂岩。可见，泥岩是底板岩层中最好的隔水岩层。

（3）对于砂岩类，岩石强度在达到峰值之前，渗透率变化并不明显，岩石渗透率峰值滞后于岩石强度峰值。对于泥岩和泥质砂岩，岩石强度在达到峰值前，渗透率随载荷的增加而逐渐增大；但岩石渗透率的峰值往往也滞后于强度峰值。

（4）各种岩石渗透率峰值基本发生在岩石破坏后应变软化阶段，说明岩石的破坏并非与渗透率极大值同步，只有岩石破坏后变化的进一步发展，才会导致峰值渗透的到来。因此，防止岩石破坏与控制岩石破坏后应变软化阶段变形的进一步发展，对于预防底板岩层突水是同等重要的。

（5）围压和渗透压力对岩石的渗透率有一定影响。渗透率与渗透压力成正比关系，与围压成反比例关系。对于同一种岩石，围压越大，渗透率越小；孔隙压力对渗透率的影响次于围压的影响。

4.3　6 煤层底板结构类型

岩体结构是指岩体中结构面和结构体的形态与组合特征，是影响地下工程稳定性的重要因素。早在20世纪70~80年代，谷德振、孙广忠等就提出地质构造控制论和岩体结构控制论，认为岩体受力后变形、破坏的可能性、方式和规模受岩体自身结构制约，即岩体结构控制着岩体的力学性质、变形特性和破坏机制，并将岩体分为块裂、完整、碎裂和散体等4种结构类型（谷德振，1979；孙广忠，1988）；并且这一关于岩体结构研究成果被作为我国《工程岩体分级标准》（GB/T 50218—94）的基本评价指标之一（住房和城乡建设部，2014）。

岩层和岩体在构造运动作用下发生变形和相对位移，从而形成各式各样的地质构造，即褶曲、断层等。地质构造越发育，复杂程度越高，反映岩体变形破坏越严重，岩体完整性越差。

传统的岩体完整程度的确定主要是通过波速计算或裂隙统计得到的，工作量较大，而矿井底板岩体处于隐伏状态，受到条件约束无法通过实地调查得到，因此，可以利用勘探阶段获得的岩体断裂和褶曲构造的空间分布特征，采用密度等高线法，对研究区范围内的煤层底板岩体完整程度进行评价。

矿井岩体结构类型划分定量评价是在对矿井构造发育规律研究的基础上，选择合适的评价指标和评价模型，确定每个评价指标的权重，基于灰色模糊聚类方法（黄伟，2011；付萍杰等，2015），并通过先进的计算机技术实现对矿井构造复杂程度的定量评判，并以此为依据划分构造等级，根据岩体结构与褶曲和断裂发育程度之间的关系，以分维值和平面变形系数为基本特征量，进一步对煤层底板岩体结构进行分类，为底板突水危险性评价提供地质依据。

1. 评价指标及指标值确定

1）褶皱平面变形系数

该指标为反映褶皱构造复杂性的一个指标。它是在煤层底板等高线图上分单元计算求得。平面变形系数的计算公式为

$$K_p = \frac{HL_1}{(L_0 L_2)} \tag{4.3}$$

式中，K_p 为平面变形系数；H 为相邻两条等高线的标高差，m；L_0 为计算单元中心两条等高线间的水平距离，m；L_1 为靠近计算单元中心的等高线在单元内的实际长度，m；L_2 为靠近计算单元中心的等高线在单元内的割线长度，m。

为了计算褶皱平面变形系数，在研究区内坐标网格划分了相应的网格单元（恒源煤矿划分了69个网格单元），每个网格单元边长为1000m，作为平面变形系数计算的基础网格单元，采用窗口移动法（黄伟，2011），即以任一网格交点周围的4个小网格（边长为500m）作为一个计算单元，上下左右移动，依次计算出每个网格的 K_p 值，并绘制相应的平面变形系数等值线图。

恒源煤矿褶皱平面变形系数统计计算结果见表4.8，其分布如图4.8所示。

表 4.8　恒源矿平面变形系数统计表

编号	单元网格中心坐标/m		平面变形系数 K_p	编号	单元网格中心坐标/m		平面变形系数 K_p
	X	Y			X	Y	
1	39467000	3754000	0.1175	36	39468000	3757500	0.2814
2	39466500	3754000	0.1017	37	39467500	3757500	0.2312
3	39467500	3754500	0.1889	38	39470000	3758000	0.2654
4	39467000	3754500	0.1759	39	39469500	3758000	0.2359
5	39468500	3755000	0.1358	40	39469000	3758000	0.1899
6	39468000	3755000	0.1834	41	39468500	3758000	0.2069
7	39467500	3755000	0.2136	42	39468000	3758000	0.4236
8	39467000	3755000	0.1657	43	39467500	3758000	0.4398
9	39469000	3755500	0.1405	44	39467000	3758000	0.3134
10	39468500	3755500	0.1171	45	39470500	3758500	0.2239
11	39468000	3755500	0.1876	46	39470000	3758500	0.2816
12	39467500	3755500	0.2638	47	39469500	3758500	0.2758
13	39467000	3755500	0.2546	48	39469000	3758500	0.3052
14	39469500	3756000	0.2134	49	39468500	3758500	0.3953
15	39469000	3756000	0.1951	50	39468000	3758500	0.5190
16	39468500	3756000	0.1853	51	39467500	3758500	0.5334
17	39468000	3756000	0.2187	52	39467000	3758500	0.2126
18	39467500	3756000	0.2590	53	39470000	3759000	0.1818
19	39467000	3756000	0.2657	54	39469500	3759000	0.1765
20	39469500	3756500	0.2308	55	39469000	3759000	0.2140
21	39469000	3756500	0.2193	56	39468500	3759000	0.2671
22	39468500	3756500	0.1512	57	39468000	3759000	0.2336
23	39468000	3756500	0.2167	58	39467500	3759000	0.2016
24	39467500	3756500	0.2516	59	39470000	3759500	0.1665
25	39467000	3756500	0.2768	60	39469500	3759500	0.1689
26	39470000	3757000	0.2683	61	39469000	3759500	0.2441
27	39469500	3757000	0.3533	62	39468500	3759500	0.2547
28	39469000	3757000	0.1853	63	39468000	3759500	0.2289
29	39468500	3757000	0.1762	64	39467500	3759500	0.2016
30	39468000	3757000	0.2443	65	39470000	3760000	0.1253
31	39467500	3757000	0.2498	66	39469500	3760000	0.1431
32	39470000	3757500	0.2765	67	39469000	3760000	0.1513
33	39469500	3757500	0.3132	68	39468500	3760000	0.2319
34	39469000	3757500	0.1815	69	39468000	3760000	0.1007
35	39468500	3757500	0.1637				

由表 4.8 和图 4.8 可知，该井田的平面变形系数介于 0.10 ~ 0.53，平均值为 0.23。总体上该井田的平面变形系数偏小，局部褶皱发育的区域系数较大，在孟口断层和孟-1 断层中间的区域形成一个系数达 0.50 的中心。井田大部分都是介于变形弱 ~ 中等，只在 11 线

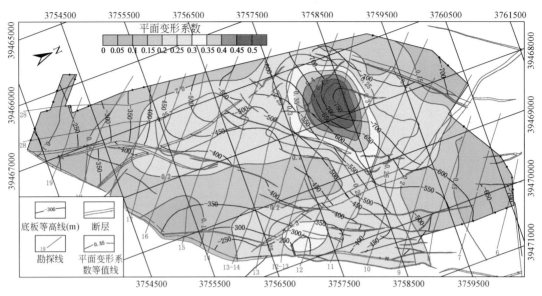

图 4.8　恒源煤矿 6 煤层平面变形系数等值线图

以南、14-14 线以北、孟-1 断层以东、孟-3 断层以西的区域为变形较强的区域。

2）断裂分维值

评价断裂构造复杂程度常用的指标有断裂密度、断裂长度及断裂强度等。然而，在许多情况下，这些指标并不能准确地反映断裂构造的实际复杂程度。在断层条数相同、长度不同，或者长度相同而条数不同时，可以直观地感觉到其复杂程度并不相同，但用其中的某一指标表示时，却不能反映出来这种差别。分维值则可克服这种缺点，通过计算，得出其分维值是不相同的。因此，分维值能很好地反映断裂构造的复杂程度，与直观感觉相符合，并能把这种感觉定量化，是一种有效而准确的指标。

分形是由 Mandelbrot 于 1975 年创造的。目前在断裂构造研究中应用较为广泛的主要是具有自相似性的分形，即线性分形。分维（fractal dimension）也称分形维，是用来定量描述自相似性的参数，有许多不同的定义，在断裂构造研究中，主要有容量维（capacity dimension）、信息维（information dimension）、关联维数（correlation dimension）、自相似维数（self-similarity dimension）等分维定义（徐志斌等，1996）。本研究采用自相似维数。

自相似维数的概念是对于具有自相似性的几何图形，若分割此图形，当相似比为 r 时，相似图形的个数为 N，且 N 具有幂次关系：

$$(1/r)^{D_s} = N$$

变换后得到自相似维数：

$$D_s = \ln N / \ln(1/r) \tag{4.4}$$

分维值的测量方法有码尺法、网络覆盖法、康托点集法，本次研究采用网络覆盖法。网络覆盖法是用边长为 r 的网络覆盖断层系痕迹，记录含有断层痕迹的网格数 $N(r)$，不断缩小网格尺度为 r_i，得到相应的 $N(r_i)$；令 $\varepsilon = 1/r$，则在 $\ln\varepsilon - \ln N(r)$ 坐标系中，可以得到一条曲线，其直线部分的斜率即断裂系的相似维；移动网格，重复上述操作，即可得到不同单元的断裂分维值。

　　恒源煤矿 6 煤层底板断裂分维值统计计算结果见表 4.9，从表中可以看出，矿井内各单元点分维值在 0.7~1.7 之间，平均值为 1.255。各块段的相关系数均在 0.8989 以上。这种各块段良好的线性关系表明，岩层中断裂体系的分布在所采用的标度下具有分形特征。

表 4.9　恒源矿断裂分维值统计表

编号	单元网格中心坐标/m		断裂分维值	编号	单元网格中心坐标/m		断裂分维值
	X	Y			X	Y	
1	39467000	3754000	1.3133	36	39468000	3757500	1.4842
2	39466500	3754000	1.2177	37	39467500	3757500	1.3648
3	39467500	3754500	1.5419	38	39470000	3758000	1.6053
4	39467000	3754500	1.4470	39	39469500	3758000	1.4569
5	39468500	3755000	0.9950	40	39469000	3758000	1.4555
6	39468000	3755000	1.2123	41	39468500	3758000	1.5259
7	39467500	3755000	1.5641	42	39468000	3758000	1.4270
8	39467000	3755000	1.5417	43	39467500	3758000	1.1935
9	39469000	3755500	1.1297	44	39467000	3758000	0.7247
10	39468500	3755500	0.9214	45	39470500	3758500	1.5957
11	39468000	3755500	1.1219	46	39470000	3758500	1.6610
12	39467500	3755500	1.5000	47	39469500	3758500	1.4174
13	39467000	3755500	1.3468	48	39469000	3758500	1.3499
14	39469500	3756000	1.217	49	39468500	3758500	1.2514
15	39469000	3756000	1.1568	50	39468000	3758500	1.0262
16	39468500	3756000	0.9796	51	39467500	3758500	1.1036
17	39468000	3756000	1.2477	52	39467000	3758500	1.0346
18	39467500	3756000	1.3954	53	39470000	3759000	1.5088
19	39467000	3756000	1.1641	54	39469500	3759000	1.3291
20	39469500	3756500	1.2166	55	39469000	3759000	1.1932
21	39469000	3756500	1.195	56	39468500	3759000	0.8925
22	39468500	3756500	1.2815	57	39468000	3759000	0.9761
23	39468000	3756500	1.2011	58	39467500	3759000	1.1311
24	39467500	3756500	1.3476	59	39470000	3759500	1.1696
25	39467000	3756500	1.1852	60	39469500	3759500	1.2173
26	39470000	3757000	1.2846	61	39469000	3759500	1.0896
27	39469500	3757000	1.3138	62	39468500	3759500	0.7475
28	39469000	3757000	1.3535	63	39468000	3759500	1.0346
29	39468500	3757000	1.3138	64	39467500	3759500	1.1108
30	39468000	3757000	1.2529	65	39470000	3760000	1.0688
31	39467500	3757000	1.3891	66	39469500	3760000	1.0832
32	39470000	3757500	1.5026	67	39469000	3760000	1.0706
33	39469500	3757500	1.4335	68	39468500	3760000	1.0744
34	39469000	3757500	1.4335	69	39468000	3760000	1.0819
35	39468500	3757500	1.4607				

利用区内各块段的断裂分维值作断裂分维等值线图（图4.9），并与断裂分布进行了对比，可以看出，断裂分布密集复杂的地方，断裂分维值大；反之，断裂稀少处，断裂分维值小，二者之间有很好的一致性。

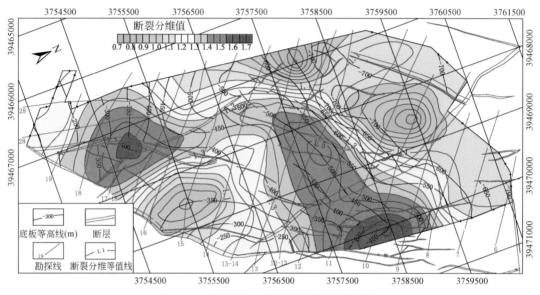

图4.9 恒源煤矿6煤层断裂分维等值线图

2. 岩体结构类型划分

选择褶皱平面变形系数和断裂分维值2个指标，进行归一化处理，计算各指标的权重，采用灰色模糊聚类方法对各统计单元的岩体结构按表4.10的划分标准进行聚类，得出恒源煤矿6煤层底板岩体结构类型分布如图4.10所示。

表4.10 各统计指标岩体结构类型划分标准

评价指标	整体结构	块裂结构	碎裂结构	散体结构
	I	II	III	IV
褶皱平面变形系数	0.20	0.20~0.35	0.35~0.50	>0.50
断裂分维值	1.10	1.10~1.30	1.30~1.50	>1.50

由图4.10可以看出，恒源井田以块裂结构类型为主，其次为碎裂结构类型，其余为完整结构区域，总体上表现为块裂-碎裂结构类型。

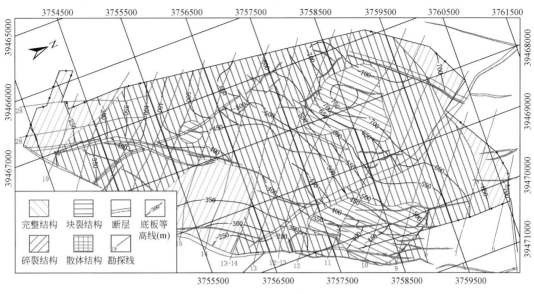

图 4.10 恒源煤矿 6 煤底板岩体结构类型分布图

4.4 工作面底板岩体结构的声波探测

当波在不同的岩体（石）介质中传播时，其矿物成分、密度、孔隙率、含水率及裂隙发育程度不同，使得波速及能量出现差异。在实际工作中，可根据这些差异分析岩体的工程物理力学性质，为生产设计提供依据。

波速测试所用激发震源常采用的方式有：①雷管或炸药爆炸激发；②锤击机械冲击激发；③电声换能器激发；④电火花气爆激发。由于电声转换器激发能量较小，声波在岩体内传播距离受到限制，所以本次测试主要用其对岩心标本进行波速标定；电火花气爆震源不适应矿井环境，而雷管或炸药震源会对岩体结构造成破坏，影响测试数据的准确性，因此，本次现场测试选用锤击震源作为激发方式。

4.4.1 波速测试方法及结果

4.4.1.1 岩心标本波速测试方法及结果

仪器设备：SYC-2 型岩石参数测定仪；36kHz 换能器。

根据波的走时 Δt（ms）及岩心长度 Δl（m），计算出各岩心标本的纵波速度 $V_{pr} = \Delta l / \Delta t$，测试结果见表 4.11，从表中可以看出：①不同岩石的波速不同，砂岩的波速较大；②岩石波速越大，其抗压强度也越大，两者呈正相关关系（图 4.11）。

表 4.11　岩心标本波速测试结果

深度/m	岩性	波速 $V_{pr}/(m/s)$	抗压强度 σ_c/MPa
500～505.5	泥岩	2190	32.82
505.5～509.5	砂岩	3797	61.29
509.5～518	砂质泥岩	3055	87.31
518～519.37	泥岩	2900	
519.73	泥岩	3233	
524	砂岩	2844	68.96
524	砂岩	2506	
524	泥岩	2380	
524	泥岩	2290	
545.5	泥岩	2094	15.41
551.8	泥岩	1286	
555	灰岩	4181	71.1

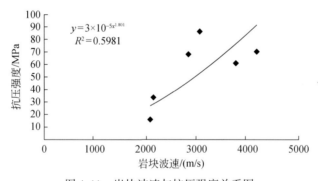

图 4.11　岩块波速与抗压强度关系图

4.4.1.2　底板岩体钻孔波速测试方法及结果

仪器设备：KDY-1 矿井地震仪；充气贴壁式检波器（ϕ69mm）；频率范围：$\Delta f = 100 \sim 1000$Hz；测点间距：$\Delta X = 0.5$m，从孔底至孔口逐点测试，波形记录如图 4.12 所示。

4.4.2　测试结果分析

4.4.2.1　底板岩性分类

由于岩体组成结构的差异，不同的岩体会对波进行选择性吸收，当孔中传感器置于不同的地层时，所记录到的波形含有不同的频率特性。从图 4.12 可见，当传感器置于 9～14m 深度时，出现明显的高振幅的低频信号，从采集的岩心来看，该深度段内岩石的泥质含量有明显增高，分析其原因，可能是波在泥质含量较高的岩石中传播时，其低频信号的

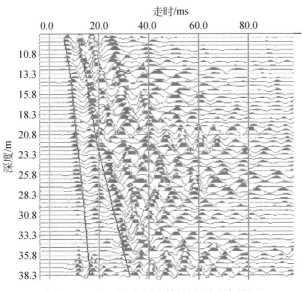

图 4.12　验 2 孔底板岩体波速测试成果图

能量衰减较慢，使得现场的各种低频噪声被传感器接收，并表现出高振幅的背景。根据这一结论，可将该孔地层岩性进行如下划分（表 4.12），与钻孔取心结果基本一致。

表 4.12　底板岩性分层

深度/m	岩性	分层号
8.72 ~ 13.80	砂泥互层	①
13.80 ~ 19.84	细砂岩	②
19.84 ~ 28.81	泥质粉砂岩	③
28.81 ~ 38.26	海相泥岩	④

4.4.2.2　底板岩体波速 V_{pm} 计算

根据波形走时初至，参考同相轴的变化，并经孔口及孔斜校正后，计算出各岩性段的岩体波速，见表 4.13。

表 4.13　验 2 孔岩体波速测试成果表

深度/m	分层号	$V_{pm}/(m/s)$	$V_{sm}/(m/s)$
8.72 ~ 13.80	①	1910	1223
13.80 ~ 19.84	②	3240	1970
19.84 ~ 28.81	③	2155	1268
28.81 ~ 38.26	④	1896	1161

4.4.2.3 底板岩体完整性系数的计算

岩体是岩石和裂隙面的组合体，波在通过岩体内的各种裂隙面、空洞、破碎带等地质上的不连续面时，其波速会发生明显变化。国内外已广泛采用岩体完整性系数 I（$I=V_{pm}^2/V_{pr}^2$）作为岩体工程分类的一个主要参数。验2孔岩体完整性系数 I 的计算结果见表4.14。

表 4.14 验 2 孔岩体完整性系数 I 计算结果

分层号	深度/m	$V_{pm}/(m/s)$	$V_{pr}/(m/s)$	I
①	8.72~13.80	1910	2190	0.76
②	13.80~19.84	3240	3797	0.73
③	19.84~28.81	2155	2844	0.57
④	28.81~38.26	1896	2290	0.69

4.4.2.4 底板岩体抗压强度计算

实验室对岩石试件测定的岩石强度结果，并不能代表真正的岩体强度，而要在现场进行岩体强度试验又比较困难。日本学者池田和彦提出，可将岩石抗压强度 σ_{cr} 乘以岩体完整性系数作为岩体抗压强度 σ_{cm}（准岩体强度），即

$$\sigma_{cm}=I\times\sigma_{cr} \tag{4.5}$$

本次探测计算结果见表4.15。

表 4.15 验 2 孔岩体单轴抗压强度计算结果

分层号	深度/m	I	岩石抗压强度 σ_{cr}/MPa	岩体抗压强度 σ_{cm}/MPa
①	8.72~13.80	0.76	61.29	46.58
②	13.80~19.84	0.73	87.31	63.74
③	19.84~28.81	0.57	68.96	39.31
④	28.81~38.26	0.69	15.41	10.63

4.4.3 底板岩体结构分析

底板岩层主要由砂岩、泥岩、粉砂岩和泥质砂岩或砂质泥岩组成，属沉积岩系，层理层面发育，表现为层状结构；当发生褶皱作用时，在褶曲轴部节理裂隙发育，或伴生层间滑动构造，往往形成层状碎裂结构；断层破碎带为碎裂结构或散体结构。不同结构其阻水能力是不同的。

本次对Ⅱ614工作面验2探查孔岩体结构进行了波速测试研究，结果如图4.13所示，从图中可以看出，不同岩性，不同深度，岩体结构的类型是不同的。上部为整体块状结构；中部为块状结构，下部泥岩段为层状结构。岩石质量指标（rock quality designation，ROD）值与岩体波速值反映的结果吻合。

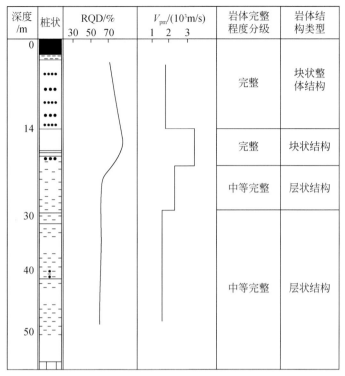

图 4.13 恒源煤矿矿井Ⅱ614 工作面验 2 孔岩体结构分析简图

4.5 工作面底板岩体阻水质量分级评价

1946 年泰尔扎基（Terzaghi）提出了工程岩体质量分级，开辟了工程地质的新领域。多年来，岩体质量分级一直被当作经验与评价的支柱技术，因此在工程地质中得到了广泛的应用。在某些工程中该技术已成为地下建筑物设计或地基评价的依据。

岩体分级是根据引起岩体破坏的主要因素（岩石强度、连续性、不连续面的性质、地下水的作用等），用定量化的方式评价工程岩体稳定性的经验方法。目前在世界上广为流行的分类方法有 6 种（Bieniawski，1994）：泰尔扎基（Terzaghi）分级法（1946 年）、劳费尔（Lauffer）分级法（1958 年）、迪尔（Deere）分级法（1967 年）、威克姆（Wickham）分级法（1972 年）、比尼亚夫斯基（Bieniawski）分级法（1973 年）和巴顿（Barton）分级法（1974 年），其中以比尼亚夫斯基分级法和巴顿分级法最为流行。

岩体分级法在世界上许多国家早已得到广泛应用（Bieniawski，1994），其中西欧地区国家始于 1958 年，美国始于 1967 年，南非始于 1973 年，苏联始于 1974，加拿大始于 1976 年，新西兰始于 1978 年，波兰始于 1979 年，澳大利亚始于 1980 年，印度始于 1981 年，日本始于 1983 年。我国尽管已有许多学者对此早已进行过探讨，但正式用于工程地质设计与评价的才刚刚开始，在煤层底板突水的工程地质与水文地质评价上的应用仍为空白。过去煤层底板突水的评价一直采用确定的物理模型法（王经明，1999b），然而，在岩体力学性质或边界条件不清楚时，该方法效果不好，因此，经验方法很有必要。

王经明等（2000）在总结岩溶型煤矿 300 多个工作面煤层底板的工程地质和水文地质条件的基础上，提出了一套适合煤层底板突水评价的岩体分级方法。

4.5.1　煤层底板岩体分级因素及其确定

4.5.1.1　岩体分级因素及分级标准

目前，国际上最为流行的岩体分类标准为 Barton 的 Q（quality）标准（Barton et al.，1974）和 Bieniawski 的 RMR（rock masses rating）标准（Bieniawski，1973）。Barton 的 Q 标准适用于隧道和硐室，不适用于矿山的采场支护，Bieniawski 的 RMR 标准尽管两者都适合（Bieniawski，1974，1978），但对煤层底板的抗渗评价仍然不够准确，我国 2014 年颁布的《工程岩体分级标准》也只适合于各种建筑物的工程地质评价（住房和城乡建设部，2014），对煤层底板的突水评价也不适合。因此，王经明等建立了一种新的适合于岩溶型煤层底板水文地质条件评价的岩体分级方法（王经明等，2000）。

煤层底板阻水质量分级法考虑的因素有（孙本魁和王经明，2006）：含水层的富水性、含水层的水压、地下水的导升高度、底板隔水层的有效厚度和强度、底板的完整性、底板的应力状态、底板的裂隙发育程度及其导水性、开采深度、开采高度以及工作面与地质构造的关系。其中，开采深度和高度直接影响到底板的破坏深度，即可合并到底板的有效厚度中去考虑；煤层底板完整性由岩心采取率、波速反映；含水层的富水性、导升高度和底板的渗透性通过电（磁）法探测可以得到；裂隙发育程度及其导水性在现场可以观测到；底板的应力状态在采前可以测得；煤层底板的有效厚度和含水层的水压由突水系数反映出。其中瞬变电磁、音频电透和声波探测是近几年在煤层顶底板水情评价中广为流行的方法，本节将它们设定为底板阻水质量分级指标。

目前国内仍将力-水系数（最大主压力与水压的比值）和突水系数作为两种最常用的经验评价方法。力-水系数法建立在底板岩体不抗拉的假设之上。突水系数法建立在下伏含水层处处含水的前提下。因此都不符合实际情况，且仅用这两项指标评价煤层底板的阻水性能也是不够的，但这两种指标在水文地质条件中又非常重要，因此本节仍然将这两种指标作为岩体分级的因素。

经皖北矿区 30 多个工作面的对比，选定的煤层底板阻水质量分级的因素是：抗压强度、岩心采取率、突水系数、声波速度、视电阻率和地下水流量。

用岩体质量分级法评价底板突水性的流程为：水文地质条件预分析—灰岩水流量观测—视电阻率探查—岩心采取率—力水系数—抗压强度—波速测定—突水系数修整—综合阻水质量分值汇总—分值修整和分级。具体评价步骤如下。

（1）水文地质条件预分析。根据勘探成果初步评价断层的含导水性和突水系数的变化情况。

（2）灰岩水流量观测工作贯穿掘进到回采的始终。观测方法是先划分出水范围，再观测某一范围内的水量，根据水量给出工作面阻水质量分值。

（3）视电阻率探查工作在工作面形成之后进行。经对比，瞬变电磁法在皖北地区效果较好，以视电阻率指标作为工作面不同位置的质量分值，为下一步钻探和组合分级提供依据。

（4）岩心采取率工作是在平面上对工作面底板的阻水质量分级以后进行的，即在不同级别的区域内分别打钻，观测其岩心采取率，评价岩体的完整性。以综合采取率为指标给出不同位置的岩体质量分值。

（5）力水系数测试工作是钻孔完成后进行的。为了使评价更切合实际，现将王成绪等的力水系数 $F = \sigma_3 / P$（σ_3 为全孔最大主压应力，P 为水头压力）改为 $F = \sigma / P$（σ 为全孔最大破坏压应力）。该项工作目的是评价岩体的抗水压能力（朱第植和王成绪，1998；李抗抗和王成绪，1997）。

（6）抗压强度测试是对钻孔岩心进行力学试验确定的。一般情况下，对厚度>5m 的地层都要做力学试验。强度并不决定岩体的阻水能力，因此所测数值应与标准的完整岩体的抗压强度进行比较，以其比值 s_i 为划分标准，即 $s_i = \sigma_{ri} / \sigma_{mi}$（$\sigma_{ri}$ 为某段岩心的抗压强度，σ_{mi} 为某段完整岩体岩心的抗压强度）。然后再以对全孔 s_i 求平均值后作为分级指标 S。

（7）波速测定工作是在探查钻孔完成后进行的，目的是确定岩体的完整性。同样以完整性系数 I_i 为划分标准，即 $I_i = v_{ri}^2 / v_{mi}^2$（$v_{ri}$ 为某段岩体原位波速，v_{mi} 为某段完整岩体岩心的波速）为分级指标，然后再以全孔波速 I_i 求平均值后作为平面分级指标 I。

（8）突水系数修整工作是在钻孔完成后进行的，目的是根据钻孔揭露的煤层底板实际厚度最终确定工作面突水系数的变化情况。

（9）分值综合是对上述各项分级指标值在平面进行求和（R）。

各项分级指标的赋值和划分如表 4.16 所示。

表 4.16　岩体分类参数及其分值

序号	项目及分值	区间				
1	抗压强度系数 S	[0.9，1]	[0.75，0.9)	[0.6，0.75)	[0.45，0.6)	[0.1，0.45)
	分值	(12，15]	(9，12]	(6，9]	(3，6]	(0，3]
2	岩心采取率/%	[90，100]	[75，90)	[60，75)	[45，60)	[10，45)
	分值	(12，15]	(9，12]	(6，9]	(3，6]	(0，3]
3	突水系数 T/（MPa/m）	≤0.025	(0.025，0.050]	(0.050，0.075)	(0.075，0.100]	>0.100
	分值	15	(12，15]	(9，12]	(6，9]	6
4	视电阻率 ρ/Ω	>20	(15，20]	(10，15]	(5，10]	≤5
	分值	15	(11，15]	(7，11]	(3，7]	3
5	完整性系数 I	[0.9~1]	[0.75，0.9)	[0.6，0.75)	[0.45，0.6)	<0.45
	分值	(8，10]	(6，8]	(4，6]	(2，4]	2
6	流量/（m³/h）	[0，1]	(1，5]	(5，20]	(20，50]	>50
	分值	(12，15]	(9，12]	(6，9]	(3，6]	3
7	力水系数 F	≥3.00	[2.50，3.00)	[2.00，2.50)	[1.50，2.00)	<1.50
	分值	15	(12，15]	(9，12]	(6，9]	6

注：表中区间内的分值可根据实际数值用插值法获得。

（10）分级修正是分级的最后工作。生产和理论证实工作面的长度和工作面裂隙的产状对底板的水文地质条件影响很大，因此还要根据这两个因素对综合分级值进行修正，修正后的综合值作为分级标准。修正公式为

$$R_{修} = R_{初} + K_1 + K_2$$

式中，$R_{修}$ 为修正后的岩体分值；$R_{初}$ 为修正前的分值；K_1 为裂隙产状对岩体的修正分值；K_2 为工作面长度对岩体的修正分值。修正值由表 4.17 决定。

表 4.17　煤层底板岩体分值的修正表

项目及分值	区间				
导水裂隙与采面的夹角/(°)	[0, 15]	(15, 30]	(30, 45]	(45, 60]	(60, 90]
修正分值 K_1	(−10, −7]	(−7, −5]	(−5, −3]	(−3, −1]	(−1, 0]
工作面长度/m	>150	(120, 150]	(100, 120]	(80, 100]	≤80
修正分值 K_2	−6	(−6, −4]	(−4, −2]	(−2, 0]	0

4.5.1.2　煤层底板岩体分级及其意义

这样得到的底板岩体分级的水文地质意义见表 4.18。从表 4.18 可以看出，不同级别的底板阻水能力不同，因此所投入的防治水工程也应该不同。对于 Ⅰ、Ⅱ 级底板其隔水性强，在没有导水陷落柱的情况下不须做底板防治水工作。Ⅲ 级底板具有一定的突水可能性，电法探测以后应打钻探查，如果和灰岩含水层有一定联系应做认真详细的评价；如果水量较大应开掘疏水巷。Ⅳ 级煤层底板突水的可能性更大，须打钻探查，开掘疏水巷，或注浆加固底板，或疏干降压。Ⅴ 级底板因不具阻水能力，不能正常开采，必须加固底板，或疏干降压，或采用条带式，或房柱式开采。

表 4.18　煤层底板岩体分级与隔水性对照表

项目	区间与分级				
总分值	(80, 100]	(60, 80]	(40, 60]	(20, 40]	≤20
级别	Ⅰ	Ⅱ	Ⅲ	Ⅳ	Ⅴ
描述	高强阻水	强阻水	一般阻水	弱阻水	不阻水

4.5.2　煤层底板岩体分级在突水评价上的应用

以恒源煤矿 Ⅱ614 首采工作面为例，说明该方法的评价过程。

1）分值的确定

根据评价顺序，各项指标的分值确定如下：

（1）水文地质条件预分析。Ⅱ614 工作面走向长 733m，倾斜长 130～190m，倾角 6°～11°，煤厚 2.60～3.20m，平均 2.93m。工作面标高 −460～−420m，钻孔揭露底板隔水层的厚度为 38～58m，平均 42m，岩性如图 4.14 所示。灰岩的水压为 3.93MPa，平均突水

系数0.093MPa/m，超过淮北矿区工作面0.07MPa/m（完整底板）或0.05MPa/m（不完整底板）经验常数。加上工作面发育有两条落差分别为10.0m和7.0m的正断层（FⅡ614-4和FⅡ61-1，如图4.15所示）和距离工作面不远处的火成岩侵入体，工作面裂隙发育，构造复杂。经水文地质条件的初步评价，该工作面在底板变薄处和断层尖灭端存在着突水的危险。

（2）流量分值确定。在工作面掘进期间，风巷在距离切眼120～280m处出现底板涌水，总水量为25m³/h，水质为灰岩和砂岩混合水，最初灰岩水的成分为40%，一个月后变为55%，显然出水源为太灰含水层。由表4.16通过插值计算可知该处的岩体阻水质量分值为5.5。另外在机巷距切眼360～580m也有12m³/h的涌水，水源也为太灰含水层，此处底板的阻水质量分值为7.4。其他各处没有底板涌水，底板的分值为15。

（3）视电阻率分值。用瞬变电磁法在全工作面内以垂直和向工作面内45°两种形式对底板进行探测，探测结果是在风巷距离切眼100～255m，垂深为20～60m的范围内存在着5～10Ω的低阻异常区，分析为岩体含水所致。该深度段已达L3灰岩位置，其水文地质异常为灰岩水所致。经插值计算，该处底板的阻水质量分值为3～7；在机巷距离切眼300～555m的范围内也存在着6～12Ω的低阻异常区，在深度上也和L3灰岩相关，该处的底板分值为3.8～8.6。

（4）岩心分值。首先在工作面的机巷内施工了2#、7#、9#钻孔，终孔于海相泥岩内5m，得到平均岩心采取率分别为72%、52%和71%，对应的分值分别为8.4、4.2、8.2。

（5）水力系数值。对上述3个钻孔分别在深度12m（破坏深度）以下进行了原位地应力测试，得到平均破坏地应力为9.5MPa、7.5MPa、9.9MPa，地应力低于10.4MPa的正常值，属于张性异常，对应的分值分别为11.40、6.00、12.03。

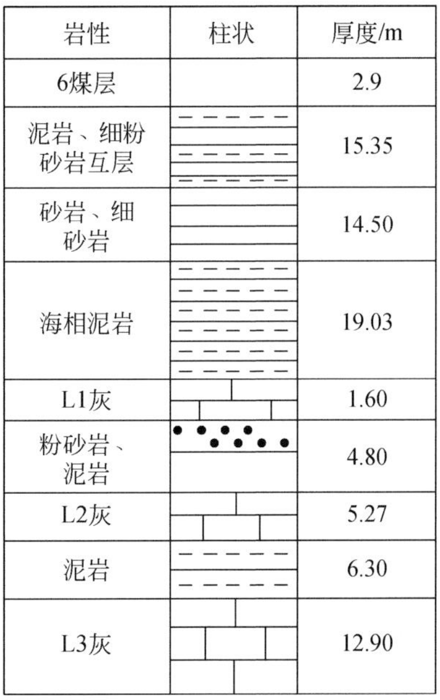

岩性	柱状	厚度/m
6煤层		2.9
泥岩、细粉砂岩互层		15.35
砂岩、细砂岩		14.50
海相泥岩		19.03
L1灰		1.60
粉砂岩、泥岩		4.80
L2灰		5.27
泥岩		6.30
L3灰		12.90

图4.14 工作面底板柱状图

（6）抗压强度值。对上述 3 个钻孔每个孔 3 个相同层位不同的岩性（分别为砂岩、粉砂岩和泥岩）取心测量其抗张强度，再分别取各孔的平均值做比较，岩石力学实验结果和分值见表 4.19。

表 4.19　各钻孔单轴抗压强度及其对比

钻孔	完整岩体岩心强度/MPa	钻孔岩心强度/MPa	强度比	分值
2#	68.96	52.41	0.76	9.2
7#	68.96	39.31	0.57	5.4
9#	68.96	50.34	0.73	8.6

（7）波速值。对上述 3 个钻孔及其完整岩心进行波速测试，其中完整的岩心波速 V_r 代表完整地层的波速，钻孔对应处的波速 V_m 为原位波速，测试部位为抗压强度测试岩心的采取段，分别求取各段的岩体完整性系数，然后加以平均，根据平均值求取该指标的岩体质量分值，结果见表 4.20。

表 4.20　各钻孔及岩心波速和完整性系数

钻孔	V_r/(m/s)	V_m/(m/s)	I	分值
2#	2190	1910	0.76	6.13
7#	2844	2156	0.57	3.60
9#	3797	3240	0.73	5.73

（8）突水系数值。为了求得突水系数，上述 2#、9#钻孔被延伸到 L1 灰岩，7#钻孔被延伸到 L3 灰岩。7#孔在揭露 L1 灰岩前 3m 处钻孔出现灰岩涌水，因此该处的导升高度为 3m。各孔揭露底板隔水层的厚度分别为 58.4m、38.2m 和 56.9m，L3 灰岩的水量为 315m³/h，水压为 3.93MPa，现已知该矿的底板破坏深度为 12m，这样各孔处的突水分别为 0.070MPa、0.167MPa 和 0.072MPa，其分值分别为 9.60、6.00、9.36。

（9）总分值。将上述各项相加得到上述 3 个钻孔附近的各项指标综合值分别为 74.73、35.70 和 59.92。

（10）修正分值。工作面的形态和断层产状如图 4.15 所示，可以看出工作面长度是变化的。从切眼往外 280m 的范围内，工作面宽度为 130m，在 280~733m 范围工作面宽度为 180m。由表 4.17 并通过插值计算分到其修正分值分别为-4.67 和-6.00；裂隙方向主要和断层的走向一致，里段的裂隙的走向主要为近 EW，外段为 NW30°，和采面的夹角分别为 70° 和 45°，由表 4.17 知其修正值分别为-1 和-3。

修正后工作面平面上底板岩体阻水质量分级划分情况如图 4.15 所示。

2）水文地质条件评价

由图 4.15 可知 II 614 工作面由 II、III、IV 三种阻水级别的岩体组成，其中 IV 级底板所占的比例最大，约为 40%。根据表 4.18，IV 级底板为弱阻水底板，因此 II 614 工作面在开采期间将会发生底板突水，需要采取防治水措施后方可回采。

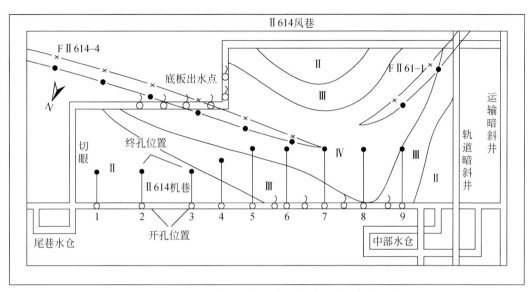

图 4.15　Ⅱ614 工作面底板岩体阻水质量分级划分示意图

第5章　太原组上段灰岩岩溶发育特征及其介质空间结构类型

在系统分析淮北矿区太原组上段灰岩岩性以及恒源煤矿岩溶裂隙发育特征的基础上，基于煤层底板钻探成孔与注浆信息，阐述了钻孔出水量与注浆量之间的关系，依据钻窝单孔最大出水量和单位体积注浆量两个指标，建立了恒源煤矿太灰含水层岩溶结构类型，并分析了各种类型的基本特征及分布范围，为底板水害有效防治提供科学依据。

5.1　淮北矿区太原组灰岩岩性特征

5.1.1　太原组灰岩岩石学特征

1）岩石类型

本区太原组灰岩的岩石类型主要有泥晶生物碎屑灰岩、生物碎屑泥晶灰岩、含生物碎屑泥晶灰岩、泥晶灰岩和粉晶灰岩（王浩，2013）。其中泥晶生物碎屑灰岩按生物碎屑种属进一步分出以下几种类型：

①泥晶棘屑灰岩：生物碎屑占 60% ~70%，其中棘屑（本区主要为海百合茎）占生物碎屑中的 50% ~60%，基质为泥晶，占 25% ~30%。

②泥晶介屑灰岩：生物碎屑占 60%，其中瓣鳃类碎片占生物碎屑中 60% 以上，基质主要为泥晶，少数重结晶为粉晶。

③泥晶虫屑灰岩：生物碎屑占 60%，以有孔虫和𥽘类碎屑为主，占生物碎屑中 60% ~70%，生物种类混杂。各层灰岩中一般都夹有这种类型灰岩。

④泥晶𥽘屑灰岩：生物碎屑占 70%，其中𥽘类占生物碎屑中 60% 以上，还有少量棘屑、有孔虫等生物碎屑。

⑤泥晶藻屑灰岩：生物碎屑占 50%，藻屑占生物碎屑 50% 左右，生物种类比较混杂。

⑥生物碎屑泥晶灰岩：分布最广，各层灰岩中均有发育，按生物碎屑种类可分为棘屑泥晶灰岩、介屑泥晶灰岩、虫屑泥晶灰岩、𥽘屑泥晶灰岩和腹足类泥晶灰岩。

部分太原组宏观特征和显微特征照片如图 5.1 和图 5.2 所示。

2）太原组灰岩化学成分特征

本区灰岩主要由泥质和钙质生物碎屑组成，其化学成分见表 5.1（胥翔等，2014）。

(a) 生物碎屑泥晶灰岩(恒源煤矿一灰)

(b) 泥晶生物碎屑灰岩(桃园煤矿二灰)

(c) 泥晶生物碎屑灰岩(桃园煤矿四灰)

(d) 含生物碎屑泥晶灰岩(桃园煤矿一灰)

图 5.1　太原组灰岩宏观特征照片

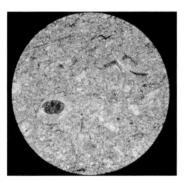

(a) 生物碎屑泥晶灰岩(桃园煤矿一灰)正交10×10

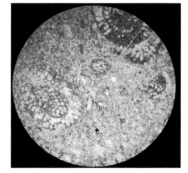

(b) 蜓屑泥晶灰岩(桃园煤矿二灰)单偏光10×4

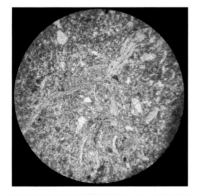

(c) 泥晶生物碎屑灰岩(桃园煤矿三灰)单偏光10×4

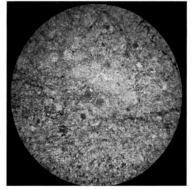

(d) 泥晶生物碎屑灰岩(桃园煤矿四灰)单偏光10×4

(e) 泥晶灰岩(恒源煤矿一灰)正交偏光10×10　　　(f) 显微层理(桃园煤矿二灰)单偏光10×4

图 5.2　太原组灰岩显微特征照片

表 5.1　太原组各层灰岩化学成分汇总表　　　　　　　（单位：%）

层位	分析项目						
	CaO	MgO	SiO₂	Al₂O₃	Fe₂O₃	TiO₂	酸不溶物
L1	50.97	1.11	3.22	0.76	1.39	0.041	4.33
L2	53.23	1.01	0.45	0.29	0.92	0.013	0.84
L3	47.63	2.25	4.63	0.92	2.38	0.032	5.43
L4	37.21	1.72	25.98	1.30	1.26	0.051	27.68
L5	48.78	2.01	4.60	1.15	0.62	0.056	6.51
L6	50.35	1.77	0.62	0.30	2.68	0.018	2.81
L7	41.83	1.06	11.55	3.69	4.15	0.137	18.49
L8	51.79	1.35	0.90	0.18	1.47	0.012	1.52
L9	47.88	2.89	3.44	0.15	2.33	0.022	4.11
L10	50.66	1.53	0.93	0.16	1.30	0.011	1.63
L11	47.89	3.78	2.95	0.20	1.67	0.011	4.09
L12	54.27	0.49	0.43	0.06	0.05	0.007	0.50
L13	51.06	0.58	3.85	0.82	1.11	0.049	5.36

由表 5.1 可以看出：

（1）L1 和 L2 灰岩中 CaO 含量比较高，而泥质含量比较低，是比较纯的石灰岩。

（2）L4 灰岩中 CaO 只有 37.21%，而 SiO_2 达 25.98%，酸不溶物约 27.68%，应属含泥质石灰岩，如图 5.3 所示。

（3）其他一些石灰岩如 L1、L3、L5、L9、L11 等，CaO 含量在 47.63%～50.97% 之间，SiO_2 含量在 2.95%～4.63% 之间，即含有一些泥质，如图 5.3 所示。

（4）CaO/MgO 平均为 41，L12、L13 较高，大于 80，其余均小于 60，但也存在一定的波动（图 5.4）。由于浅的近岸的水总是比深的远岸的水温暖一些，所以混杂的碎屑碳酸盐沉积物总的 CaO/MgO 反映温度–深度–离岸距离的相互关系。从总的化学成分看来，

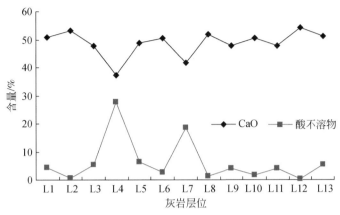

图 5.3　各层灰岩 CaO 和酸不溶物含量对比

除 L12、L13 外，其他石灰岩沉积时离陆源比较近，主要为浅水或海湾的石灰岩。

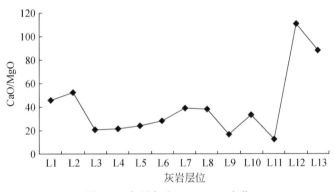

图 5.4　各层灰岩 CaO/MgO 变化

5.1.2　太原组灰岩沉积环境

根据上述沉积特征，尤其是结构特征，分析认为本区太原组灰岩多形成于水动力条件较弱的环境，其总的沉积环境应是陆表海的潮下及潮间带（兰昌益，1989；张素梅等，2008）。

（1）潮下中等能量沉积：厚度比较大，含䗴类化石丰富，生物碎屑颗粒较大，生物组分比较单一，常见燧石结核，如 L12、L5 灰岩。

（2）潮间带沉积：特点是较粗的生物碎屑与细小泥晶成互层或生物碎屑集中呈透镜状，有的瓣鳃类介壳具有"溶解充填"结构，如 L1、L2、L6、L8。

（3）海湾或潟湖沉积：生物碎屑含量低，灰岩中含泥质较高，生物碎屑大部分比较细小，如 L4、L7、L10、L11 等。

5.2　太原组上段灰岩厚度分布特征

　　恒源煤矿揭露太原组灰岩的钻孔共有 110 个，其中仅有水 8 孔、11 补-2 揭露了整个太原组地层，其余孔仅揭露一~四灰，05-3 孔揭露十~十二灰。全组总厚 115.55m，由石灰岩、泥岩、粉砂岩及薄煤层组成，以石灰岩为主，共有 13 层，总厚 53.87m，占全组地层的 46.6%；单层厚度 0.59~12.11m，其中第三、第四、第五、第十二、第十三层石灰岩厚度较大，其余均为薄层石灰岩。根据井田内柱状图统计资料，对一~四灰各层灰岩的厚度进行统计并编制一~四灰厚度等值线图，如图 5.5 所示。

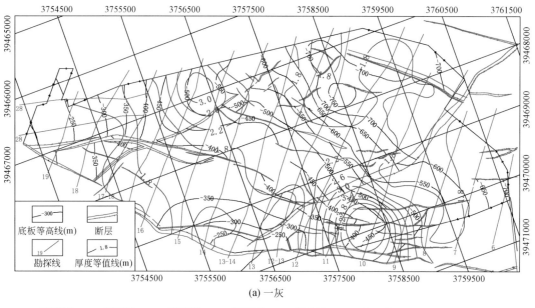

(a) 一灰

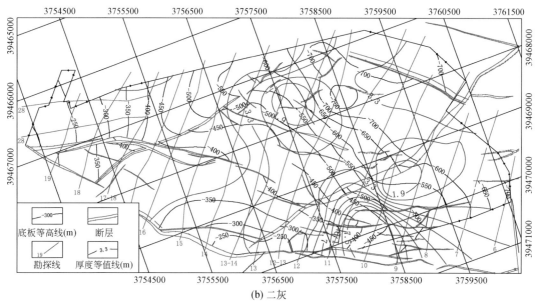

(b) 二灰

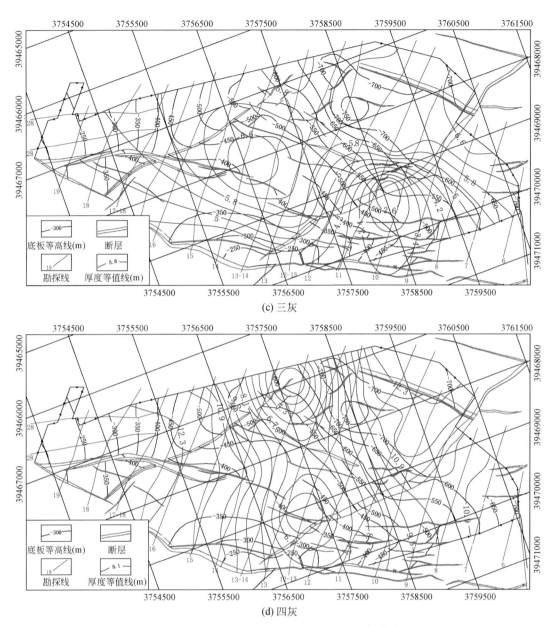

(c) 三灰

(d) 四灰

图 5.5　恒源煤矿太原组上段各层灰岩厚度等值线图

各层灰岩分布特征分述如下：

（1）一灰厚度在 0.97～3.68m 之间，平均厚度 1.98m；二灰厚度在 0.59～8.05m 之间，平均厚度 3.28m；由图 5.5（a）、（b）可见，一、二灰厚度分布特征相似，在井田内由东向西厚度先减小后增大，中部一、二灰厚度较薄。

（2）三、四灰揭露钻孔数较少，据钻孔揭露数据，三灰厚度在 3.12～7.33m 之间，均值为 5.83m；四灰厚度在 4.85～12.11m 之间，平均厚度 11.09m；由图 5.5（c）、（d）可知，三灰由东向西逐渐增厚，四灰厚度由南至北先减小后又增大。

（3）恒源煤矿太原组上段一、二灰，厚度不大，难以构成大的地下水储导体系，有利于分层疏降；三、四灰为中厚层灰岩，岩溶裂隙发育，储导水能力较强，可构成太灰水的主要地下水储导体系，是该矿山西组煤层开采水害防治的重点对象。

（4）该矿太原组上段厚度30m左右，四层灰岩总厚达20.6m，一～四灰中各层灰岩的间距较小（图5.6），故一般将上段四层灰岩看作一个含水层系统。

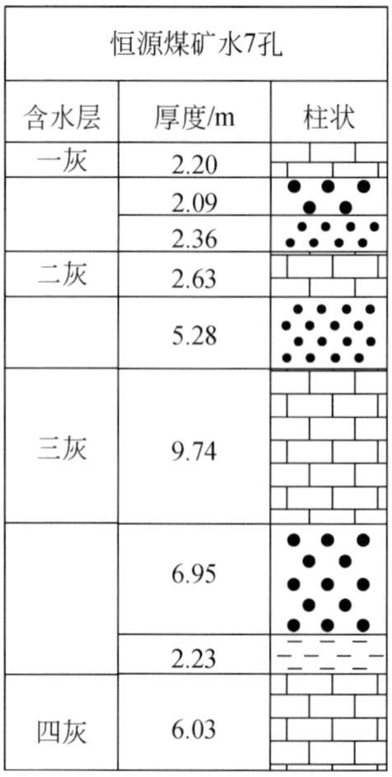

恒源煤矿水7孔		
含水层	厚度/m	柱状
一灰	2.20	
	2.09	
	2.36	
二灰	2.63	
	5.28	
三灰	9.74	
	6.95	
	2.23	
四灰	6.03	

图 5.6　恒源煤矿太原组上段岩性柱状图

5.3　太原组上段灰岩岩溶裂隙发育特征

依据恒源煤矿资源勘探地面钻孔资料和生产阶段井下钻探资料，对所揭露的太原组各层灰岩的岩溶发育特征描述进行了统计和分析，得出该区太原组灰岩岩溶发育形态以溶隙、裂隙为主，且多被方解石脉所充填，局部小溶洞发育，偶见溶穴。由于岩溶发育具有不均一性，不同层位灰岩岩溶发育差异较大，甚至同一层位灰岩的不同部位也存在较大差异，为此，对矿井太原组灰岩岩溶发育形态进行了统计。矿区内揭露全层灰岩钻孔较少，揭穿层位主要为一～四灰，故本书主要对一～四灰的岩溶发育特征进行分析。

恒源煤矿钻孔揭露灰岩岩溶发育情况见表5.2。由表5.2可知，恒源煤矿一～四灰都见裂隙，并发育地下水溶蚀的痕迹和小溶洞。一、二灰仅裂隙发育，少见溶蚀现象；三、四灰有溶蚀现象及小溶洞发育，和濉萧矿区其他矿井规律类似（胡园园，2016）。岩溶发育主要在700m以下，且在平面上发育极不均一，如10补3孔各层揭露灰岩岩心均完整致密，而10补1和10补2孔三、四灰裂隙和小溶洞发育，且纵向裂隙较为发育并被方解石脉充填，局部被泥质充填，见大量缝合线构造，岩心较为破碎。

表 5.2　恒源煤矿地面钻孔揭露太灰岩溶裂隙描述

孔号	层位	岩溶发育深度/m	岩溶发育程度
水 10	四灰	400.27	裂隙较发育，见缝合线
	五灰	414.19	裂隙较发育充填方解石，小溶洞发育
水 7	一灰	427.40	方解石充填垂直裂隙
	二灰	434.61	细小垂直裂隙发育
水 4	一灰	346.10	有少量细小裂隙发育，有的被方解石脉充填
	四灰	362.25	裂隙较发育
16-5	一灰	605.07	裂隙较发育，被方解石充填
	二灰	620.00	裂隙较发育，被方解石充填，有溶洞发育
17-2	四灰	803.65	发育小溶洞
95-4	一灰	485.10	裂隙发育，方解石充填
	三灰	506.45	发育有溶隙
水 17	一灰	735.39	裂隙不发育，局部有小溶洞
水 5	一灰	484.20	有细小裂隙被方解石充填
	四灰	523.60	裂隙发育见小溶孔
G4	一灰	415.35	大量裂隙发育，被方解石充填
03-1	一灰	628.40	少量裂隙充填方解石脉
	三灰	638.47	一组垂直裂隙发育
10 补 1	三灰	799.80	裂隙发育且见缝合线和小溶孔
15-4	一灰	779.38	局部见一组陡倾斜裂隙，有溶蚀现象
	三灰	796.29	陡倾斜裂隙较发育
	四灰	806.24	裂隙发育，见溶蚀现象
10 补 2	三灰	782.72	裂隙率30%，见溶蚀现象
	四灰	792.52	裂隙发育，见溶蚀现象

　　综上所述，钻孔揭露的太灰上段灰岩大都见地下水侵蚀的痕迹以及小溶洞的发育，钻孔揭露灰岩在 800m 深度处依然可见溶蚀的痕迹，由此可以推断太原组上段灰岩岩溶较发育，具有一定的赋水空间和富水性。

　　在井田地质勘探与矿井补勘期间，对太灰上段灰岩层位进行了流量测井试验，结果见表 5.3。由表 5.3 可以看出，一~四灰渗透系数普遍较大，说明一~四灰岩溶裂隙发育，水动力条件好。同时，数值相差较大，表明太原组上段灰岩具有富水性非均一性的特点，这一结果也表明了研究区 6 煤层开采底板水害以工作面为单元的探查工作的必要性。

表 5.3　恒源煤矿太灰上段流量测井结果汇总表

孔号	渗透系数/(m/d)	埋深平均值/m	层位
水 4	9.12	352.10	三灰

孔号	渗透系数/(m/d)	埋深平均值/m	层位
水 5	43.50	491.20	一灰
水 7	1.22	443.00	三灰

5.4　基于底板改造成孔与注浆信息的太原组灰岩岩溶含水层结构评价

为了评价太原组灰岩岩溶裂隙发育情况及其空间结构特征，对恒源煤矿已实施的底板加固和改造工作面成孔与注浆资料进行了系统收集、整理和分析，并分别以工作面、工作面钻窝、单孔等为单位，对灰岩出水量、注浆量等参数进行了统计，编制了各参数分布特征及其相关性趋势图，从而得出太原组上段灰岩岩溶发育特征，在此基础上对太原组上段灰岩岩溶含水层空间结构类型进行了划分。

5.4.1　太原组灰岩上段各层灰岩出水特征

对恒源煤矿各工作面底板注浆成孔钻孔出水情况进行了统计，结果见表 5.4，主要特征如下。

1) 出水孔数及出水孔率

恒源煤矿现已实施底板改造工作面 9 个，钻孔揭露太灰层位主要为一~三灰。揭露一灰钻孔 535 个，出水孔 107 个，出水孔率为 20%；揭露二灰钻孔 512 个，出水孔 381 个，出水孔率为 74.4%；揭露三灰钻孔 131 个，出水孔 131 个，出水孔率为 100%。

从出水孔率来看，一灰<二灰<三灰，表现为三灰岩溶较发育，富水性较好。

2) 出水量

底板改造的 9 个工作面中，一灰单孔出水量 0~140m³/h，单孔平均出水量 2.2m³/h，出水孔单孔平均出水量 11.1m³/h；以各面统计，单孔平均出水量 0.3~6.4m³/h，出水孔单孔平均出水量 2.8~35.1m³/h；二灰单孔出水量 0~140m³/h，单孔平均出水量 10.7m³/h，出水孔单孔平均出水量 14.4m³/h；以各面统计，单孔平均出水量 1.6~42.7m³/h，出水孔单孔平均出水量 3.5~42.6m³/h；三灰单孔出水量 0~130m³/h，单孔平均出水量 24m³/h，出水孔单孔平均出水量 24m³/h；以各面统计，单孔平均出水量 20~70m³/h，出水孔单孔平均出水量 20~70m³/h。

由一灰至三灰，单孔平均出水量逐渐增加，出水孔平均出水量也相对增加，反映三灰富水性较强，一、二灰富水性相对较弱，且不均一。

3) 同层灰岩出水量对比

同一层灰岩，不同面或同一面不同位置，其钻孔出水量存在较大差异，Ⅱ613~Ⅱ619等 4 个面钻孔灰岩出水量较大，见表 5.4。

表 5.4　恒源煤矿各工作面注浆成孔钻孔出水情况统计表

工作面名称	一灰							二灰							三灰						
	钻孔数/个	出水孔数/个	出水孔率/%	出水量/(m³/h)				钻孔数/个	出水孔数/个	出水孔率/%	出水量/(m³/h)				钻孔数/个	出水孔数/个	出水孔率/%	出水量/(m³/h)			
				最小	最大	出水孔单孔平均	单孔平均				最小	最大	出水孔单孔平均	单孔平均				最小	最大	出水孔单孔平均	单孔平均
II627	55	5	9.1	2	5	2.8	0.3	53	53	100	0	20	3.5	3.5							
II613	22	4	18.2	0.5	80	35.1	6.4	18	18	100	0.5	140	42.6	42.7							
II615	36	19	52.8	0.5	40	11.6	6.1	30	30	100	0.5	74	21	21							
II617	75	2	2.7	0	30	28	0.7	73	53	72.6	0	100	24.5	17.8	4	4	100	5	80	28.8	28.8
II619	108	4	3.7	2	12	8.5	0.3	108	75	69.4	0	100	11.3	7.9	3	3	100	60	80	70	70
II628	35	10	28.6	1	20	8.4	2.4	33	32	97	1	65	11.1	10.7							
II6111	42	13	31	1	20	6.5	2	41	30	73.2	1	100	19.7	14.4	26	26	100	1	120	30.8	30.8
II6112	83	25	30.1	0.5	20	4.1	1.2	81	28	34.6	0.5	30	4.6	1.6	74	74	100	0	40	20	20
II6117	79	25	31.6	0.5	140	18.1	5.7	75	62	82.7	1	50	10.9	9	24	24	100	1	130	22.4	22.4
总体	535	107	20	0	140	11.1	2.2	512	381	74.4	0	140	14.4	10.7	131	131	100	0	130	24	24

4）灰岩出水量与埋深的关系

对各工作面埋深与出水量进行了统计（表 5.5），编制了恒源煤矿各层灰岩钻孔出水量与埋深关系散点图（图 5.7），可以看出，随工作面埋藏深度的增加，钻孔出水量逐渐减小，大致以 600m 为界，水量变化比较明显，工作面单孔最大出水量为 140m³/h。

表 5.5 恒源煤矿工作面各层灰岩单孔平均出水量与埋深关系

工作面	一灰			二灰			三灰		
	埋深 /m	出水孔单孔平均出水量 /(m³/h)	单孔平均出水量 /(m³/h)	埋深 /m	出水孔单孔平均出水量 /(m³/h)	单孔平均出水量 /(m³/h)	埋深 /m	出水孔单孔平均出水量 /(m³/h)	单孔平均出水量 /(m³/h)
Ⅱ627	617.4	2.8	0.3	627.2	3.5	3.5			
Ⅱ613	529.2	35.1	6.4	547.8	42.6	42.7			
Ⅱ615	526.2	11.6	6.1	530	21	21			
Ⅱ617	607.1	28	0.7	617.9	24.5	17.8	641.7	28.8	28.8
Ⅱ619	640.3	8.5	0.3	650.2	11.3	7.9	668.3	70	70
Ⅱ628	636.8	8.4	2.4	648	11.1	10.7			
Ⅱ6111	648.5	6.5	2	655.4	19.7	14.4	663.9	30.8	30.8
Ⅱ6112	653.7	4.1	1.2	663.3	4.6	1.6	674.6	20	20
Ⅱ6117	653.3	18.1	5.7	663.6	10.9	9	686.7	22.4	22.4

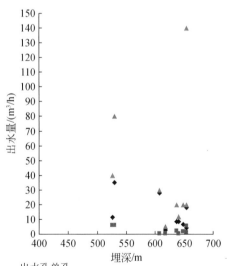

(a) 一灰

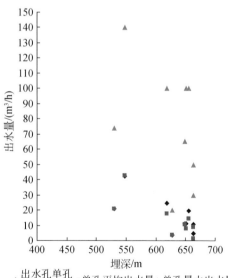

(b) 二灰

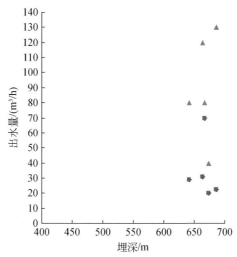

（c）三灰

图 5.7　恒源煤矿各层灰岩钻孔出水量与埋深关系散点图

5.4.2　太原组灰岩上段各层灰岩出水量与注浆量的相关性

根据恒源煤矿每个工作面的所有注浆钻孔在不同灰岩层位的出水量和注浆量，计算出各个工作面不同灰岩层位单孔平均出水量及注浆量，见表 5.6，并编制了恒源煤矿单孔平均出水量与注浆量关系散点图（图 5.8）。

表 5.6　恒源煤矿各工作面单孔平均出水量与注浆量对比表

工作面	出水孔单孔平均出水量/（m³/h）			单孔注浆量/m³		
	一灰	二灰	三灰	一灰	二灰	三灰
Ⅱ613	35.1	42.6	/	13.9	61.4	/
Ⅱ617	28	24.5	28.8	35.9	21.4	53.4
Ⅱ627	2.8	3.5	/	/	18.7	/
Ⅱ628	8.4	11.1	/	172	169.3	/
Ⅱ619	8.5	11.3	70	/	31.9	77.6
Ⅱ6117	18.1	10.9	22.4	120.4	95.2	134.8
Ⅱ6112	4.1	4.6	20	24.2	20.7	45.8

注：表中"/"代表钻孔未揭露该层灰岩。

从表 5.6 和图 5.8 中可以看出，出水孔单孔平均出水量大的钻孔，注浆量也大，两者呈较好的正相关关系。

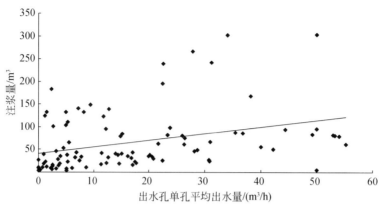

图 5.8　恒源煤矿出水孔单孔平均出水量与注浆量关系散点图

5.4.3　太原组灰岩上段同层灰岩出水孔单孔平均出水量与注浆量随深度变化特征

从每个注浆工作面底板注浆改造成果图中读取主采煤层的平均煤层底板等高线值，结合工作面采前防治水安全评价报告中的一～三灰的平均厚度和 6 煤层～一灰、一～二灰、二～三灰的平均距离，算出每个工作面一～三灰的平均埋深，结合每个工作面不同灰岩层位的单孔平均出水量和注浆量，绘制恒源煤矿太灰上段一～三灰出水孔单孔平均出水量、注浆量随深度变化关系散点图，如图 5.9 所示。

由图 5.9 可以看出，对于同一层灰岩，随着埋藏深度的增加，出水孔单孔平均出水量和注浆量呈现减小的趋势。对于同一层灰岩，成分基本不变，除非在比较大的构造部位灰岩厚度局部会有所变化外，灰岩厚度的变化也很小。浅部比深部的地应力小，构造裂隙比深部的张开度大，在其他条件变化不大时有利于岩溶的发育，使得浅部比深部的灰岩出水量和注浆量大。

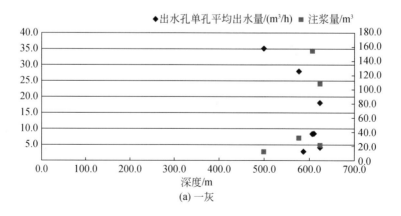

(a) 一灰

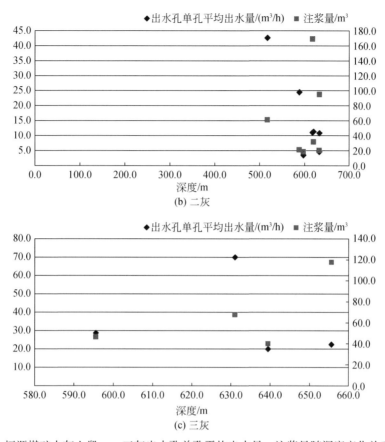

图 5.9　恒源煤矿太灰上段一～三灰出水孔单孔平均出水量、注浆量随深度变化关系散点图

5.4.4　注浆钻窝出水量与注浆量分布特征

在各个工作面底板注浆改造成果图上，以钻窝为单位，用矩形框包围同一个钻窝里面的所有注浆钻孔，取矩形框对角线交点的坐标代表钻窝的坐标。根据各个工作面注浆效果评价报告以及底板注浆改造成果图中关于出水量和注浆量的数据资料，统计计算了每个钻窝所有注浆钻孔的出水量和注浆量的总和、出水孔单孔平均出水量与注浆量、单孔最大出水量与单位体积注浆量，分别绘制了矿井各个工作面各个注浆钻窝总出水量与总注浆量分布趋势图、出水孔单孔平均出水量与单孔平均注浆量分布趋势图和单孔最大出水量与单位体积注浆量分布趋势图等，其分布特征分述如下。

1）各个工作面各个注浆钻窝总出水量与总注浆量分布特征

矿井各个工作面各个注浆钻窝总出水量与总注浆量分布趋势如图 5.10 所示。

从图 5.10 可以看出，出水量和注浆量的分布趋势基本上一致，出水量大的区域注浆量也大，只是具体部位不是完全一致；出水量最大值位于Ⅱ6112 工作面的北边以及Ⅱ613工作面的南边，而注浆量最大值位于Ⅱ628 工作面的西北边以及Ⅱ615 工作面的北边；总出水量最大值为 423m³/h，总注浆量的最大值为 1813m³。

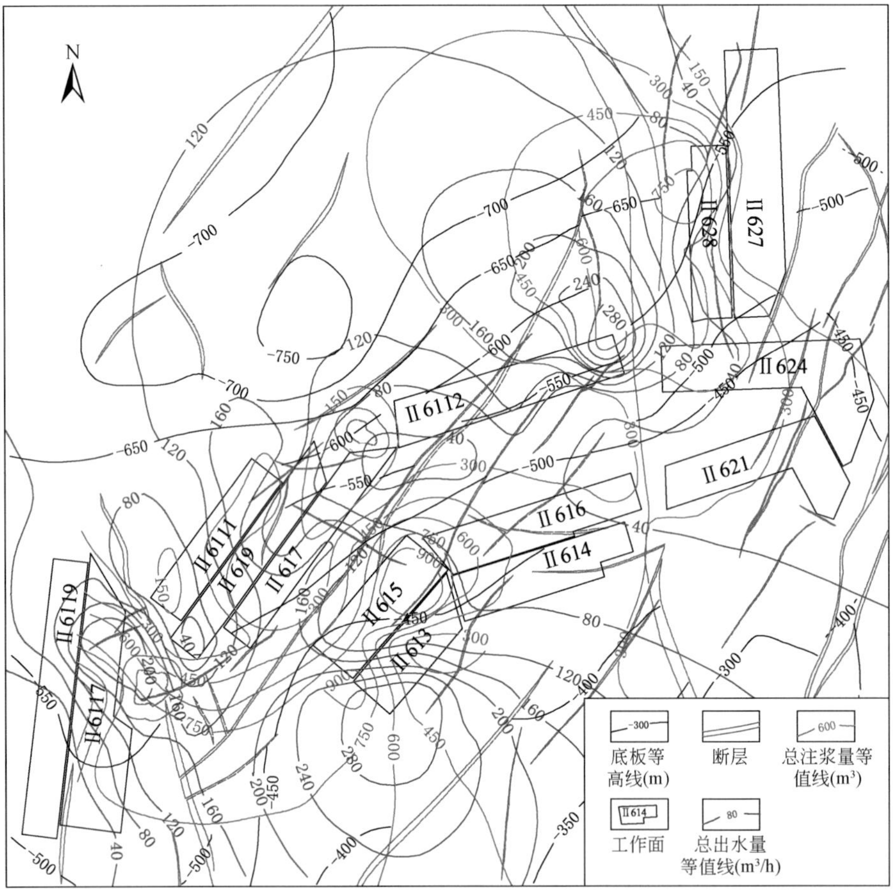

图 5.10 恒源煤矿各注浆钻窝总出水量与总注浆量分布趋势图

2）各注浆钻窝单孔平均出水量与单孔平均注浆量分布特征

依据各个工作面注浆效果评价报告以及底板注浆改造成果图中关于出水量和注浆量的数据资料，统计每个钻窝所有注浆钻孔的总数，并计算出水量和注浆量的总和，然后计算出每个钻窝单孔平均出水量和单孔平均注浆量，绘制等值线图，如图 5.11 所示。

从图 5.11 可以看出，单孔平均出水量和单孔平均注浆量的分布趋势也基本上一致，只是具体位置存在差异；单孔平均出水量最大值为 55m³/h，单孔平均注浆量的最大值为 304m³；

恒源煤矿单孔平均出水量的最大区域有三部分，分别为 Ⅱ6112 工作面的东北边、Ⅱ6111 工作面的北边以及 Ⅱ613 工作面的南边，单孔平均注浆量的最大区域有四部分，分别为 Ⅱ628 西北边、Ⅱ615 工作面内、Ⅱ613 和 Ⅱ615 工作面的南边以及 Ⅱ6117 工作面的东南边。

3）各注浆钻窝单孔最大出水量与单位体积注浆量分布特征

根据各个工作面注浆效果评价报告以及底板注浆改造成果图中关于出水量和注浆量的

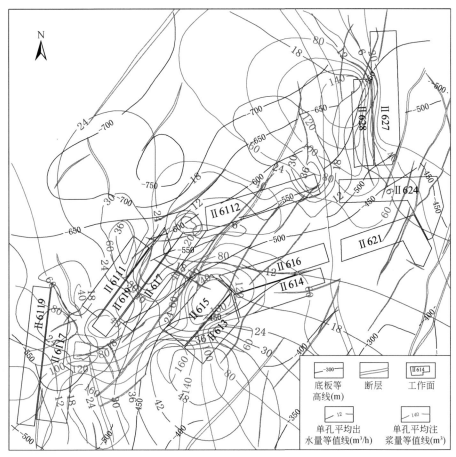

图 5.11　恒源煤矿各注浆钻窝单孔平均出水量与单孔平均注浆量等值线图

数据资料，统计每个钻窝所有注浆钻孔中最大的出水量。统计终孔至不同灰岩层位的钻孔个数、灰岩的厚度值以及注浆量总和，根据各个工作面的设计注浆扩散半径计算各个注浆钻孔在不同终孔灰岩层位的扩散面积，结合灰岩厚度值计算不同灰岩层位的注浆扩散体积，结合不同灰岩层位所有注浆钻孔的注浆量计算单位体积注浆量，绘制等值线图，如图 5.12 所示。

从图 5.12 可以看出，由于出水量和注浆量的统计指标不同，所以单孔最大出水量和单位体积注浆量的分布趋势近似一致，但没有总出水量与总注浆量的分布趋势和单孔平均出水量与单孔平均注浆量的分布趋势一致性明显。恒源矿的单孔最大出水量最大值为 $150m^3/h$，单位体积注浆量的最大值为 $0.042m^3$。

恒源煤矿单孔最大出水量最大值的区域有四部分，分别是 II 6112 工作面的中部和东北边、II 619 工作面的中部、II 6117 工作面的北边及 II 613 工作面的南边，单位体积注浆量的最大值区域也有四部分，分别是 II 628 工作面的西边、II 6117 工作面中部的东边、II 613 和 II 615 工作面的北边及南边。

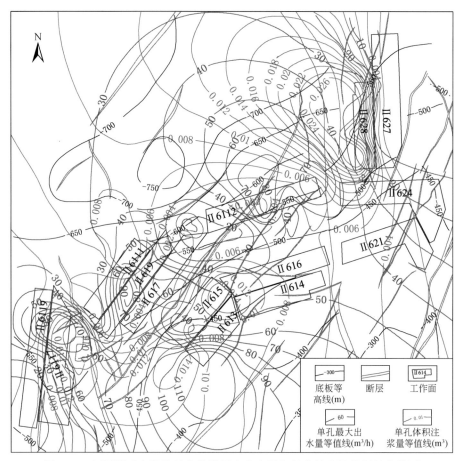

图 5.12　恒源煤矿各注浆钻窝单孔最大出水量与单位体积注浆量等值线图

5.4.5　太灰岩溶含水介质空间结构类型

近年来，煤矿开采深度日益增加，位于矿井深部煤层底板之下的高承压、强富水岩溶含水层一直是煤矿安全开采研究的热点问题。从皖北矿区实际开采工作中发现，由于太原组灰岩岩溶含水层富水性强且距离煤层底板较近，以及底板采动效应或地质构造等影响，很容易发生底板突水灾害。目前皖北矿区各矿建立地面注浆站，对下组煤底板进行注浆加固与太灰上段岩溶含水层改造，以应对底板岩溶突水的威胁。但由于对太灰岩溶含水层介质空间结构认识不清，实际操作中底板注浆具有普遍盲目性，工期长，成本高，注浆效果不理想（周盛全，2015；郑晨，2015）。岩溶含水层结构特征控制着注浆过程中浆液密度与扩散半径，进而影响注浆整体效果，因此对煤矿岩溶含水层介质空间结构特征研究极为必要。

1）分类现状

由于岩溶含水层岩性在垂向上变化很大，易溶岩与难溶岩交替出现，从而出现了岩溶发育的层位性。易溶岩的埋藏深度对岩溶的发育强度起到明显的控制作用，一般规律是随着埋深的增加岩溶发育强度减弱（张民庆等，2006）。

对岩溶发育程度分类和灰岩富水性定量评价等方面，已有人做过相关研究。赵本肖和常明华（2007）认为，受地形地貌、埋藏条件、构造及水动力条件的控制，在掩盖区岩溶水、地表水及第四系孔隙水交替强烈地带，构造复合部位、背斜轴部及倾伏端，易溶岩与岩浆岩接触带等岩溶较为发育，并根据对峰峰矿区100余个钻孔抽水资料的分析，认为在埋深标高±0m以上为强岩溶带，标高在−200～±0m为中等岩溶带，−500～−200m为弱岩溶带，−500m以深为极弱岩溶带（表5.7）。同时依照岩溶水系统的划分原则，将邯峰矿区岩溶水划分为三个系统：黑龙洞、白龙洞、紫泉岩溶水系统。根据系统内岩溶水补径排条件、岩溶发育程度、钻孔单位涌水量、单井涌水量及岩溶裸露的状态等，将富水性分为四个区（表5.8）。

表5.7 岩溶垂向发育特征分带（赵本肖和常明华，2007）

岩溶发育垂直分带	标高/m	岩溶形态	岩溶发育情况			
			钻孔见洞率/%	岩溶全充填百分率/%	单孔溶隙点率/(个/孔)	孔洞发育率占总数百分比/%
强	±0～水位下	以溶洞、溶隙孔洞为主	18.8	9～24	3.4	30
中等	−200～±0	以溶隙孔洞为主，断裂带、背斜轴有溶洞发育	6.2	24～54	2.2	2.5
弱	−500～−200	少量溶隙、溶洞发育	0	54～66	0.57	0
极弱	−500以深	溶隙不发育，多为全充填	0	66以上	0	0

表5.8 黑龙洞泉岩溶水系统富水性分区（赵本肖和常明华，2007）

富水性分区	单井涌水量 $Q/(m^2/d)$	钻孔单位涌水量 $q/[L/(s \cdot m)]$	标高/m	层位
极强（Ⅰ）	>3000	>10.00	>±0	中奥陶统厚层灰岩
强（Ⅱ）	1000～3000	1.00～10.00	−350～±0	中奥陶统厚层灰岩
中等（Ⅲ）	200～1000	0.10～1.00	−500～−350	下奥陶统、上寒武统石灰岩、白云岩
弱（Ⅳ）	<200	<0.10	<−500	西部裸露区寒武系鲕状灰岩、白云岩，东部深埋区中、下奥陶统厚层石灰岩、白云岩

从总体上看，这些岩溶发育分带具有以下特点：

（1）岩溶发育具有垂直分带性是岩溶发育的主要规律之一。

（2）在上述岩溶发育分带中，有的以地下水压力和岩层压力的大小为依据，有的以地下水的运动方式为依据，还有的以岩溶发育的程度为依据。这些分带方式反映了各自的目的、用途和认识问题角度的不同。

（3）在所有的分带中，分带名称都能较好地表达分带的目的和各个带的基本特点。但是，同一类型的分带的多少和分带的名称并不统一。

（4）一个完善的分带方案应当有分带的依据和分带标准。前述岩溶发育垂直分带主要是对岩溶发育分带特征的客观描述，而不是严格意义上的分带。进行岩溶发育的垂直分带必须要有分带的依据和分带的划分尺度，即划分标准。熊道锟参照周春光和龚玉红（1996）、李世柏和曹卫东（2012）、王禹等（2011）、王家骏（1992）等描述的岩溶发育程度垂直分带特征与各指标的特征值，以及铁道部第二勘测设计院提出的岩溶发育程度等级及其指标（铁道部第二勘测设计院，1984）（表5.9），确定岩溶发育强度等级及划分标准（熊道锟和傅荣华，2005），见表5.10。

表 5.9　岩溶发育程度等级及其指标（铁道部第二勘测设计院，1984）

岩溶发育程度	岩溶层组	岩溶现象	岩溶密度/(个/km²)	最大泉流量/(L/s)	钻孔岩溶率/%
极强	厚层块状灰岩及白云质灰岩	地表及地下岩溶形态均很发育，地表有大型溶洞，地下有大规模的暗河或暗河系，以管道水为主	>15	>50	>10
强烈	中厚层灰岩夹白云岩	地表有溶洞、落水洞、漏斗、洼地密集；地下有规模较小的暗河，以管道水为主，兼有裂隙水	5～15	10～50	5～10
中等	中薄层灰岩、白云岩与不纯碳酸盐岩或碎屑岩呈互层或夹层	地表有小规模的溶洞，较多的落水洞、漏斗，地下发育裂隙状暗河，以裂隙水为主	1～5	5～10	2～5
微弱	不纯碳酸盐岩与碎屑岩呈互层或夹层	地表及地下多以溶隙为主，有少数落水洞、漏斗和岩溶泉，发育以裂隙水为主的多层含水层	<1	<5	<2

表 5.10　岩溶发育强度等级及划分标准（熊道锟和傅荣华，2005）

岩溶发育强度	定量指标			定性指标		
	钻孔岩溶率/%	溶洞规模/m	涌（漏）水量/(L/s)	岩组特征	地质构造特征	地下水运动特征
强烈	>5	>5	>1.0	中厚层灰岩、白云质灰岩及白云岩	断裂带、褶皱轴部	垂直循环带、交替循环带及水平循环带上部
中等	2～5	1～5	0.1～1.0	中薄层灰岩、白云岩与不纯碳酸盐或碎屑岩互层或夹层	断裂影响带、陡倾岩层	水平循环带下部
微弱	<2	<1	<0.1	不纯碳酸盐或碎屑岩呈互层或夹层	平缓岩层	深部循环带

杨勇（2001）通过脉冲试验，采用测站脉冲响应曲线及流量衰减曲线分析，对贵州普定后寨河流域含水介质结构进行了研究。研究结果表明，后寨河流域主要发育有溶隙-溶管网络、较单一溶管以及溶隙网络三种含水介质结构，而且以溶隙、溶孔为主，其占含水介质体积的比率可达83.1%～96.9%，而岩溶管道含水介质则只有3.1%～16.8%。不同含水介

第6章　底板高承压岩溶水体上煤层开采疏水降压控水技术

6.1　带压开采评价

煤层底板突水是指在开采条件下，承压水沿底板隔水层中的通道涌入矿井，造成水害事故，是一种工程动力地质作用，是一种地质灾害。为了预测煤层底板突水，国内外学者进行了大量的试验和研究，提出了很多理论和学说，包括早期的底板安全水压理论（布雷迪和布朗，1990）及后期的岩体临界强度理论（Faria and Bieniawsik，1989）、突水系数理论（郭维嘉和刘杨贤，1989）、相对隔水层厚度法（Kesseru，1982）、"岩水应力关系"（李抗抗和王成绪，1997）、板模型理论（张金才和刘天泉，1990）、"强渗通道"（许学汉和王杰，1992）、"下三带"理论（沈光寒等，1992）、原位张裂与零位破坏理论（王作宇和刘鸿泉，1993）、关键层理论（黎良杰，1995）等，其中突水系数理论得到广泛应用（阎海珠，1998；段水云，2003；沙雨勤和周保东，2007；马培智，2005），对评价和预测煤矿底板突水起到了积极作用。

1）带压开采的含义

带水压开采（简称带压开采，又称承压水上开采）主要是指采掘工程（采煤工作面和掘进巷道等）位于煤层底板含水层的承压水位以下的一种作业状态。图6.1中，ABC 代表上组煤，DEF 代表下组煤，下组煤的 DE 部分处于太灰承压水位以下，因此是带压开采，而上组煤的全部和下组煤的 EF 部分（矿井浅部）位于太灰承压水位以上，是非带压开采。我国北方的许多矿区，如淮北的恒源煤矿和朱庄煤矿，淮南的潘北煤矿情况大体如此。

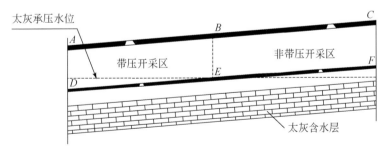

图 6.1　带压开采和非带压开采示意图

目前评价带压区内掘进巷道和回采工作面底板突水危险程度最常用的方法是突水系数法和斯列萨列夫公式。对于巷道或沿地层倾向跨度小的采掘空间可采用斯列萨列夫公式来评价（房佩贤等，1987；郑世书等，1999）。斯列萨列夫公式的推导是以两端固定承受均布荷载的简化力学模型为基础的，而对于斜长较大的回采工作面，倾向方向承受的压力不是均布荷载而是梯形荷载，因此在评价其底板突水危险程度时一般不采用斯列萨列夫公式，而是采用突水系数方法。

2）突水系数与临界突水系数

突水系数是指煤层底板单位隔水层厚度所承受的水压力，它是带压开采条件下衡量煤层底板突水危险程度的定量指标。煤炭工业部组织有关部门技术人员于 1964 年在焦作水文"会战"时首次提出，将突水系数用于作为突水预测预报的标准，并以焦作矿区矿井突水资料为基础，经综合分析研究全国煤矿底板突水的经验，提出了如下突水系数计算公式：

$$T = \frac{P}{M} \tag{6.1}$$

式中，T 为突水系数，MPa/m；P 为底板隔水层承受的水压力，MPa；M 为底板隔水层厚度，m。

由式（6.1）可以看出，突水系数越大，煤层底板突水的危险性越大。

采用突水系数预测煤层底板突水的关键问题是确定临界突水系数 T_s。临界突水系数 T_s 定义为单位隔水层厚度所能承受的最大水压力。如果计算的突水系数 T 小于或等于临界突水系数 T_s，即 $T \leq T_s$，说明底板一般不会突水；如果 $T > T_s$，说明底板可能突水。临界突水系数是对矿区大量突水资料统计分析得到的。表 6.1 为焦作水文"会战"时对几个矿区突水资料统计分析得出的临界突水系数。

表 6.1　某些矿区临界突水系数

矿区	临界突水系数 T_s/（MPa/m）
峰峰、邯郸	0.066 ~ 0.076
焦作	0.060 ~ 0.100
淄博	0.060 ~ 0.140
井陉	0.060 ~ 0.150

应当注意，表 6.1 中的临界突水系数是利用式（6.1）计算统计分析上述几个矿区的实际突水资料得到的，因此现在常用的临界突水系数 0.06MPa/m、0.1MPa/m 或 0.15MPa/m 的应用受上述条件限制。在其他具有较多突水资料的矿区，应通过计算统计分析，确定自己的临界突水系数（阎海珠，1998；房佩贤等，1987）。在缺少实际突水资料的矿区，可以参考使用表 6.1 中的临界突水系数，但应综合考虑底板隔水层的岩性及其组合、物理力学性质、开采条件等（郑世书等，1999）。

20 世纪 70 年代煤炭科学研究总院西安分院等单位考虑采矿对底板破坏的影响，对式（6.1）进行了修正，提出了以下突水系数计算公式：

$$T = \frac{P}{M - C_p} \tag{6.2}$$

式中，C_p 为采矿对底板隔水层的扰动破坏厚度，m，在无测资料的情况下，炮采工作面一般取 12m，综采工作面一般取 15m；其他符号同前。

续表

工作面名称	回采时间	走向长/m	倾向宽/m	埋深/m	水压/MPa	所处背、向斜部位、断层	隔水层厚度/m	突水系数 $T/(MPa/m)$	水文地质条件
636	2003年	480	120		1.08	单斜，厚度1~3.47m的断层8条	57	0.024	留50m断层煤柱，水文地质条件简单
658	2003年5月	532	200	203~259		单斜，厚度0.3~2m的断层11条	58		水文地质条件简单，太灰水压小
6513	2000年3月	840	130		3.90	宽缓向斜，厚度0.3~9m的断层5条	56	0.088	水文地质条件复杂，可能突水，水头高
654	2000年11月			284~295.3		厚度1.9~1.9m的断层6条	55		水压小，无大断层，太灰水不构成危险
632	2000年7月			370~450	2.97	厚度0.2~12m的断层13条	53	0.072	水文地质条件较复杂
622	1998年11月	800	150		2.58	单斜，厚度0.5~5m的断层8条	57	0.057	含水丰富，水压大，岩溶发育连通性好
6514	2006年4月	840	180	451~500	2.58	宽缓向斜，厚度1.7~10m的断层8条	51.9	0.065	不易突水，水文地质条件简单
681	2005年7月	570	157	245~375	2.00	土楼背斜中段西翼及轴部，厚度>5m的断层3条	48.9	0.045	水文地质条件简单，构造区也不易突水
681里段	2005年	119	275	320~336	0.95	土楼背斜东翼及轴部，厚度0.8~0.85m的断层2条	48.8	0.026	处于构造裂隙区，有灰岩突水可能
682	2007年	405	123	305~338	1.15	土楼背斜中段及轴部，厚度0.5~7m的断层7条	48.8	0.033	处于构造裂隙区，有灰岩突水可能
684	2009年	361	101	349~371	1.37	土楼背斜西翼，厚度0.9~5m的断层12条	61.2	0.035	处于构造裂隙区，有灰岩突水可能

　　然而，于2001年，刘桥一矿在6煤层带压开采过程中曾发生了Ⅱ623和Ⅱ626两个工作面底板突水事故（甘圣丰，2005），突水量最大分别达375m³/h和210m³/h，造成工作面被淹。两工作面基本特征见表6.3。从中可以看出：①地质构造条件复杂，两工作面皆位于NWW向构造带内，含、隔水层裂隙异常发育，断层的存在导致底板采动破坏深度加大；②水压力较大，两工作面底板承受4.4MPa和4.0MPa的水压，且含水层富水性较强，有突水的水源存在；③两工作面突水系数分别为0.094MPa/m和0.098MPa/m，已大大超过带压开采允许的临界突水系数，非控水的正常带压开采已不能保证工作面回采的安全。

表6.3　两工作面突水水文地质条件

工作面编号	走向长/m	倾向宽/m	标高/m	水压/MPa	构造情况	隔水层厚/m	突水系数/(MPa/m)	突水时间(年/月)	突水水量/(m³/h)
Ⅱ623	350	150	−537~−472	4.4	NWW向构造带内，底板裂隙异常发育	54	0.094	2001/3	375
Ⅱ626	560	120	−550~−491	3.5	NWW向构造带内，底板裂隙异常发育	56	0.098	2001/8	210

　　恒源煤矿与刘桥一矿相邻，两者地质和水文地质条件相似。据统计，恒源煤矿二水平以下太灰水压均大于3.0MPa，突水系数均大于0.080MPa/m，太灰水压高，存在较大的突水威胁。因此，为了预防恒源煤矿深部6煤层底板高承压岩溶水溃入矿井，确保6煤层回采的安全，恒源煤矿在矿井（采区或工作面）水文地质条件探查的基础上，对带压开采条件进行了系统评价，针对不同的水害威胁程度，分别采用疏水降压或底板注浆改造技术，实施控水条件下的安全带压开采。本章介绍疏水降压控水技术。

6.2　疏水降压控水技术适用条件

6.2.1　疏水降压控水技术含义

1）基本概念

　　皖北矿区的生产实践表明，只有在地质条件相对简单、水压相对小的区域比较适合采用非疏水正常带压开采，因此非控水带压开采不能完全满足安全生产的要求。为此，皖北矿区采用疏水降压控水技术进行了大量承压水上煤层开采的生产实践（尹纯刚等，2002；黄大兴和王永功，2005）。

　　从突水系数理论出发，当$T>T_s$时，则存在可能突水的危险性，减小底板承受灰岩水压力P是降低突水可能的途径之一，通常可采用疏水降压的方法，通过相关水文地质试验确定疏降水量和放水孔数量，利用井下放水孔不断放水，从而降低水头压力，将底板隔水层所承受的水头压力限定在安全水头值范围内，以保障安全开采。这种水害防治措施称为疏水降压控水技术。

　　2）疏水降压条件下地下水的均衡（王新军等，2012）

　　按照地下水循环和水量均衡原理，地下水资源由补给量、储存量和排泄（消耗）量三

6.2.2　疏水降压控水技术的水文工程地质条件分析

1) 恒源煤矿底板含水层具备可疏性

(1) 地处相对封闭的水文地质单元。由前所述，各矿四周均有较大断层阻隔，这些大的断裂均具有一定的隔水能力，使得矿区太灰水处于一个孤立的、较为封闭的水文地质小区。

(2) 矿区内次一级构造展布受矿区四周大的断裂控制，断裂均具有一定的隔水能力，形成多级次的封闭的水文地质块段。太原组上段水化学类型具有多类型的特征，进一步说明了矿区太原组上段含水层是一个由若干个相对独立的水体组成的，有利于进行矿区分区治理。

(3) 太灰水最大可能补给源是奥灰与松散层底部孔隙水，但根据井下放水试验以及长观孔水位数据表明，太灰水和奥灰水无明显水力联系。加之无导水陷落柱的存在，使奥灰与太灰水联系微弱。上部含水层没有得到奥灰水的补给，有利于上部含水层疏放。

松散层底含水性较弱（其中刘桥一矿和恒源煤矿底含不发育），以及三隔的存在使其以上的地表水和一、二、三含与底含水及煤系水失去水力联系，这些条件都为疏放提供有利条件。

(4) 根据井下探放水孔显示，太原组上段一灰和二灰厚度较小，难以形成大的储水系统，且富水性较差、岩溶不甚发育，易于分层疏降；另外太原组上段含水岩组富水与构造有关，存在不均一性，且有相对富水区，有利于集中布孔疏放。

2) 底板采动破坏深度特征研究

底板采动破坏降低了隔水层的厚度，是引发底板突水的关键因素之一。在底板高承压岩溶水害疏水降压控水开采中，主要影响有：

(1) 底板采动破坏深度值的认定直接影响突水系数、安全水头值的计算。如果底板采动破坏深度测试不准确，会导致突水系数值和安全水头值计算产生比较大的误差。例如，若安全水头值计算偏大，导致疏水水量过多，增加开采成本；反之，则增加突水危险性，后果不堪设想。刘桥一矿、恒源煤矿曾对 6 煤层开采进行底板采动破坏深度实测研究，取得了一定的成果，可以给其他矿区提供借鉴。

(2) 底板采动破坏极易沟通断裂带，形成突水通道。

由此可见，研究底板采动破坏深度特征对疏水降压控水开采具有非常重要的影响，必须作为考察是否选择该方法治理底板高承压水害的关键水文地质工程地质条件之一。

6.3　疏水降压方案设计要点

1. 疏水降压方案设计前提条件

(1) 底板含水层要具备可疏性，即含水层富水性不强，连通性好；与其他含水层水力联系弱。因此在采煤之前必须对一～四灰、奥灰以及松散层底部含水层进行定期系统观测，掌握其水位变化规律。利用井下探放水孔揭露查明太灰上段一～四灰单层灰岩的涌水量、灰岩厚度、水压观测；查明太灰上段各单层灰岩的富水性特征，为一、二灰及三、四灰两个含水层组的评价、划分提供可靠资料。

（2）对太灰上段一～四灰含水组进行放水试验，对太灰与奥灰以及松散层底部含水层进行连通性试验。查明太灰上段的补径排条件、一～四灰含水层组水力联系程度、太灰与奥灰以及松散层底含的联系程度。

（3）根据水压水量实测值、隔水层厚度、底板采动破坏深度进行底板突水危险性评价，计算一、二灰疏水降压的安全水头值，为预计太灰上段疏水降压水量值提供依据。

2. 疏水降压方案设计要点

疏水降压工程的不同布设，会对疏降压效果带来极大的影响。疏降工程的目标是通过尽可能少的工程量及尽可能小的疏排水量来实现特定区域地下水位疏降至安全水头，即疏水降压工程优化问题。具体设计要点如下：

1）疏降水位和疏降时间确定

根据突水系数差值及有效底隔厚度计算所要疏降的水位值，在规定的时间内（由工作面回采时间倒推）对工作面底板进行有效疏水降压，疏水层位为太原组一～四灰，将采前的突水系数降到 0.050MPa/m 以下。

2）疏放水量的确定

恒源煤矿主要采用解析法（井流公式法）和数值模拟法确定。具体计算方法见 6.4.2 节工程应用实例。

3）疏放孔位的确定

疏放孔位一般布置在准备大巷中，便于排水，并尽量分布在工作面四周，孔口安装流量仪，对放水量进行计量，并通过观测孔了解工作面底板带压情况。

6.4　疏水降压控水技术实施过程与效果评价
——以恒源煤矿 II 614 工作面疏水降压控水技术为例

6.4.1　疏放水方案设计与实施

1. 设计目的与要求

恒源煤矿 II 614 工作面为该矿二水平第一个回采工作面，回采时间为 2005 年。该面 6 煤层底～一灰顶间距为 41.4～54.5m，平均为 47.57m，一灰上覆海相泥岩厚 9.7～25.1m，平均厚 18.5m。工作面承受的灰岩水压为 2.97MPa，据探测，回采中底板破坏深度为 14.9m，底板灰岩水的突水系数为 0.0112～0.075MPa/m，平均为 0.091MPa/m［当时依据《矿井水文地质规程》（试行）（煤炭工业部，1984）］，而据皖北煤电集团有限责任公司《矿井防治水工作实施细则》要求，6 煤层工作面防治水工作应达到：工作面回采时，正常开采地段突水系数小于 0.070MPa/m，底板构造破坏带突水系数小于 0.050MPa/m 或通过注浆加固后突水系数不大于 0.070MPa/m。因此研究区底板灰岩水的突水系数大于临界值，存在突水危险性，所以应对工作面进行疏水降压。建议施工疏放孔，进行疏水降压，施工的目的层为一～四灰，并将疏放孔用作供水孔，实行疏供结合，减少排水费用，降低水资源的浪费。

根据相邻矿井开采突水情况，正常区段经适当疏放可以安全回采，在构造区段或裂隙发育段及灰岩导升较高地段，底板灰岩含水层较易突水，因此需要进行局部注浆加固，实行疏固结合，以减少疏放水量，节约疏放时间，避免生产接替紧张局面。

初放时，对长观孔进行水位观测，按放水试验要求进行，目的是：①观测放水量、放水时间与水位降的关系；②了解太灰与奥灰之间有无水力联系。

2. 疏放水方案设计

1) 放水孔数量与位置

疏放水效果的好坏和疏降的位置有关，而位置的选择取决于底板的结构、构造状态和受力状态（葛家德和王经明，2007）。

经底板的结构和构造探查，现已知道在断层 FⅡ614-4 和 FⅡ61-1 的尖灭端和结合部裂隙发育，底板的完整性差，虽然已经做了注浆加固，但其强度和阻水性仍不及正常底板，因此该处是疏水降压点。

底板的疏水降压点可以根据力学分析法确定。底板的受力状态可用底板关键层模型加以分析。关键层的受力状态如图 6.4 所示（钱鸣高等，2003），最大挠度、最大应力如下式所示：

$$W_{max} = \frac{16q_0 a^4}{\pi^4 D\left(3 + 2\dfrac{a^2}{b^2} + 2\dfrac{a^4}{b^4}\right)} \tag{6.4}$$

$$\sigma_{xmax} = \frac{12q_0 a^2\left(1 + \dfrac{a^2}{b^2}\mu\right)}{\pi^2 t^2\left(3 + 2\dfrac{a^2}{b^2} + \dfrac{a^4}{b^4}\right)} \tag{6.5}$$

$$\sigma_{ymax} = \frac{12q_0 a^2 \cdot \dfrac{a^2}{b^2}(1 + \mu)}{\pi^2 t^2\left(3 + 2\dfrac{a^2}{b^2} + \dfrac{a^4}{b^4}\right)} \tag{6.6}$$

$$\tau_{xymax} = \pm\frac{24(1 - \mu)q_0 a^2 \cdot \dfrac{a^2}{b^2}}{\pi^2 t^2\left(3 + 2\dfrac{a^2}{b^2} + \dfrac{a^4}{b^4}\right)} \tag{6.7}$$

式中，W 为挠度；σ 为正应力，Pa；τ 为剪应力，Pa；a 为变形域底板关键层的半宽，m；b 为变形域底板关键层的半长，m；t 为变形域底板关键层的厚度，m；q_0 为水压，MPa；D 为刚度系数；μ 为泊松比。

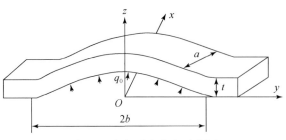

图 6.4　底板受力状态示意图

对于 II 614 工作面，因其有约 10° 倾角，最大应力点约位于工作面下部宽度的 1/3～1/2 处。因此疏干降压孔的终孔位置应落入该区，以使得降落漏斗的中心和最大应力区重合（图 6.5），达到最佳的效果。由式（6.4）～式（6.7）可以看出最大挠度和最大应力都和板的长、宽的平方成正比。显然宽度越大，应力也越大。II 614 工作面在断层 F II 614-4 处变宽，所以该处的应力将大幅度增加，应在该处适当增加疏水降压孔的密度（图 6.6）。

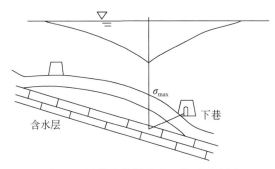

图 6.5　最佳降落漏斗中心位置示意图

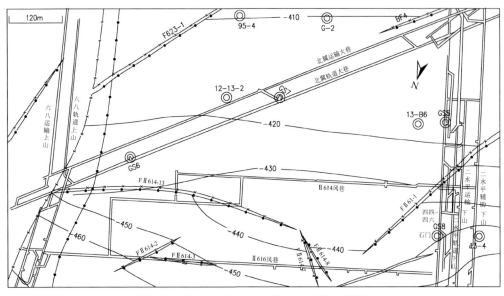

图 6.6　II 614 工作面疏水降压放水孔位置图

根据上述分析结果，本次共施工放水钻孔 3 个，终孔至四灰，位置分别在 II 614 工作面切眼和收作线附近。具体位置是：北翼轨道大巷 30 号点向西 30m（GS6）、四四-四六石门 5 号点（GS5）和北翼轨道大巷 2 号联巷（GS7），如图 6.6 所示。

2）疏降水量与降深计算方法

计算方法采用解析法，井流公式。数学模型为（Theis 公式）

$$
\begin{cases}
S = \dfrac{Q}{4\pi T} W(u) \\[2mm]
W(u) = \displaystyle\int_{u}^{\infty} \dfrac{e^{-y}}{y}\,\mathrm{d}y \\[2mm]
u = \dfrac{r^2 \mu^*}{4Tt}
\end{cases}
\tag{6.8}
$$

式中，S 为疏放降深，m；Q 为疏放水量，m³/h；T 为太灰含水层（L1 ~ L4）导水系数，m²/h；t 为疏放时间，d；r 为计算点距疏降中心距离，m；μ^* 为太灰含水层贮水系数。

将上述计算模型中 $W(u)$ 用无穷级数表示，并舍去较小级数项可得近似应用模型为

$$
S = \frac{Q}{4\pi T} \ln \frac{2.25Tt}{r^2 \mu^*}
\tag{6.9}
$$

3）含水层水文地质参数求解

a. 参数求解原理与计算模型

本次求解含水层太原组灰岩为承压含水层，放水期间放水量、水位处在动态变化中，故用承压含水层井流运动理论来描述。

假设太灰侧向无限延伸，放水前水位相对稳定，由于放水前地下水运动缓慢，故可认为其满足 Darcy 线性渗透定律。放水区域相对集中，将其视为井径无穷小的水井，则太灰水的非稳定渗流应满足：

$$
\frac{\partial^2 s}{\partial r^2} + \frac{1}{r}\frac{\partial s}{\partial r} = \frac{\mu^*}{T}\frac{\partial s}{\partial t}
\tag{6.10}
$$

式中，r 为距放水孔距离，m；s 为水位降深，m；t 为太灰疏放时间，d；T 为太灰含水层导水系数，m²/d；μ^* 为太灰含水层贮水系数。

据 Darcy 原理，放水量可由 $Q = -2\pi T \lim\limits_{r \to 0} r\dfrac{\partial s}{\partial r}$ 表达，即 $\lim\limits_{r \to 0} r\dfrac{\partial s}{\partial r} = -\dfrac{Q}{2\pi T}$。

故得太灰疏水数学模型：

$$
\begin{cases}
\dfrac{\partial^2 s}{\partial r^2} + \dfrac{1}{r}\dfrac{\partial s}{\partial r} = \dfrac{\mu^*}{T}\dfrac{\partial s}{\partial r}, t>0, 0<r<\infty \\[2mm]
s(t,0) = 0, 0<r<\infty \\[2mm]
s(\infty, t) = 0, t>0 \\[2mm]
\dfrac{\partial s}{\partial r}\bigg|_{r \to \infty} = 0, t>0 \\[2mm]
\lim\limits_{r \to 0} r\dfrac{\partial s}{\partial r} = -\dfrac{Q}{2\pi T}
\end{cases}
\tag{6.11}
$$

引入贝塞尔函数，利用汉克尔变换，将上述模型转换为常微分方程，求解可得

$$\begin{cases} S = \dfrac{Q}{4\pi T}W(u) \\[2mm] W(u) = \displaystyle\int_{u}^{\infty} \dfrac{e^{-y}}{y}\,dy \\[2mm] u = \dfrac{r^2\mu^*}{4Tt} \end{cases} \tag{6.12}$$

为计算方便，将上述公式中井函数 $W(u)$ 按级数展开并舍去较小项，可得

$$\begin{aligned} S &= \frac{Q}{4\pi T}W(u) = \frac{Q}{4\pi T}\left[-0.577216 - \ln u - \sum_{n=2}^{\infty}(-1)^n\frac{u^n}{n\cdot n!}\right] \\ &\approx \frac{Q}{4\pi T}\left[-0.577216 - \ln u\right] \\ &= \frac{Q}{4\pi T}\ln\frac{2.25Tt}{r^2\mu^*} \\ &= \frac{2.3Q}{4\pi T}\lg\frac{2.25Tt}{r^2\mu^*} \end{aligned} \tag{6.13}$$

由于实际上太灰含水层各向异性，一般不宜采用降深−距离法求参。故本次求参采用降深−时间法求解，即对上述计算模型变换有

$$S = \frac{2.3Q}{4\pi T}\lg\frac{2.25Tt}{r^2\mu^*} = \frac{2.3Q}{4\pi T}\lg\frac{2.25T}{r^2\mu^*} + \frac{2.3Q}{4\pi T}\lg t \tag{6.14}$$

上式表明，S 与 $\lg t$ 呈直线关系，其斜率 i 为 $\dfrac{2.3Q}{4\pi T}$，利用该斜率可求得 $T = \dfrac{2.3Q}{4\pi i}$。

设 0 降深截距为 t_0，则有 $0 = \dfrac{2.3Q}{4\pi T}\lg\dfrac{2.25Tt_0}{r^2\mu^*}$，即

$$\mu^* = \frac{2.25Tt_0}{r^2} \tag{6.15}$$

b. 参数的确定

（1）导水系数 T：

$$T = K \times M \tag{6.16}$$

含水层厚度 M：太原组一~四灰厚，取穿过该层钻孔平均值 22.1m；渗透系数 K：水 6、水 7、水 9、95_4 孔流量测井资料所得 K 值加权平均得 $K = \sum K_i M_i / \sum M_i = 4.19\text{m/d}$。故 $T = K \times M = 22.1 \times 4.19 = 95.6\text{m}^2/\text{d}$。

（2）贮水系数 μ^*：

依据六五采区太灰含水层放水试验成果，结合数值模拟计算，得到平均值 $\mu^* = 4.35 \times 10^{-5}$。

（3）影响半径 r：依据现场工作面条件及疏放钻孔位置，取 $r = 350\text{m}$。

c. 计算结果

将参数值代入式（6.8）中，可得出疏降水量、水位降深和疏降时间之间的关系，结果见表 6.4。

表 6.4　不同疏放水量情况下, 不同疏放时间水位降深计算成果表

疏放水量 /(m³/h)	水位降深/m									
	5d	10d	15d	20d	30d	40d	50d	60d	80d	100d
150	15.86	17.93	18.19	20.00	21.24	22.14	22.76	23.31	24.20	24.82
200	21.18	23.95	25.57	26.71	28.33	29.48	30.37	31.10	32.25	33.14
300	31.70	35.84	38.32	39.98	42.46	44.25	45.49	46.59	48.38	49.62
400	42.27	47.79	51.09	53.30	56.61	59.00	60.65	62.12	64.51	66.17
450	47.66	53.88	57.52	60.11	63.75	66.38	68.33	69.97	72.55	74.56
500	52.95	59.87	63.91	66.78	70.83	73.70	75.93	77.74	80.61	82.84

　　结合巷道过水能力和矿井排水能力, 选取了疏放水量为 450m³/h。不同底隔条件达安全回采的水位降深和疏放时间见表 6.5。在此水量下, 疏放 30d, 水位降深为 60m 左右, 将一灰作为隔水层考虑的话, 可使突水系数降低 0.010 ~ 0.012MPa/m, 正常底板区域基本达到安全回采状态。

表 6.5　放水量为 450m³/h 时不同底隔厚度条件下达安全回采的水位降深和疏放时间

项目	底隔厚度 M/m			
	将一灰作为含水层考虑		将一灰作为隔水层考虑	
	工作面里段 (M=41.4m)	工作面外段 (M=53.25m)	工作面里段 (M=47.9m)	工作面外段 (M=59.75m)
最大突水系数 T_{smax}/(MPa/m)	0.112	0.077	0.090	0.066
水位降深/m	110	26	66	突水系数小于临界值, 无须疏降
疏放时间/d	>100	5	40	
降低突水系数值/(MPa/m)	0.042	0.007	0.020	

6.4.2　疏水降压实施效果分析

1) 放水情况

　　为保证 Ⅱ614 综采工作面安全生产, 自 2005 年 3 月 18 日起, 在研究区域进行了疏水降压工作。本次放水先期施工了 GS6 孔, 放水量为 250 ~ 270m³/h; 于 2005 年 4 月 2 日开启 GS5 孔放水, 放水量为 130m³/h, 总水量 400m³/h; 之后为加大放水量, 保证降深, 又施工了 GS7 孔, 至 2005 年 4 月 9 日, 关闭 GS5, 用 GS7 孔进行放水, 该孔放水量为 250m³/h, 总放水量最大为 500m³/h, 一般保持在 450m³/h 左右。放水量历时曲线如图 6.7 所示。

　　在恒源煤矿内布置了太灰观测孔 3 个, 分别为水 4、水 5 和水 9 孔, 奥灰观测孔 1 个, 即水 8 孔; 另在刘桥一矿内布置了 6 个孔作为辅助观测孔, 即太灰 L1 ~ L4 观测孔 4 个, 分别为水 14、水 15、水 16、水 17 孔; L4 ~ L6 观测孔 1 个, 即水 6 孔; 奥灰观测孔 1 个, 即水 9 孔。观测孔基本情况和布置见表 6.6、图 6.8。

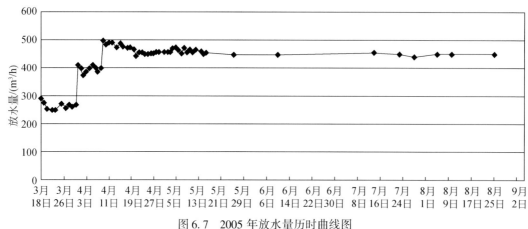

图 6.7　2005 年放水量历时曲线图

表 6.6　地面观测孔基本情况一览表

矿别	孔号	放水前标高/m	距放水孔距离/m	层位
恒源煤矿	水 4	−154.84	1750	太灰 L1 ~ L4
	水 5	−158.80	1400	太灰 L1 ~ L4
	水 8	−69.52	1800	奥灰
	水 9	−171.71	1600	太灰 L1 ~ L4
刘桥一矿	水 14	−256.91	3000	太灰 L1 ~ L4
	水 15	−113.47	2500	太灰 L1 ~ L4
	水 16	−236.85		太灰 L1 ~ L4
	水 17	−278.56	2100	太灰 L1 ~ L4
	水 6	−90.02		太灰 L4 ~ L6
	水 9	+9.83	2700	奥灰

2）水位降深情况

根据放水结果对各观测孔水位降深情况进行了整理，具体如图 6.9 所示。

从图 6.9 中可以看出：

（1）放水初期或放水量增加初期，水位下降明显，之后下降缓慢；

（2）疏放 60d 后水位下降缓慢，至 90d 后，水位基本稳定；

（3）奥灰水位呈缓慢下降趋势，说明其对太灰有一定的越流补给；

（4）截至 2005 年 4 月 22 日 15:00，水 4 孔水位降低 34.32m，水 5 孔水位降低 43.88m，水 9 孔水位降低 31.35m，水 8 孔水位降低 5.40m。通过对本次放水资料的拟合分析，推测工作面中心水位降低 65m 左右，水压降低 0.65MPa。截至 2005 年 8 月 13 日，水 4 孔水位降低 54.88m，水 5 孔水位降低 74.68m，水 9 孔水位降低 53.92m，水 8 孔水位降低 19.84m。推测工作面中心水位降低 100m 左右，即水压降低了 1.1MPa。

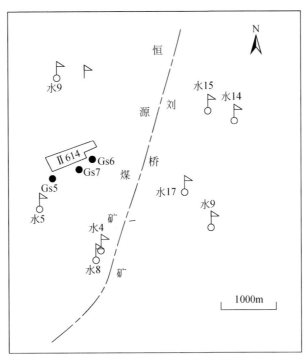

图 6.8　放水试验场布置示意图

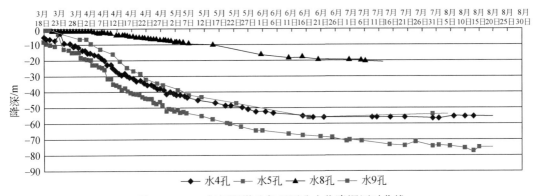

图 6.9　2005 年恒源煤矿各观测孔水位降深历时曲线

3）放水后突水危险性评价

截至 2005 年 4 月 22 日 15:00，工作面中心水压降低 0.65MPa。据此得最大水压在机巷切眼处，$P_{max}=2.32$MPa；$C_p=14.9$m；$h_2=0$m。

（1）验 1 孔揭露的 M 值为 41.4m，经计算得突水系数最大值为 $T_{smax}=2.32/(41.4-14.9)=0.087$MPa/m。

（2）考虑本区一灰富水性弱，可作为隔水层，厚度扩大到二灰顶，这样底隔厚度相应增加 6.5m 左右。突水系数相应减小，此时突水系数为 0.070MPa/m，见表 6.7。

（3）构造异常区底板突水系数计算结果见表 6.7。

Ⅱ614 工作面于 2005 年 4 月 22 日正式回采（试采），试采时，由表 6.7 可知，对于工作面里段，正常区域底板承受的最大水压为 2.32MPa，突水系数为 0.087MPa/m，大于临界突水系数，将一灰作为隔水层考虑，其突水系数处于临界值，至 8 月 13 日该区段已顺利实现了安全回采。由此可以认为，一灰起到了隔水作用。因此，在一灰富水性弱的正常地段，可将其视为隔水层。

表 6.7　放水后不同时间不同隔水层厚度对应的突水系数值

底板结构	时间	水压/MPa	突水系数/（MPa/m）			
			里段（M=41.4m）	外段（M_1=53.25m）	将一灰作为隔水层考虑	
					里段（M=47.9m）	外段（M_1=59.75m）
正常区	放水前	2.97	0.112	0.077	0.090	0.066
	2005 年 4 月 22 日	2.32	0.087	0.060	0.070	0.052
	2005 年 8 月 13 日	1.97	0.074	0.051	0.060	0.044
异常区	放水前	2.97	0.206	0.113	0.142	0.091
	2005 年 4 月 22 日	2.32	0.161	0.088	0.111	0.071
	2005 年 8 月 13 日	1.97	0.136	0.075	0.094	0.060

注：2005 年 4 月 22 日工作面开始试采。

放水至 8 月 13 日时，本面承受的最大水压为 1.97MPa，最大突水系数为 0.074MPa/m，将一灰作为隔水层考虑，其突水系数仅为 0.060MPa/m，正常区段无突水危险性。对于构造异常地段，突水系数远大于临界值，要降到安全水头，所需疏放时间长，放水量大，既不经济又影响接替，故需采取底板局部注浆加固措施。

从相邻矿井突水情况来看，底板突水均发生在构造异常区（断层或裂隙发育带），如刘桥一矿的 Ⅱ623 工作面，突水系数为 0.104MPa/m，在构造异常区发生突水。本矿 6112、6113、651 工作面，突水系数分别为 0.072MPa/m，0.070MPa/m，0.055MPa/m，接近临界突水系数值，均实现了带压安全回采。由此可见，Ⅱ614 工作面采取疏降水压加局部注浆加固控水技术措施实现安全带压开采，是符合本区水文地质与工程地质环境条件的。

6.4.3　底板局部异常区（或断层带）注浆加固

1. 工作面里段风巷 FⅡ614-6 断层注浆加固

1）目的与任务

因受断层影响，一灰具有较强的富水性，且煤层底板断层两盘裂隙发育，为确保工作面安全生产，在风巷里段对 FⅡ614-6 断层 6 煤层底板至二灰顶界进行加固注浆，使之形成新的抗压带，隔断水力联系，加大煤层底板隔水层厚度，设计注浆加固方案。

2）钻孔设计

（1）注浆加固范围：工作面里段风巷切 8 点后 35m 至 F17 点间约 230m 段。

（2）加固深度：6 煤层断层下盘至二灰顶界，设计深度为 42m。

（3）钻孔位置与孔数：共布设 5 个钻场，8 个钻孔，见表 6.8。

（4）孔口管埋设：各孔孔口管均设计选用埋设 ϕ89mm 无缝钢管 15m。施工中，选用 ϕ110mm 无心钻头施工至 15.5m。下孔口管 15m，注浆养护 72h 后，进行耐压实验，耐压值为 5MPa，稳定时间不少于 10min，无跑水现象为合格。施工中，孔口管安装法兰盘，带高压闸阀钻进。

表 6.8　钻探位置及钻孔参数

序号	加注钻场	钻探位置	孔号	孔深/m	孔口管/m	方位/(°)	倾角/(°)	备注
1	1#	切 8 点前 20m	加注 1#	67	15	73	−40	与巷道平行
2	5#	切 10#点处	加注 2#	67	15	63	−40	与巷道夹角 10°
3	2#	切 10 点前 30m	加注 3#	67	15	63	−40	与巷道夹角 10°
4	2#	切 10 点前 30m	加注 4#	67	15	61	−40	与巷道夹角 20°
5	3#	切 11 点前 20m	加注 5#	67	15	60	−40	与巷道夹角 12°
6	3#	切 11 点前 20m	加注 6#	67	15	273	−40	与巷道夹角 20°
7	4#	切 12 点前 8m	加注 7#	67	15	273	−40	与巷道夹角 13°
8	4#	切 12 点前 8m	加注 8#	67	15	273	−40	与巷道夹角 20°
合计				536	120			

3）注浆设计

钻探至海相泥岩及二灰顶界时，进行分段注浆，另外在施工中出现明显出水，均需对钻孔进行注浆处理。

（1）注浆压力：注浆压力取水压 2 倍。

$P_压 = 2P_水 = 2 \times 1.9 = 3.8$MPa（水压取 1.9MPa）；$P_终 = 2.5P_水 = 2.5 \times 1.9 = 4.75$MPa。

注浆压力取 4MPa，终压取 5MPa。

（2）注浆材料：注单液水泥浆，使用 32.5#普通硅酸盐水泥制浆，按 0.05% 和 0.5% 比例加入三乙醇胺及氯化钠早强剂。

（3）注浆浓度：使用水灰比为 2∶1 的稀浆注浆，若跑浆应进行加浓。

（4）注浆结束标准：单孔注浆，注浆压力达终压，泵量 ≤30L/min，并持续 20 ~ 30min，即可达结束标准。

（5）注浆量：按各孔的可注浆量，粗略估算，利用公式为

$$Q = \pi \times R^2 \times H \times \eta \times B$$

式中，Q 为浆液注入量，m³；R 为浆液扩散半径，取 15m；H 为注浆段高，取 5m；η 为岩层裂隙率，取 3%；B 为浆液在裂隙内的有效充填系数，取 0.6。

粗估单孔注浆量为 65m³ 左右，按水灰比 2∶1，折合计算水泥约 30t。8 个孔总注浆量为 520m³，折合计算水泥约 240t。

4）实际注浆情况与效果

实际注浆情况见表 6.9，施工钻孔累计长度为 462.5m，总注浆量为 23.1t，加探 2#孔

见一灰出水，水量为70m³/h，2孔在底板砂岩段漏水，其余钻孔见一灰均无水。

表6.9 风巷里段加固 F Ⅱ 614-6 断层注浆施工钻孔一览表

编号	孔深/m	方位/(°)	倾角/(°)	注浆量/t	注浆终压/MPa	6煤层至一灰厚/m	备注
加注1	45	73	−40	1.0	1.7	29（下盘灰岩）	26m处漏水，揭露一灰，无水
加注2	42.5	63	−40	1.5	5.0	28（下盘灰岩）	揭露一灰，无水
加注3	52	63	−40	8.0	5.0	29（下盘灰岩）	23.5m处漏水，45m处见一灰
加探1	33	160	−39				
加探2	39		−90	5.0	4.5	36.5（下盘灰岩）	36.5m处见一灰，36.7m处水量70m³/h
加注4	51	61	−40	0.75	5.2	29（下盘灰岩）	43.8m处见一灰，无水
加注5	50.5	60	−40	2.0	5.3	28（下盘灰岩）	42.5m处见一灰，无水
加注6	50	273	−40	1.35	5.1	29（下盘灰岩）	43.3m处见一灰，无水
加注7	49.5	273	−40	2.75	5.1	32（下盘灰岩）	44.5m处见一灰，无水
加注8	50	273	−40	0.75	5.0	36（下盘灰岩）	46.5m处见一灰，无水

2. 工作面外段底板构造异常区注浆加固

1）注浆与钻孔设计

（1）加固目的层位：F Ⅱ 614-1 断层对盘 L1 灰顶。

（2）加固范围：F Ⅱ 614-1 断层带 20m 范围。

（3）布孔加固方案：设计注浆加固孔 7 个，风巷 4 个，机巷 3 个，验证孔 2 个，风巷、机巷各 1 个（表6.10）。布孔原则以辐射状向断层内布孔，终孔间距为 30~40m。

（4）孔口管埋设：开口直径为 φ130mm，终孔直径为 φ75mm，结构为双层套管结构。固管、试压均要符合相关规范要求。

表6.10 Ⅱ 614 工作面外段 3#底板构造富水异常区加固注浆钻孔设计一览表

孔号	位置	方位/(°)	倾角/(°)	孔深/m	孔口管长度/m		注浆量/m³
					φ127	φ108	
探注1#	机巷	147	−42	66	5	15	1005
探注2#	机巷	186	−38	77	5	15	1005
探注8#	机巷	165	−18	90	5	15	1005
验2#	机巷		90	60	5	15	1005
探注4#	风巷	330	−26	110	5	15	1005
探注5#	风巷	313	−30	90	5	15	1005
探注6#	风巷	294	−32	122	5	15	1005
探注7#	风巷	350	−23	110	5	15	1005

孔号	位置	方位/(°)	倾角/(°)	孔深/m	孔口管长度/m		注浆量/m³
					φ127	φ108	
验5#	风巷		90	60	5	15	1005
合计				1598	45	135	9045

（5）注浆材料、浓度、压力、注浆量等选择与上述方法相同，具体如下。

注浆压力：注浆压力取 4.0MPa，终压取 5.5MPa。

注浆材料：注单液水泥浆，使用 32.5#普通硅酸盐水泥制浆，按 0.05% 和 0.5% 比例加入三乙醇胺及氯化钠早强剂。

注浆浓度：使用水灰比为 2∶1~2.5∶1 的稀浆注浆，若跑浆应进行加浓。

注浆量：估算需水泥量为 4070t。

2）实际注浆情况及效果

实际注浆情况见表6.11，施工钻孔累计深度为 734.5m，总注浆量为 10.55t，探注 4#、5#、7#三个孔见一灰均出水，出水量为 10~20m³/h，其他孔见一灰无出水现象。

表 6.11　工作面外段加固 F Ⅱ614-1 断层注浆施工钻孔一览表

编号	孔深/m	方位/(°)	倾角/(°)	注浆量/t	注浆终压/MPa	六煤底~一灰厚/m	备注
探注 1#	64	147	−42	0.75	5.5	45	揭露一灰，无水
探注 2#	73	186	−38	0.8	5.6	48	72.7m 处见一灰，无水
探注 8#	87	165	−18	0.5	5.5	48	86.7m 处见一灰，无水
验 2#	55.5		90			54.5	无水
探注 4#	98	330	−26	3.1	5.3	43	90.5m 处出水，出水量20m³/h，93.5m 处出水，出水量6m³/h，97.5m 处出水，出水量1m³/h，水温30℃，$P=1.7$MPa
探注 5#	81.5	313	−30	2.3	5.5	42	80.9m 处出水，出水量1m³/h，81.5m 处出水，出水量11m³/h
探注 6#	119.5	294	−32	1.0	5.2		无水
探注 7#	103	350	−23	2.1	5.5	38	103m 处揭露一灰，出水量10m³/h
验 5#	53		90			52.0	无水

6.4.4　工作面回采情况与结果讨论

1. 工作面回采概况

Ⅱ614 工作面于 2005 年 4 月 22 日正式回采（试采），至 2006 年 2 月 5 日开采完毕，共采出煤炭 58.8 万 t。在工作面回采过程中,对工作面涌水情况进行了观测,对涌水取样并进行了水质化验。总体来看,涌水量不大 (5.5 ~ 18.5m³/h),均为老塘出水,水质为顶底板砂岩裂隙水 (SO₄-Na 型),没有导通太灰含水层,开采是安全的。同时将放水孔作为井下供水孔使用,实行疏供结合的控水技术,减少了排水费用,取得了较好的经济和社会效益。

2. 疏放降压试验结果讨论

通过对本次疏放水资料的认真分析,对该区域灰岩水文地质条件可得出以下几点认识。

1) 关于太灰含水层的富水性

本次放水 (疏水降压) 历时数月,在较长时间、较大流量放水后,恒源煤矿内水 4、水 5 两个观测孔在经过一段时间的水位持续下降后,大致均能趋向于一个稳定的水位 (降深),如水 4 孔,自 2005 年 3 月 18 日放水到 6 月中旬水位大致趋于 −210m 上下,降深56m 左右;水 5 孔自放水到 7 月中旬水位大致趋于 −232m 左右,降深 70m,上述两孔在大流量疏放情况下,经过一段时间较快水位下降后,长时间缓慢下降,趋向稳定,说明太灰具有较强的富水性。

2) 太灰含水层在横向上有较好的连通性

太灰含水层水平方向具有较好的连通性可以从以下两方面说明。

a. 太灰观测孔水位下降反应较快

放水后,恒源煤矿内水 4 孔、水 5 孔均在很短时间内快速下降 (表 6.12)。

表 6.12　观测孔水位降深表　　　　　　(单位:m)

孔号	不同时间降深值									
	1d	2d	4d	7d	9d	10d	15d	20d	25d	30d
水 4	6.08	6.84	7.29	8.31	9.06	10.62	15.30	21.66	28.13	31.82
水 5	9.08	10.02	10.93	12.73	13.45	14.76	20.15	25.83	34.78	40.28

b. 放水降落漏斗波及较远

放水后除恒源矿内水 4、水 5 孔水位较快下降外,相邻的刘桥一矿水 14、水 17 孔也均有较大幅度的水位降深,7 月底,两孔降深分别达 30m 和 20m。

3) 太灰垂向上与奥灰存在一定的水力联系

恒源煤矿水 8 孔放水后在较长时间保持稳定而后缓慢下降,至 7 月中旬下降约 19m;刘桥一矿水 9 孔放水后至 6 月底,水位由 +9.80m 下降至 +3.48m,下降 6.32m 左右,虽然反应滞后,下降缓慢,但仍反映出太灰与奥灰间存在水力联系。

4) 太灰含水层平面导水性各方向不均

恒源煤矿矿水 4、水 5、水 9 孔水位下降幅度、速率均可反映出,自疏水中心向水 5孔方向太灰连通性要优于水 4 孔和水 9 孔方向,而水 4 孔方向要优于水 9 孔方向,水 4 孔距离远,水位下降幅度、速率反而大于水 9 孔。从刘桥一矿几个太灰观测孔看也是如此,水 14 孔 L1 ~ L4 灰水位下降近 30m,而水 15 孔和水 17 孔下降 15m 左右,水 16 孔水位下降不足 6m。

5）刘桥一矿、恒源煤矿地段太灰内部水力联系

从放水资料看，横向上，刘桥一矿、恒源煤矿太灰水力联系较为紧密，恒源放水后，刘桥一矿水 16、水 17 孔等均有较大水位降深，但在垂向上，L1~L4 与 L6 灰间水力联系不畅，如刘桥一矿水 6 孔，其水位基本保持在-90m 左右，如图 6.10 所示。

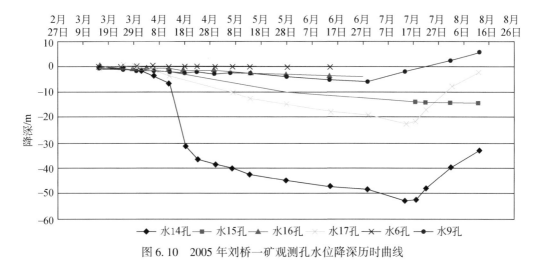

图 6.10　2005 年刘桥一矿观测孔水位降深历时曲线

6）太灰补给相对较好

从放水量看，放水早期 GS6 放水（$Q=270\text{m}^3/\text{h}$），中期 GS5、GS6 放水，后期 GS6、GS7 放水，其水量经过一段时间衰减后，大都趋向稳定，说明太灰补给条件相对较好（图 6.11）。

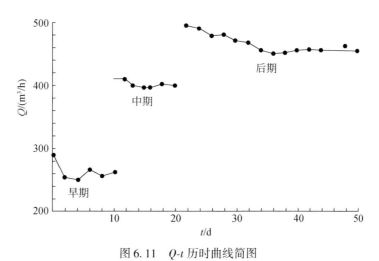

图 6.11　Q-t 历时曲线简图

从探注结果来看，本区断层带岩层吃浆量较小，说明导水性较差，具有一定的阻水能力，可能与区域挤压应力场有关。

7) 带压开采安全性评价

开采实践表明：①正常区段一灰起到了隔水作用；②正常区段带压 2.30MPa 开采是安全可行的；③构造异常区段采取底板局部注浆加固措施，实现安全回采也是可行的。由此可见所采取的疏水降压和局部注浆对于解放遭受底板水威胁的煤炭资源起到了积极的作用。

第7章 底板注浆加固与含水层改造控水技术

7.1 概 述

通过注浆改造工程对工作面底板隔水层进行改善，通常有两种含义：其一是增加隔水层厚度，可以采用预注浆方法使弱含水层变成隔水层；其二是对隔水层本身通过注浆方法进行加固，二者可同时进行。这种方法作为一种常用带压开采方法已经在全国范围内得到推广，效果良好（侯进山，2013；李要钢和魏海亭，2008；苏帮奎和王道坤，2009；汪雄友等，2017）。长期防治水经验表明，运用注浆工程无论对预防透水事故的发生，或对已发生的水患进行治理，还是为改善生产环境、减小矿井排水负担均是有效手段。

注浆改造作为改变岩体水文地质条件的方法和手段，其基本原理是在一定压力作用下，使浆液在注浆目的层原来被水占据的空隙或通道内脱水、固结或胶凝，并使结石体或胶凝体与围岩岩体形成联合阻水体，从而改变不利于采矿的水文地质条件。注浆改造的作用主要表现在三个方面：

（1）在注浆压力作用下，浆液在薄层灰岩岩溶裂隙含水层中沿溶隙、溶孔、溶洞、裂隙扩散，将赋存于岩溶裂隙含水层之中的水"推挤"开来，并结石、充填含水层的储水空间，从而使其不含水或弱含水，并具有一定的阻水能力；

（2）在注浆压力作用下，浆液通过薄层灰岩岩溶裂隙，在将含水层之中的水"推挤"开来的同时，跟随被排挤出来的水向其补给通道运移，并结石、胶凝、充填或部分充填补给通道，从而封堵或缩小导水通道，减少薄层灰岩岩溶裂隙含水层的补给量，阻止下伏高承压强富水含水层导升裂隙向上延伸；

（3）在注浆压力作用下，浆液沿煤层底板隔水岩层构造裂隙和导升裂隙扩散、结石、胶凝，并充填此类裂隙，与煤层底板隔水岩层形成统一的阻水体，从而在增强隔水岩层阻水能力的同时，减小直至消除薄层灰岩岩溶裂隙水的导升裂隙。

皖北煤电集团有限责任公司针对山西组6煤层开采工作面底板灰岩高承压岩溶水威胁问题，采用疏水降压控水开采技术方法，成功实现了多个工作面的安全开采。但是，随着采深的加大，水压逐渐增高，其深部水文地质条件变得更加复杂，水文地质条件不利于疏水降压，疏水降压控水技术已经不能满足煤矿安全生产的要求。

为此，皖北煤电集团有限责任公司根据所辖矿区的地质和水文地质条件，围绕底板注浆改造技术进行了科学探索与实践，形成了具有皖北特色的底板注浆改造控水工艺技术方法。

7.2 底板注浆改造控水技术的水文工程地质条件分析

（1）随着采深的加大，工作面底板承受的水压增大，水压多在 3MPa 以上，突水系数大于 0.08MPa/m，绝大多数工作面突水系数超过临界值。

（2）由前所述，恒源煤矿三、四灰富水性较强。技术上可行，但在经济、环保上不合理的疏水降压控水开采方法不宜再继续采用。

（3）由前面章节所述，恒源煤矿一、二灰单层厚度不大，岩溶裂隙一般不发育，十分有利于将一、二灰注浆改造成为隔水层。且岩溶裂隙型含水层注浆耗材量与溶洞型含水层比较会大大减少注浆耗材成本。注浆改造一、二灰岩为隔水层，预计可增加等效隔水层厚度 13m 以上。既可以防范三、四灰强含水层组的危害，又可消除二、三灰突水隐患。

（4）断层、裂隙带等构造复杂区域导致富水性不均、隔水层变薄。

由于该区遭受过多期构造应力场作用，地质构造复杂，工作面内小断层较多，小断层的存在，一方面破坏了底板隔水层的连续完整性，从而削弱了隔水层抵抗高水头压力灰岩水的阻水能力；另一方面对灰岩的切割造成三、四灰较强含水层组因构造导水，而在局部与二灰产生直接的水力联系。断层、断层带富水性和导水性更加复杂，增加了灰岩水的治理难度。

底板注浆改造控水开采技术旨在对煤层底板注浆加固，改造断层及褶曲等构造裂隙带，使其增大抵抗水压的强度；同时注浆填充灰岩岩溶裂隙，把含水层改造成隔水层，增加了隔水层厚度。由此可见，采用该项控水技术，不仅提高了底板抗水压能力，而且降低了突水系数，从而为高承压岩溶水体上煤层的安全回采提供了可靠保障。

7.3 底板注浆改造控水技术方案实施过程

皖北煤电集团有限责任公司在调研山东肥城、河南永城有关矿井工作面底板注浆加固及改造技术应用情况的基础上，根据所辖矿区的地质和水文地质条件，围绕底板注浆改造技术进行了 10 余年的科学探索与实践，设计并建设了具有恒源煤矿特色的较为先进的集中地面注浆站系统，形成了具有皖北特色的底板注浆改造控水开采工艺技术方法。

7.3.1 地面注浆站的建立

地面注浆站最早应用于注浆堵水。由于其注浆的连续性、方便的造浆和适合大量的注浆，比井下造浆有着无可替代的优越性和可靠性，从而得到了发展和推广（吴基文等，2017；刘衍亮，2011）。现在建造的地面注浆站是在结合传统黏土水泥制浆工艺的基础上，采用和借鉴当代先进技术而设计建造的，具有风动下料、射流造浆、制浆过程自动跟踪控制，黏土、水泥注浆量自动计量、注浆密度自动监测等特点，是煤矿防治水工程的重要基础设施。肥城矿务局在煤炭生产遭受多次突水灾害的侵袭后，经过多年的研究探索发展了注浆改造煤层底板灰岩含水层的治水方法（于树春，1997；王则才等，2009；施龙青和韩进，2004）。注浆治水技术作为解放受水威胁煤层的重要途径，具有技术可行、经济合理、安全可靠的特点，其使用范围很广，可以封堵由各种地质构造破坏造成的导水裂隙带及导水通道；可以改造含水层，使之成为弱含水层；可以加固隔水层原生与次生孔隙、裂隙，使之成为不透水的阻水岩体。20 世纪 90 年代以前主要采用单液水泥浆注浆工艺，靠搅拌制浆完成。近年来经反复试验，大面积推广了黏土水泥浆注浆改造技术，并且采用了电脑数控、传感器采集数据和计量螺旋变频调速，使黏土水泥制浆注浆在矿山水害治理方面不仅技术成熟先进，而且装备完善配套，处于世界先进水平（尹来民，1991）。该技术在华北型受底板岩溶含水层威胁矿区得到广泛应用，取得了明显效果，经济效益和社会效益显著。

随着开采水平的延深，恒源煤矿主采区已由一水平逐渐转为二水平，随着生产能力的逐年提高，根据矿上计划安排，二水平每年将有 1～2 个 6 煤层工作面进行开采，而二水平煤层底板灰岩水压力大，煤层底板薄弱；同时该井田断裂构造较发育，并发育有岩溶陷落柱，存在底板突水威胁。

高承压底板水上煤层开采水害防治主要有两种方法，即疏水降压与带压开采。但疏降开采是有条件的，对于含水丰富、补给条件好，水头高的承压含水层，如采取疏水降压措施，一是排水电费高，二是煤层采完后，仍需长期排水，经济极不合理。同时，对于某些含水层可以疏降，但疏降规模还受矿井排水能力的限制。不仅浪费水资源，而且影响生产接替，严重制约生产进度。

因此，恒源煤矿二水平 6 煤层的开采主要采用工作面底板注浆加固及含水层改造技术，增加煤层底板有效隔水层厚度，治理底板高承压的太灰水害威胁，确保煤矿安全生产。再者，如果按每年开采 2 个二水平工作面计算，预计钻探工程量将在 10000m 左右，工作面底板加固注浆量将在 20000m³ 左右，因受井下工作场地及生产条件的制约，不能进行有规模的大量注浆工程，为此，恒源煤矿结合生产实际，首先设计建设了较为先进的集中地面注浆站（制浆量为 20m³/h），这也是安徽省最先建成的地面注浆系统。该注浆站注浆材料为粉煤灰、黏土、普通硅酸盐水泥，资源丰富，注浆成本低，注浆工艺系统为机械造浆、自动监测、特种管路高压输浆，简便合理，安全高效。井下工作面底板注浆孔应用采动底板移动和破坏规律并结合物探成果优化设计，改造一～三灰含水层为隔水层，加固阻水的隔水底板，取得了较好的效果。

含水层注浆改造技术在底板含水层改造即充填加固方面作为矿井防治水技术的有效方法已被成功推广，多为地面建站造浆，井下打孔到受注层，浆液自注浆站经专用管路送到注浆孔，距离 2000～4000m 不等。在地面适宜地点建立注浆站，按照结构紧凑、布局合理、施工操作方便的原则，建造储料棚、粗浆池、废浆池、精浆池、搅拌吸浆池、散装水泥罐平台，以及清水池、微机监控室、办公室、化验室、仓库等。其主要系统分述如下。

（1）造浆系统：一是粗浆造浆系统，由上料皮带输送机、高位水池、制浆机、粗浆池、液下多用泵、旋流除砂器、搅拌机等组成。其作用是先把黏土或粉煤灰经过粉碎搅拌制成合乎要求的粗浆。二是精浆造浆系统即射流造浆系统，由精浆池、气源、散装水泥罐、气动阀下料、调速螺旋、计量螺旋、工业控制及监控等组成。该系统把粗浆经水泥射流系统制成合乎要求的精浆。

（2）送浆及浆液计量：由泥浆泵、压力表、电磁流量计、注浆管路、送料孔、井下注浆管路、注浆孔等组成。泥浆泵为输送浆液的主要设备，采用 NBB 系列 250/6 及 260/7 型泥浆泵。NBB250/6 型泥浆泵，四级变速，流量分别为 250L/min、150L/min、80L/min、40L/min，电机功率 32kW，工作压力 6MPa；NBB260/7 型泥浆泵，五级变速，流量分别为 260L/min、167L/min、106L/min、60L/min、35L/min，电机功率 45kW，一般工作压力 7～10MPa，最大工作压力 12MPa。电磁流量计用于实时测量注浆量，安装在下料孔前。在线密度计为选用通用型在线分析仪表，本仪表可测定各种流体、半流体或混合物的相对密度。根据目前选用的注浆泵量，一般选用内径 30～50mm 地质管作为注浆管路。井下管路要铺设在人行道的对侧或专用巷道内，即要防止漏浆伤人，又要便于检查巡视。

（3）供水系统：包括水源井、水泵、高位储水池、清水池、水管等，确保注浆站连续造浆、注浆用水。

（4）供电系统：根据注浆站配备的设备最大功率考虑供电线路及配电设施，尽可能实现双回路供电。

（5）注浆系统施工流程：注浆站方案设计→建立地面注浆站→完善井上下注浆管路→注浆系统试运行及管路耐压试验→编制含水层注浆设计及注浆孔钻探施工措施→井下施工注浆孔，放水冲孔或放水试验→受注层水文情况分析，制定注浆方案，编制注浆措施→完善注浆管路，管路冲洗，试注清水→地面造浆，正式压注→观测记录原始数据并及时分析整理上报→达到终压终孔标准停注→地面停泵，孔口阀门关闭→向指定地点及时排放管路中的废浆，并用清水冲洗干净→封孔不好的及时二次封孔→施工注浆检查孔，检查注浆效果。

7.3.2　底板注浆加固与含水层改造技术实施方案及过程控制

7.3.2.1　工作面底板注浆改造设计

防治水工程设计是做好防治水工程的基础，防治水工程设计的质量优劣直接影响着防治水工程的施工安全、施工措施、施工质量和施工效果。因此防治水工程设计要求有较高防治水理论水平和有丰富的现场施工经验的技术人员来完成，并且完全了解现场施工条件，掌握施工人员的技术水平和使用的设备性能。防治水工程设计不仅在宏观方面要求工程设计的合理性、科学性和可操作性，而且要求在每一个环节和细节都要具备完整、安全、科学、合理和可操作。

首先在国家规定的有关防治水规程、规定和集团公司的有关防治水方面的规定基础上制定防治水工程设计流程，然后根据设计流程详细编制防治水设计，再按照流程一步步履行审批手续。在设计方案实施过程中若发现新的问题应及时反馈设计部门调整和修改完善设计，并重新完善审批手续，使设计和现场施工紧密结合起来，最终达到防治水效果。底板注浆改造防治水工程设计要点分述如下。

1. 底板注浆改造防治水工程基本条件

1) 工程基本情况

将工程地点的准确位置，周边工程、设施的位置关系、相互影响、相互制约情况介绍清楚；对工作面的基本情况，包括工作面尺寸（走向长、倾斜宽）、面积、标高范围、煤层厚度、地质储量、回采工艺等情况进行简要说明。

2) 工作面水文地质条件

（1）工作面地质构造情况：对断层、煤层赋存等情况进行说明，对构造进行列表统计。

（2）工作面水文地质条件分析：包括底板隔水层厚度、含水层厚度、岩溶裂隙发育情况、构造情况、富水情况、水文地质参数、以往地质工作情况以及相邻工作面的水文地质情况等，并预测工作面的涌水量大小。

3) 工作面工程地质条件

（1）煤层顶、底板岩性特征：对煤层顶板 30m 范围、底板至 3 灰范围岩性特征进行说明，并附岩性柱状图。

（2）工作面煤层底板阻水性能评价：对煤层底板岩层的阻水性能进行评价。

2. 工作面底板注浆改造防治水工程设计

1) 设计原则

（1）以物探探查、钻探验证的方式实施防治水工程；

（2）根据工作面底板突水系数大小确定改造方式和层位：突水系数在 0.06 ~ 0.10MPa/m 时，对煤层底板 L1 ~ L3 灰岩含水层进行局部改造，重点在构造发育处和物探异常区；突水系数大于 0.10MPa/m 时，对工作面进行全面改造。

2) 物探设计

为查明工作面底板含水层的富水性，通常使用矿井瞬变电磁法、音频电透视法和网络并行电法物探技术探查煤层底板 L1 ~ L3 灰岩层的富水性。

（1）矿井瞬变电磁法物探设计：选用澳大利亚生产的 TerraTEM 型瞬变电磁仪，采用 2m×2m 的多匝数矩形回线装置进行探测。两个物理探查点间距 10m，每个物理点共设两个方向进行探查，具体角度与工作面参数有关，一般与巷道底板呈 30°、60°夹角（俯角）。

（2）网络并行电法物探设计：采用安徽惠洲地质安全研究院股份有限公司与江苏东华测试技术股份有限公司自行研制的 NPEI-1 型网络并行电法仪，主要设备有 WBD-1 型网络并行电法仪 1 台、军用防爆笔记本 1 台及相关配套电缆、电极等物品。

（3）音频电透视法物探设计：采用中煤科工集团西安研究院有限公司生产的 YT120（A）矿用音频电透视仪，选定频率 16Hz 和 128Hz 进行探查。在工作面双巷均布置发射点，点距 50m，每条巷道布置接收点，点距 10m。现场采取一巷发射，另一巷接收的方式，且发射与接收保持时间同步。每个发射点在发射时，另一巷道中实行扇形扫描接收。

对物探成果进行分析，划定底板富水异常区，并对富水异常区进行描述（异常值、连通情况），为钻探设计提供依据。

3）钻场设计

钻场布置应充分考虑工作面面宽与双巷布置要求，同时根据浆液扩散半径和钻孔进尺最小的原则，以充分发挥探放水钻机有效性能，提高钻探施工效率。钻场位置应尽量远离断层构造，避免底板岩石破碎对钻探施工造成的影响；同时，根据上下巷煤层倾角确定钻场布置重点，在便于施工的巷道内多布设钻场，对不利于施工和预计钻孔穿煤较长地段尽量少布置钻场，以保证钻探效率。

每个钻场设计硐室三个，即钻窝、泵窝和水窝，原则上布置在煤帮侧，每两个钻场间距 100～150m，钻窝与泵窝煤柱宽度为 10m 左右。

（1）钻窝：钻窝的具体位置要根据现场条件选择，要求尽量选择在平缓地段并避开构造发育带（断层带、褶曲轴部等），钻窝尺寸按照长×宽×高 = 5.0m×4.0m×3.8m 标准施工。钻窝需要挑顶，除要求按照有关规范进行支护外，还要求在顶板施工锚固起吊梁，供起吊钻机使用，钻窝底板要求实底或浇铸混凝土地坪，底板标高不得低于巷道底板标高，以保证水能自流。

（2）泵窝：注浆泵窝的作用是存放注浆泵等注浆设备，供固管及孔内注浆使用。泵窝安排在距离钻窝 5m 上一侧，每个泵窝的断面为长×宽×高 = 2.5m×3.0m×2.5m。泵窝要求按照有关规范进行支护，泵窝底板标高不得低于巷道底板标高，以保证水能自流。

（3）水窝：位于钻窝下坡一侧 5m 处，以供打钻排水和沉积岩粉或排出其他形式的出水之用。水窝尺寸按照长×宽×高 = 4.0m×3.0m×3.4m 标准施工，水窝要卧入底板下 1.0m（图 7.1）。水窝与钻窝之间开挖临时水沟，尺寸 300mm×300mm，并用水泥抹底。

为节省注浆前期的准备时间，工作面钻场硐室要求在掘进期间施工，每组硐室完成后，由调度组织技术、地测等单位严格验收，达不到设计要求的重新返工，直至满足要求为止。

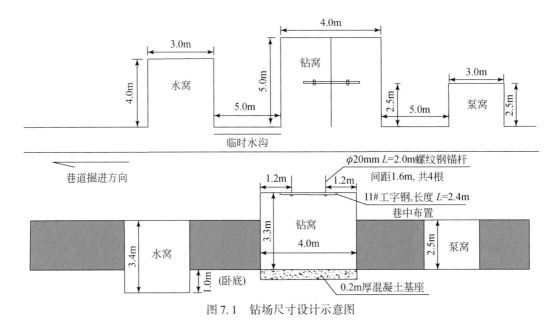

图 7.1　钻场尺寸设计示意图

4）钻探设计

a. 终孔层位选择（底板改造目的层选定）

经注浆改造有效增加工作面底板隔水层厚度，满足工作面最大突水系数符合《煤矿防治水细则》的相关要求（国家煤矿安全监察局，2018）。终孔层位结合工作面水文地质条件确定合适的层位，这样既可以保证底板改造效果，又可以减少钻探工程量。

b. 钻孔设计参数

（1）根据各钻孔地质预想剖面，确定钻孔参数。

（2）适合"OX"断裂理论：根据工作面底板采动影响的"OX"断裂理论（李伟利和叶丽萍，2011），钻孔终孔位置尽量设计在工作面中心线和距两巷40m的两条平行线上，这样能最大限度地封堵底板采动破坏带。

（3）满足工期短，进尺少的要求：经反复论证，在取得效果相同的情况下，该方案工期最短，钻探工程量最小。

（4）注浆孔角度尽量大：根据以往进行注浆改造工作面的施工经验，底板钻孔倾角小于30°时，钻孔易发生"漂移"，浪费工程量和工期，达不到效果。钻孔倾角大于60°时，受活动底盘限制无法施工，故钻孔倾角设计为30°~60°。

（5）满足浆液全覆盖的要求：根据以往经验注浆扩散半径取30~35m，钻孔按此布置，能满足全覆盖的要求。

c. 钻孔布置方案

（1）钻孔布置在平面上应采用放射状展布，以斜孔为主，在剖面上长短结合，使钻孔揭露的含水层段尽量长；钻孔尽量与断层、裂隙垂直或斜交，穿过多个含水层。对于裂隙的发育地带，断层以及断层的交叉、尖灭地带，工作面初压显现地段均作为布孔的重点。特别是瞬变电磁勘探出的富水异常区，要重点布孔进行控制。根据以往施工经验，底板灰岩注浆孔扩散半径为30~35m，钻孔密度控制在终孔间距50~70m之间，视工作面水文地质条件复杂程度进行合理调整。考虑采动影响，加固改造底板范围向工作面四周外扩30m左右。

（2）施工中每相邻两个钻场布置一个全取心孔，根据施工情况，每个钻场选择一个钻孔进行钻孔测斜；注浆结束后要采用物探加钻探进行效果检验，每个钻场要有不少于一个专门的注浆效果检查孔，检查孔总数不少于总孔数的10%，重点对物探异常区进行效果检查，确保注浆效果。

（3）在物探完成后或者在注浆施工过程中，如果发现异常情况，要根据实际情况变更设计。

d. 钻孔结构

为了揭露更多的裂隙以增强注浆效果，注浆孔的裸孔孔径设计为ϕ73mm，每个钻孔应下二级套管，一级为孔口护壁管ϕ146mm，至少穿过煤层底板下2m以上，对穿巷道钻孔必须穿过巷道松动圈［松动圈范围应根据采深、岩性、煤（岩）层强度等参数综合确定，但取值应不小于3m］；二级为止水套管ϕ108mm，长度应根据岩层强度、水压、钻孔倾角等因素综合确定，但孔口管末端距离煤层底板垂距不小于15m，同时应满足《煤矿防治水细则》的相关要求（国家煤矿安全监察局，2018）。

套管管材一般选择 DZ40 普通地质管材，止水套管管材厚度根据水压（注浆终压）大小确定。水压≤3MPa（注浆终压≤7.5MPa），壁厚 4.5mm；水压>3MPa（注浆终压>7.5MPa）或构造影响区域和穿巷钻孔壁厚不小于 6.0mm。

　　e. 钻探施工工艺

　　（1）钻机型号：SGZ-Ⅲ、ZLJ850、ZLJ4000、ZDY1900S。

　　（2）用第三代活动式底盘稳固钻机，活动式底盘上刻有角度，通过底盘转动可任意放设钻孔方位，使用灵活、方便、快捷，每个钻场可实现连续作业，缩短施工工期。

　　（3）钻具组合：第一路套管埋设采用 ϕ63.5mm 钻杆、ϕ153mmPDC 钻头、ϕ127mm 导向管（2m）；第二路套管埋设采用 ϕ63.5mm 钻杆、ϕ110mmPDC 钻头、ϕ89mm 导向管（2m）。

　　正常钻进：①当施工无心钻孔时，采用 ϕ63.5mm 钻杆+ϕ75mmPDC 钻头组合施工；②当施工取心钻孔时，采用 ϕ63.5mm 钻杆+ϕ75mm 岩心管+ϕ75mm 取心钻头组合施工，如图 7.2 所示。

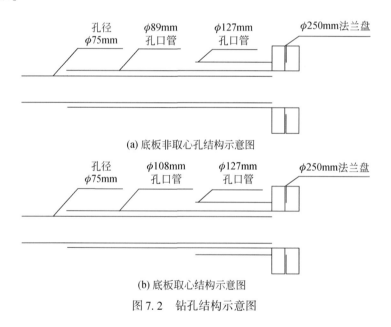

图 7.2　钻孔结构示意图

　　（4）孔口装置：采用两趟孔口固定装置，均使用地质无缝钢管（D40，壁厚 δ = 4.5mm），第一趟孔径 ϕ127mm，长度 1.5m；第二趟孔径 ϕ89mm（取心时为 ϕ108mm），长度 20~30m；采用 425# 硅酸水泥浆（水灰比 1：1）固管，为增加浆液凝固速度，添加 0.05% 的三乙醇胺与 0.5% 的 NaCL 复合剂作为速凝剂。孔口外端连接 Dg100、Pg64 型高压闸阀及防喷装置。

　　f. 钻探施工技术要求

　　（1）每个钻场均使用活动式底盘稳固钻机，使用图解法放孔；要求各钻孔开孔方位<2°，倾角偏差≤1°；每个钻场钻孔交叉施工，首先施工奇数孔，然后施工偶数孔，并要求前后施工的钻孔夹角尽量最大。

　　（2）为了预防钻孔揭露太灰时突水，孔口必须按照设计安装好高压闸阀、孔口混合器、三通接口，并装有抗震压力表等孔口安全装置。孔口管丝扣要紧密相连，防止孔口管在使用过程中脱扣。

（3）孔口管必须和孔壁固结牢固，要求采用新鲜的 425#硅酸盐水泥，以（0.6 ~ 0.7）∶1 的水泥浆，使用 2TGZ-210/160 型注浆泵注浆固管，边压入边转动孔口管，使水泥浆液充满其四周间隙。待凝固 72h 后再扫孔钻进，要求钻进超过孔口管 1m，然后用清水进行打压试验，试验压力不小于注浆压力，稳压不小于 30min，试验不合格严禁钻进。应重新注浆固管，合格后方可钻进。严禁使用地面注浆站试压。

（4）在揭露海相泥岩 5m 后，必须对钻孔进行复注，封闭孔口管四周岩层内的裂隙，并对砂岩含水层进行注浆改造。注浆材料为 1∶1 单液水泥浆，采用井下注浆泵注浆或采用地面注浆站注黏土、水泥双液浆，黏土、水泥混合浆液相对密度为 1.26 ~ 1.28，地面和井下复注时孔口终压均不小于 7MPa；注浆凝固 48h 后，再恢复钻进直至终孔。

（5）为防止钻孔偏移，钻孔开孔钻进必须加导向钻杆施工。

（6）下套管时钻孔孔深要比预计下套管深度深 1 ~ 2m，以防止因岩粉末冲净而造成套管下不到预定深度。

（7）注浆孔在钻进时应作简易的水文地质观察，记录水压、水量（包括漏失量），并详细记录岩性变化，准确判层，认真做好原始班报记录工作，要求做到一个钻场一个记录簿。注浆孔钻进过程中要严格按照钻探规程施工，严防掉钻、埋钻等钻探事故。

（8）在钻探过程中如果钻孔涌水量 >10m³/h 时，须停钻观测，取水样化验；涌水量 >20m³/h 时，则实施注浆，若当班不能注浆，则应打开闸阀放水减压，在下一班注浆（非终孔层位注浆压力为实测静水压力的 2 倍，注浆后 24h 方可扫孔钻进）。

（9）每个钻孔进入海相泥岩之前，必须按规定装好高压闸阀；每个钻孔进入海相泥岩后，要立即通知水文技术人员下井跟班，实测灰岩层位、出水量、水压，确定终孔深度，并认真做好原始记录工作，上井后资料及时上台账。

（10）套管以下段钻进要在高压闸阀里面进行。

（11）钻孔钻进遇软岩层或过煤层，要控制钻进速度。

（12）每一次注浆前必须向孔内压水，压水量为管路和钻孔体积的 2 ~ 3 倍。

（13）单孔出水量 <2m³/h 时，采用井下单液水泥浆封孔；单孔出水量为 2 ~ 10m³/h 时，采用地面单液水泥浆封孔；单孔出水量 >10m³/h 时，采用地面黏土水泥浆；要求完成一孔注一孔，严禁成多孔后一次注浆。

（14）钻穿 L1、L2、L3 灰岩后要观测灰岩水的水压、水温和水量，然后放水冲洗岩粉，如果水量很小，则要做压水试验，试验压力为 7.0 ~ 8.0MPa，然后再注浆。

（15）钻探过程中若孔内出水，应即时采样化验（写明取样层位、取样人及取样日期）并即时注浆。

（16）及时对钻孔进行测斜、分析总结并制定相关预防偏斜措施，提高钻孔施工的精确度。钻孔测斜率不小于总加固孔的 10%。

（17）每相邻两个钻场至少布置一个全取心孔，分别为完整底板和水文地质条件异常的底板，具体孔别视施工情况而定。

（18）每个钻孔附有预想柱状图，每孔开工前，技术人员应认真贯彻柱状内容，让每名钻工了解层位的结构情况；每个钻场要求挂有各钻孔布置平、剖面图，各钻窝、钻孔挂牌管理。

（19）单个钻场施工结束后，要编制钻场施工总结，并提交钻场搬家通知单，经地质人员审查同意后，钻机方可撤离。

5）注浆设计

a. 注浆方式

注浆方式为下行式注浆法。采用地面注浆站制浆，注浆管路输浆至井下钻孔注浆。

b. 注浆材料及浆液浓度

注浆材料为黏土水泥浆或单液水泥浆。水泥为新鲜的 PO42.5 普通硅酸盐水泥，其质量应符合国家标准《通用硅酸盐水泥》（GB 175—2007），不得使用受潮结块的水泥或过期的水泥。黏土 40μm 以下的粒径不得小于 90%。单液水泥浆浓度为 1.20～1.30g/cm³；黏土水泥浆浓度为 1.22～1.30g/cm³，黏土与水泥的质量比小于 1∶1。

为了提高工作面底板注浆效果，黏土浆相对密度应控制在 1.14 左右，黏土、水泥混合浆液，相对密度为 1.18～1.30，即每立方米浆中黏土掺入量为 0.345t，水泥掺入量为 0.066～0.282t。详细配比见表 7.1。

表 7.1　黏土水泥浆配比方案表

浆液相对密度	黏土浆相对密度	黏土浆相对密度平均值	黏土质量/t	黏土质量平均值/t	水泥质量/t	水泥质量平均值/t
1.14	1.14		0.345		0	
1.18	1.14～1.18	1.16	0.345～0.465	0.405	0.066～0.000	0.033
1.22	1.14～1.18	1.16	0.345～0.465	0.405	0.128～0.064	0.096
1.26	1.14～1.18	1.16	0.345～0.465	0.405	0.207～0.138	0.172
1.30	1.14～1.18	1.16	0.345～0.465	0.405	0.282～0.212	0.248

注：①表中黏土或水泥配比质量为每 1t（m³）水中要添加的注浆材料的质量。配比方法为先在每 1t（m³）水中添加表中第四列设定质量的黏土，制成表中第二列设定相对密度的黏土浆，然后再添加表第六列设定质量的水泥，即可制成表中第一列设定相对密度的浆液。浆液相对密度、黏土浆相对密度由注浆站在线密度仪跟踪监测。②黏土水泥浆干料重量计算公式：制 1m³ 浆黏土干量：$G = 3/2$（$2r_1 - 2.05$）；制 1m³ 浆水泥干量：$G = 3$（$r_2 - r_1$）/$3 - r_2$。其中，G 为黏土、水泥干量；r_2 为混合浆相对密度；r_1 为黏土浆相对密度。

c. 注浆方法

注浆钻孔施工完成后及时放水冲洗孔内岩粉 10min，注前先用地面注浆泵 3 挡压清水试注 30min。根据钻孔出水量大小、钻孔可注性，合理选择注浆方式。

首先采用相对密度为 1.14 的黏土浆注浆，注入量 10～15m³，注入黏土浆后，改注黏土水泥浆，其相对密度由小变大，浆液由稀变稠，连续注浆 4h 后待孔口压力无变化时，浆液密度上调一级，具体按表 7.2 的要求完成。若为注浆量>200m³ 的浆液，约 120t，则采用"间歇式"注浆。

表7.2 黏土水泥浆液注浆参数表

浆液相对密度	孔口压力/MPa	注浆时间/h	说明
1.26	≤5.50	4	采用3~4挡注浆，地面给压1.0MPa左右
1.30	≤6.50	注至结束	采用1~2挡注浆，地面给压2.0MPa左右

d. 注浆结束标准

Ⅰ. 注浆压力标准

注浆压力的大小直接影响到浆液的扩散距离与有效的充填范围。为使浆液有适当的扩散范围，既不可将压力定得过低，造成漏注，也不可将压力定得太高，致使浆液扩散太远，甚至刷大原有的裂隙通道，出现新的突破口，增加涌水量。根据以往注浆经验，注浆总压力为受注含水层最大静水压力的1.5~2倍。静水压力取值可根据附近水文钻孔实测水压值结合工作面标高计算，同时参照临近工作面底板改造期间灰岩实际水压。静水压力取值按最大值进行取舍，最后确定工作面注浆终压。

Ⅱ. 注浆量标准

终孔吸浆量≤20L/min（地面站注浆量≤40L/min）。

Ⅲ. 封孔

为防止注浆孔内有残留水，必须进行封孔。一般要进行两次封孔。第一次是终压前向孔内注水泥浆封孔，如不能完全封孔，则第二次在井下孔口处用浓度较大的水泥浆及锚固剂封孔。

e. 注浆量预算

（1）公式法：用浆量 $M_1 = K \times V \times N = K\pi r^2 hnN/\beta$。其中，$K$ 为用料系数（1.2）；V 为注入浆量，m^3；r 为扩散半径（35m），m；h 为 L1、L2、L3 灰岩厚度，m；n 为灰岩裂隙率，%；β 为结石率（0.6）；N 为孔数。

（2）比拟法：总注浆量 $W = N \times d$。其中，d 为矿井内相邻工作面单孔的平均注浆量，m^3；N 为孔数。

f. 注浆施工技术要求

（1）将注浆管路与孔口接好。

（2）关闭孔口闸阀，对全部注浆管路做清水耐压试验，压力不小于注浆终压，稳定时间不小于30min。管路正常时，向孔内压水，了解钻孔的可注性，并再次检查孔口管质量，时间为30min。压水试验过程中每5min观测记录一次。管路有阻塞和渗水现象要及时修理或更换。如果孔口管四周漏水要采用井下注浆泵加固处理，可在浆液中增加海带、黄豆、锯末等固料增加止水效果，处理前编制详细的施工安全技术措施。

（3）管路一切正常后开始注浆。如果单孔注浆量大于120t，约200m³浆液，则要采取间歇注浆。间歇注浆前要将注浆管路和钻孔内浆液置换成清水，防止浆液凝固，影响下次注浆，注浆间隔时间为12~24h。

（4）当注浆压力快到终压，注浆工作接近尾声时，切换成清水注孔，注水时间为浆液行程时间的一半。然后打开泄压阀泄浆，关闭孔口闸阀。

（5）单孔注浆结束标准：地面注浆泵2挡注浆时，当孔口压力已达到7MPa，且当泵量在 60L/min 左右，维持 15min，即可结束注浆。若有待注钻孔，则按照正确操作方法（地面先停泵，再关闭已注钻孔和注浆关闸阀）与新的注浆孔连接。若无待注钻孔，则打开泄浆阀，冲洗管路。

（6）连续注浆时间较长时，应定期打开泄浆阀泄浆，防治泄浆阀阻塞。

（7）封孔：对钻孔涌水量≤2m³/h 的孔，使用井下注浆泵（水灰比 1∶1）注浆封孔，封孔终压同于地面站注浆。

g. 工程质量检查

（1）取心法：通过取心孔来判定底板岩性、底隔厚度，通过钻孔水压、水量变化及岩层裂隙充填情况来检查注浆效果。

（2）物探法：注浆前采用矿井瞬变电磁法和音频电透视法进行探测，相互验证。注浆后拟采用矿井瞬变电磁探测法对注浆质量进行检查，通过与注浆前探测结果对比来检查验证注浆改造效果。

（3）重开法：对于水量>60m³/h 的钻孔和注浆质量差的钻孔，要进行扫孔重新检查。

（4）注浆检查孔：各钻场设计钻孔注浆结束后，每个钻场至少布置一个注浆效果验证孔，重点检查构造薄弱带、物探异常区、收作线附近、钻孔出水量较大及注浆质量差的地段。

（5）测斜：每个钻场钻孔施工结束后，将选择底隔厚度异常及钻孔倾角<35°的钻孔进行跟踪测斜，测斜率不小于总孔数的 10%。

6）排水设计

排水泵窝尺寸参见钻场尺寸设计示意图（图 7.1），两趟 20cm 管路排水，泵排能力不小于单孔最大涌水量，并根据现场条件布置排水路线。

7）供电设计

排水供电为专用供电线路，施工现场必须有 90kW 以上的供电能力。为确保排水安全，采用双回路供电。

8）通信要求

在工作面机巷和风巷各安装一部电话，随钻场移动，以便和地面注浆站保持联系通畅，确保钻场注浆安全。

3. 《工作面底板注浆改造防治水工程设计报告》编制

根据工作面地质与水文地质条件，按照皖北煤电集团有限责任公司企业技术标准中《工作面底板注浆改造防治水工程设计报告》编写提纲，编制《工作面底板注浆改造防治水工程设计报告》。

7.3.2.2 工作面底板注浆改造施工过程与工艺流程

1）注浆钻孔施工过程

施工单位接到设计后，编制施工安全技术措施，报生产部和有关科室及矿总工程师审批后组织实施，严格按照钻孔设计通知单中的相关技术要求施工。施工步骤为：每台钻机可以采用三孔开局法，在固管凝浆时，开工其他钻孔，孔口管完成后再按顺序钻进。开孔前施工单位工程技术人员要以联系单形式联系生产技术部测量组，测量人员接到联系单后需下井送钻孔方位线。每个钻窝内的钻孔的施工顺序是：Zx-1，Zx-3，Zx-5，…，Zx-2，Zx-4，Zx-6，…，这样既可检验原来的注浆效果，又可将原来未注实的裂隙补充注实。原则上完成一孔注浆一孔，以防止钻孔串浆。如果同一钻窝同时开工两台钻机，要按照上述孔序施工，注浆要同时注，防止串浆。

注浆孔的施工顺序为：钻孔定位→开孔、下套管→钻进至设计下保护管深度→下保护管→钻进设计深度→注浆，直至达到注浆结束标准。具体注浆钻孔施工工艺流程如图 7.3 所示。

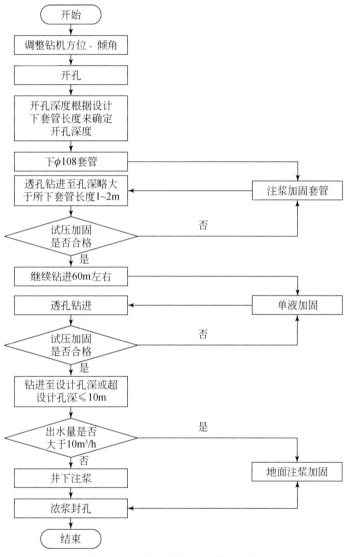

图 7.3　注浆钻孔施工工艺流程图

2）底板改造注浆施工过程

施工单位应根据注浆设计要求，编制注浆施工安全技术措施，报生产部和有关科室及矿总工程师审批后组织实施,采用井上下配合注浆,严格按照注浆设计和相关技术要求施工。注浆施工顺序为:检查设备→管路试压→观测钻孔水压波动情况→注浆至设计终压→洗注浆管路。地面注浆工艺流程如图 7.4 所示。

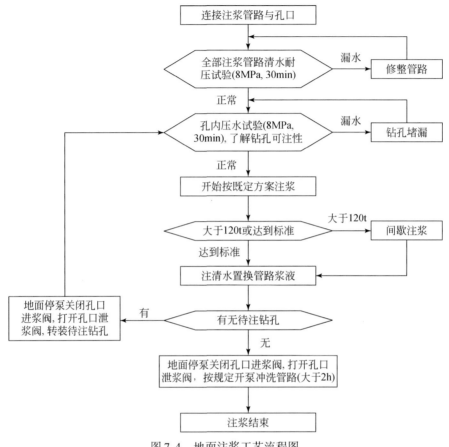

图 7.4　地面注浆工艺流程图

7.3.2.3　工作面底板注浆改造效果检验

工作面底板注浆结束后,要对注浆效果进行检验,目前常采用物探和钻探两种方法。

1. 物探法效果检验

为了解注浆后煤层底板含水裂隙封堵与含水层改造效果,采用与注浆前同样的物探方法在工作面施工,对注浆后煤层底板再次进行探测,通过注浆前后阻值的变化及低阻异常发育范围对比,分析底板可能存在威胁的含水裂隙发育范围及位置,做针对性的注浆效果检验。对注浆后的物探异常区要采用钻探验证,观测钻孔涌水量情况,若涌水量>10m³/h,则应根据异常区有针对性地重新布孔进行注浆。

2. 钻探法效果检验

1）钻孔检查要求

（1）数量：检查孔的数量不少于注浆孔的 20%。

（2）标准：检查孔出水量<10m³/h。若检查孔出水量≥10m³/h，要继续进行注浆改造，直至小于 10m³/h。

（3）重点检查地段：构造薄弱带、富水区及注浆质量差的地段。

（4）每个孔注浆结束，要由地测部门组织有关人员进行验收，填写验收报告单，并进行评价。

2）钻孔检查方法

a. 涌水量对比法

注浆前施工的钻孔涌水量较大，为检查该面注浆效果，在涌水量较大钻孔终孔位置附近施工验证钻孔，若出水量较小，说明注浆后煤层底板的导水裂隙得到了有效的封堵，注浆效果明显。

b. 钻孔取心法

通过取出的岩心直观地得出实际底隔厚度及各段的岩性情况，检验工作面注浆效果。

7.3.2.4　工作面采前安全性评价

工作面注浆工程完成后，要对整个工作面物探、钻探和注浆工程进行总结，对注浆效果进行评价，最后提交工作面开采安全性评价报告。其主要内容包括煤层底板水文地质特征分析评价、注浆前后物探效果分析评价、单孔注浆过程评价、总注浆量、单位注浆量评价、涌水量预计、采前防治水安全评价等，详细内容和要求参考皖北煤电集团有限责任公司企业技术标准中《工作面底板注浆改造控水开采安全评价报告》编写提纲。

7.4　底板注浆加固与含水层改造控水技术示范工程及效果评价——以恒源煤矿 Ⅱ6111 工作面底板注浆加固与含水层改造工程为例

7.4.1　工作面基本条件

1）工作面概况

Ⅱ6111 工作面位于 Ⅱ61 采区右侧中下部，设计为走向长壁、综采工作面，巷道长度：风巷 990m，机巷 770m，平均为 880m，倾斜宽为 160m。因留设宽 60m 的二水平南翼皮带机巷保护煤柱线，Ⅱ6111 工作面实际回采长度为 675m。工作面巷道跨过宽缓的小城背斜，煤层呈中间高，两端低，工作面煤层倾角外段 10°～15°，里段 7°～11°，工作面回采范围内机巷标高在-600.0～-561.3m 之间，风巷标高在-564.0m～-537.4m 之间，切眼标高在-568.9m～-545.0m 之间。

Ⅱ6111 工作面周围地质情况是：工作面切眼靠近 DF5 断层，工作面收作线靠近二水平南翼运输大巷和二水平南翼轨道大巷，工作面上下均为Ⅱ61 采区尚未布置的采掘工程区段，95-7 钻孔位于工作面内（图 7.5）。

工作面储量情况：Ⅱ6111 工作面煤厚在 2.60 ~ 2.95m 之间，平均煤厚为 2.83m，煤层可采性指数为 1，煤厚变异系数为 8%，地质储量 44.93 万 t，可采储量 42.68 万 t。

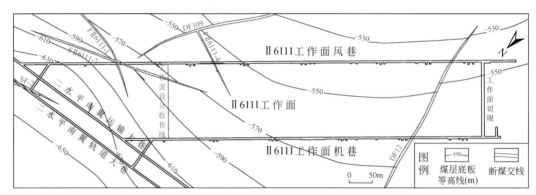

图 7.5　Ⅱ6111 工作面地质图

2）工作面煤层顶、底板特征

（1）伪顶：根据Ⅱ6111 工作面掘进情况及周围钻孔揭露的煤层顶板岩层来判断，Ⅱ6111 工作面煤层伪顶不甚发育，厚 0.2 ~ 0.7m，平均厚 0.4m 左右。

（2）直接顶：Ⅱ6111 工作面直接顶自下而上由泥岩、细砂岩组成，其中，下部的泥岩深灰色–灰黑色，普遍含有大量植物化石碎片，局部富集成炭质泥岩及少量镜煤条带，少量裂隙发育，根据顶板探查情况及 95-7 钻孔资料，泥岩厚 0.8 ~ 2.2m，平均 1.4m；上部的细砂岩为灰色–灰白色，以石英及暗色矿物为主，含少量炭纹，水平层理发育，高角度裂隙被方解石脉充填。根据 13-5、95-7 钻孔资料及实际探测，细砂岩厚 1.4 ~ 5.0m，平均为 3.2m。

（3）老顶：Ⅱ6111 工作面老顶粉砂岩，灰黑色，含植物化石碎片。夹少量镜煤条带和较多炭纹，波状层理发育，高角度裂隙被方解石脉充填，平均厚 22.2m。

（4）直接底：Ⅱ6111 工作面直接底为泥岩，灰黑色，块状，富含炭质及大量植物化石碎片，顶部相变为炭质泥岩。根据 14-6、13-5、95-7 钻孔资料，直接底厚为 0.6 ~ 1.8m，平均为 1.2m。

（5）老底：Ⅱ6111 工作面老底岩层为叶片状砂岩，灰色–深灰色，以粉砂岩为主，夹有大量浅色细砂岩，形成互层状；具水平层理，少有植物化石。老底岩层总厚平均为 31.5m。其下海相泥岩 17m 左右；海相泥岩下为太灰组岩层，以粉砂岩、泥岩和灰岩为主，其中薄层状灰岩发育 13 层，L1 ~ L3 灰岩单层厚度在 2.0 ~ 6.0m 之间，其间夹 4.0 ~ 6.0m 的泥岩和粉砂岩层，如图 7.6 所示。

3）工作面地质构造特征

Ⅱ6111 工作面存在的地质构造主要有 2 类：背斜构造和断层构造。

背斜构造：Ⅱ6111 工作面横跨宽缓的小城背斜，基本上为一宽缓的单斜构造。小城背

岩性	综合柱状	层厚/m	岩性描述
细砂岩		3.2(1.4~5.0)	灰黑色,细粒结构,波状层理发育
泥岩		1.4(0.2~2.2)	深灰色-灰黑色,富含植物化石碎片
6煤层		2.83(2.6~2.95)	灰黑色-黑色,块状结构
叶片状砂岩		31.55	上部为1.17m左右的泥岩,砂岩呈互层状,水平层理,少有植物化石
海相泥岩		16.7(10.5~23.9)	深灰色-灰黑色,结构致密、结构完整
L1灰		2.1(0.8~4.2)	浅灰色-深灰色,结构致密、裂隙发育
泥岩		5.15	以泥岩为主,局部含粉砂质成分
L2灰		2.4(1.4~4.7)	浅灰色-深灰色,裂隙发育
泥岩		4.9	深灰色-灰黑色
L3灰		3.1(2.1~6.9)	浅灰色-深灰色,裂隙发育
泥岩			深灰色-灰黑色

图 7.6　Ⅱ6111 工作面顶、底板岩性柱状示意图

层厚列内容为平均值（最小值~最大值）

斜为一对称性宽缓背斜构造，轴向 NNW，平行孟口断层展布，背斜轴向长约 3km，两翼煤岩层倾角平缓，一般 7°~15°，北段起于 EW 向的温庄向斜，南段被吕楼断层改向，止于 BF4 断层。

断层构造：Ⅱ6111 工作面在掘进期间共揭露大小断点 13 个，组成大小 12 条断层，其中风巷揭露断层 7 条，机巷揭露断层 4 条，新、老切眼共揭露断层 2 条。按断层规模分类，落差≥3.0m 的断层 4 条，落差在 2~3m 的断层 5 条，落差<2m 的断层 3 条，对工作面回采有较大影响的有 FⅡ6111-7、FⅡ6111-8、FⅡ6111-9、FⅡ6111-11、FⅡ6111-2 和 FⅡ6111-4 等断层。

4）Ⅱ6111 工作面治理前水文地质条件分析

（1）煤层顶、底板砂岩裂隙水：工作面八含砂岩厚度较大，裂隙发育，掘进期间巷道顶、底板砂岩裂隙水出水量就有 6~7m³/h。表现在顶板或底板断层切割处集中出水。当工作面回采后砂岩进一步连通破坏，出水量有增大的趋势。工作面回采过程中，存在一定的砂岩水的影响。

（2）煤层底板灰岩水：工作面底板承受太灰水压为 3.01~3.73MPa（根据水 18 孔水

位 -209m 和水 5 孔 -230m 左右）；Ⅱ6111 工作面平均底隔厚度 52.5m，根据 Ⅱ614 工作面底板震波探查资料，综采工作面底板破坏深度 14.9m（张平松等，2006），所以工作面有效隔水层厚为 37.6m。据此按式（6.2）计算出注浆改造前工作面突水系数为 0.080 ~ 0.099MPa/m，超过正常块段的临界突水系数，若工作面不进行注浆改造，则不能保证安全回采。

7.4.2 工作面主要水害威胁程度分析

1. 与相邻工作面的对比分析

与相邻的 Ⅱ617 工作面比较可以看出 Ⅱ6111 工作面水文条件的复杂程度。Ⅱ6111 两巷掘进期间揭露多条小断层，与 Ⅱ617 工作面地质构造复杂程度相似，底隔厚度相似，Ⅱ6111 工作面底板承受最大太灰水压大于 Ⅱ617 工作面（表 7.3），工作面突水系数大于 Ⅱ617 工作面，存在着底板突水威胁。

表 7.3　Ⅱ6111 工作面与周遍工作面水文地质条件比较表

工作名称	底板厚度/m	最大太灰水压/MPa	构造复杂程度评价	最大突水系数/(MPa/m)	突水评价	备注
Ⅱ613	43	2.60	简单	0.093	可能突水	经实施底板注浆加固工程，已实现安全回采
Ⅱ614	42	2.40	复杂	0.087	可能突水	对断层进行部分加固注浆，已实现安全回采
Ⅱ617	51	3.42	复杂	0.095	可能突水	实施底板注浆加固工程，已实现安全回采
Ⅱ6111	52	3.73	复杂	0.099	可能突水	需进行底板注浆改造工程

通过以上对比分析认为，Ⅱ6111 工作面进行底板注浆改造工程是必要的，同时也是可行的。

2. 工作面涌水量预计

1）煤层顶、底板砂岩裂隙涌水量预计

回采中煤层顶、底板砂岩裂隙水较掘进期间有所增加，表现为老塘出水，可能还含有部分的灰岩水成分，用比拟法对 Ⅱ6111 工作面回采期间的砂岩水量进行了预计，用以往工作面回采情况进行比拟，得出 Ⅱ6111 工作面回采期间最大涌水量为 30m³/h 左右。

2）工作面注浆改造前太灰突水量预计

采用"大井法"对工作面底板灰岩水的可能突水水量进行了预计，结果为 305m³/h。

3. 工作面水害威胁程度分析

从以上分析可以看出，Ⅱ6111 工作面回采过程中，砂岩裂隙水对工作面回采不构成安全威胁，其受到的主要水害威胁是煤层底板灰岩水的突水。

7.4.3　工作面防治水技术路线

首先采用工作面物探，查明工作面顶板、底板的地质、水文地质条件，在此基础上进行底板注浆设计；根据设计要求，利用钻探对工作面底板进行探查与全程注浆改造，把工作面底板灰岩含水层改造为隔水层（或弱含水层），并有效加固断层带，封堵断层导水通道，将工作面底板灰岩水突水系数降至 0.07MPa/m 以下，确保工作面安全回采。考虑工作面回采和底板改造的时间关系，注浆加固工作采用分段（里、外段）治理，以分段评价的方式进行。

7.4.4　工作面防治水工程设计

1. 物探设计

采用 2 种物探方法，一种是网络并行电法，探测工作面底板富水性；另一种是无线电波透视（坑透），探测工作面内构造情况。

1）工作面底板网络并行电法探查

该探查主要任务是：

（1）风巷 F3 ~ F6 测点段面内底板隐伏构造的赋存情况；

（2）工作面底板深度 –80 ~ 0m 水平富水区赋存情况；

（3）工作面巷道揭露落差>3m 断层的延展情况。

探查范围：由二水平南翼皮带机巷 P1 点为起点经工作面两巷，分别至工作面两巷切眼口，测线总长 2050m 左右。

2）工作面无线电波探查

该探查主要任务是：

（1）探查测线范围内底板隐伏构造的赋存情况；

（2）工作面巷道揭露落差>3m 的断层在工作面内的延展情况；

探测范围：风巷由 F1 点至风巷切眼口，机巷由 P16 点前 30m 至机巷切眼口，测线总长 1670m。

2. 钻场设计

Ⅱ6111 工作面底板注浆加固改造工程共设计 11 个钻场，其中将风巷钻场编为单号，分别为 1#、3#、5#、7#、9#、11#；将机巷钻场编为双号 2#、4#、6#、8#、10#。

各钻场钻窝、排水水窝和注浆泵窝位于巷道的同一侧，机巷钻场布置在巷道的下帮（工作面外侧）。风巷钻场布置在巷道的下帮（工作面内侧）；各钻场位置根据巷道的坡度而定，避开巷道的斜坡上、难以稳钻的部位，选定在相对平整处；并根据物探结果，在水文地质异常区加密钻窝和钻孔。具体尺寸按 7.3.2.1 节要求进行。

3. 钻探设计

1) 底板改造目的层选定

II 6111 工作面水压在 3.01 ~ 3.73 MPa 之间，相应突水系数为 0.080 ~ 0.099 MPa/m，注浆改造目的是将工作面突水系数降至 0.07 MPa/m 以下（断层带加固封堵），注浆前工作面有效隔水层厚度 37.6m，若工作面底板改造只加固到 L2 底，则有效隔水层厚度增加到 52.9m（未考虑 L3 灰可能存在的原始导高），此时工作面相应突水系数变为 0.057 ~ 0.071 MPa/m，工作面外段仍有部分超出《煤矿防治水细则》要求范围。为保证工作面底板注浆良好效果，根据巷道底板实际承受灰岩水压及物探探查资料，对工作面外段（煤层底板标高 -570m 以下）和物探探查出的重点异常区内的钻孔要求施工至三灰，即 1#、2#、5# 和 9# 钻场的钻孔设计加固到 L3，对 4# 和 11# 钻场的部分钻孔设计加固到 L3。则工作面内的重点异常区会取得很好的注浆效果，设计收作处，即工作面承受底板灰岩水压最大处的突水系数减小为 0.064 MPa/m，工作面可安全回采，所以工作面注浆加固目的层为太原组 L2、L3 层位。

2) 钻孔数量

II 6111 工作面共设计底板加固钻孔 36 个，其中风巷 6 个钻场，设计钻孔 19 个，机巷 5 个钻场，设计钻孔 17 个，所有钻孔中检查孔 7 个。

其他相关钻孔参数、注浆工艺、技术要求等设计按 7.3.2.1 节要求进行。

7.4.5　工作面水文地质条件探查

1. 工作面物探

根据工作面水文地质条件分析，分别采用网络并行电法和工作面无线电波对工作面进行了相应的探查。

1) 工作面底板网络并行电法探查结果

采用网络并行电法对 II 6111 工作面底板进行了探测，结果如下。

（1）砂泥岩段富水性探测，0 ~ 50m 砂泥岩段地层共有 8 个相对低阻异常区，可能相对富集砂岩裂隙水，其中 1#、2# 异常区位于工作面里段，4#、5#、6# 异常区位于工作面外段，3# 异常区在两者交界处，7#、8# 异常区位于工作面之外。各低阻区情况如下。

1# 异常区：走向影响约 220m，倾斜方向长 85m。该范围中小断层和裂隙发育，砂岩层位富水性相对较强，可能与灰岩水之间存在一定的水力联系，为重点防治水区域。

2# 异常区：走向影响约 200m，倾斜方向约 40m，影响深度主要为 0 ~ 30m。该范围中小断层发育，可能富集砂岩裂隙水。

3# 异常区：走向影响约 160m，倾斜方向约 80m，影响深度主要为 0 ~ 25m，深度较浅部地层中，向下影响减弱。该范围可能含一定量砂岩裂隙水，威胁程度较小。

4# 异常区：走向影响约 130m，倾斜方向约 50m，影响深度 0 ~ 40m。该范围可能富含砂岩裂隙水，具有一定威胁。

5#异常区：走向影响约 100m，倾斜方向约 60m。该异常区一直向下到灰岩地层，与灰岩水有一定联系，为重点防治水区域。

6#异常区：走向影响约 50m，倾斜方向约 50m，影响深度主要为 0～25m，深度较浅部地层中，向下影响减弱。该范围可能相对富集砂岩裂隙水，需加强防治水工作。

7#异常区：走向影响约 80m，倾斜方向约 30m。该异常区在三极电测深结果有较明显的相对低阻特征。该异常区主要表现在 0～25m 深度较浅部地层中，到 33m 切面即表现为高阻特征。该巷道受 FⅡ6111-1 和 FⅡ6111-2 断层（落差分别为 3m 和 8.5m）影响，因此该范围裂隙发育，为不含水裂隙区，但可能成为导水通道，需加以防范。

8#异常区：走向影响约 40m，倾斜方向约 30m，可能相对富集砂岩裂隙水，但威胁程度较小。

（2）灰岩段富水性探测，垂深 50m 以下为灰岩地层，该范围共有 2 个相对低阻异常区，分别为 1#和 5#低阻异常区，均与砂岩段相对低阻区相连。各低阻区情况如下。

1#异常区：该异常区在较浅部砂泥岩地层中，表现为相对低阻特征，相对富含砂岩裂隙水。该异常区在灰岩段沿走向影响约 180m，倾斜方向长约 80m。该范围断层发育，落差较大，因此该范围中可能广泛发育小断层和裂隙，该范围可能相对富含岩溶水，为重点防治水区域。

5#异常区：靠近回风巷位置，走向影响约 70m，倾斜方向约 40m。在砂岩泥段，相对低阻明显，可能相对富含砂岩裂隙水。该异常区一直向下到灰岩地层。灰岩段该范围视电阻率值高于 1#低阻区值，因此可能含有一定规模的灰岩岩溶水，需加强防治水工作。

（3）风巷 F3～F6 测点段向工作面内主要表现为 7#异常区。该范围为断层影响带，裂隙发育，砂泥岩段为相对低阻区，相对富含裂隙水。在灰岩段 50～62m 深范围为相对低阻，再向深部低阻不明显，因此该范围不存在隐伏陷落柱。

（4）工作面内构造连通情况：FⅡ6111-9 和 FⅡ6111-10 断层均为逆断层，且低阻延展方向较为一致，可能为同一断层。其余断层在电性特征上，无明显连通表现，应为不同断层，如图 7.7 所示。

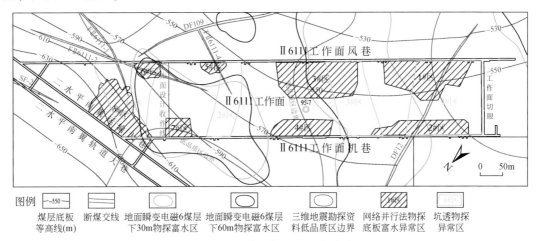

图 7.7　工作面物探探查成果图

2）工作面无线电波探查结果

采用无线电波透视共探出 4 处物探异常区（图 7.7）：

（1）1#异常区主要是受断层影响所致，预测在本异常区内近断层处煤层顶、底板裂隙较为发育，断层起伏较大，由于受构造力的影响，煤层变薄缺失、产状变化较大，回采时可能会出现一定的淋渗水现象；

（2）2#、3#异常区主要受断层影响所致，预测异常区内裂隙发育，断层附近煤层顶底板松散、破碎，对工作面的正常回采有一定影响；

（3）4#异常区主要受断层及小背斜构造体影响所致，预测异常区内裂隙发育，煤岩层产状变化较大，对工作面安全回采有一定影响；

（4）工作面内未发现其他类型的地质构造。

2. 工作面钻探

Ⅱ6111 工作面底板注浆改造工程，自 2008 年 12 月 23 日正式施工，至 2009 年 7 月 14 日施工完成，历时 203 天。工作面共施工 11 个钻场，编号分别为 1#～11#。底板注浆加固钻孔 43 个，钻探总进尺为 4200.22m，扫孔进尺 3269.37m；煤层底板砂岩水治理钻孔 2 个（2-3 和 B1 孔），钻探总进尺为 78.20m。各钻孔参数均最大限度地满足设计要求，采用活动式底盘稳固钻机，图解法放设钻孔，最大限度地保证了钻孔的精度，对于个别受钻场尺寸限制的钻孔，重新调整了钻孔的布局，得到相同的施工效果。

（1）钻孔深度要求：工作面外段除 6-1、6-2 和砂岩水治理孔外，均要求终孔于三灰底；里段位于网络并行物探异常区内的钻孔，均终孔于三灰底，以便增加对物探异常区底板的加固效果。

（2）物探异常区钻孔分布情况：为了在最大程度上对物探异常区进行加固，增加了在网络并行电法物探异常区内的钻孔数，共施工钻孔 23 个，对异常区进行探查。

3. 工作面底板的水文地质特征

1）工作面煤层底板岩性组合特征

从工作面钻探资料可知，6 煤层底板为一套软、硬相间的岩性组合。钻探控制的层位为 6 煤层～L2（L3）底，煤层直接底为细砂岩，局部含粉砂岩条带，平均 31.5m。其下为深灰色致密海相泥岩，平均层厚 16.6m，海相泥岩下为太原组薄层灰岩，岩性组合呈上硬下软特征，有利于隔水。从地层间距看，6 煤层～L1 间距基本正常。工作面里段 18 个底板钻孔中，6 煤层～L1 顶的最小间距为 39.7m，最大间距为 54.9m，平均间距为 48.1m。6 煤层～L2 顶的最小间距为 46.4m，最大间距为 63.5m，平均间距为 55.9m。6 煤层～L3 顶最小间距为 54.4m，最大间距为 68.6m，平均间距为 61.8m。工作面外段 25 个底板灰岩改造钻孔中，6 煤层～L1 顶的最小间距为 45.1m，最大间距为 53.5m，平均间距为 48.4m。6 煤层～L2 顶的最小间距为 52.8m，最大间距为 63.0m，平均间距为 57.8m。6 煤层～L3 顶最小间距为 59.0m，最大间距为 73.9m，平均间距为 67.2m，见表 7.4。

表 7.4　Ⅱ6111 工作面钻孔探查成果表

位置	序号	钻孔	钻孔斜长/m	海相泥岩厚/m	6 煤层~L1 顶间距/m	6 煤层~L2 顶间距/m	6 煤层~L3 顶间距/m	L1 厚度/m	L2 厚度/m	L3 厚度/m	备注
里段	1	6-3	87.4	17.1	44.7	51.1		2.0	2.6		穿过二灰
	2	6-4	78.8	19.8	45.6	53.2		3.3	2.5		穿过二灰
	3	7-1	94.19	23.45	49.5	55.3		1.9	3.3		穿过二灰
	4	7-2	93.1	13.8	42.2	46.4	54.4	0.8	2.1	2.9	穿过三灰
	5	7-3	100.4	10.5	39.7	46.7	55.1	1.6	1.6	2.6	穿过三灰
	6	7-4	82.3	17.6	45.7	50.1	59.4	2.6	2.1	2.5	穿过三灰
	7	8-1	77.5	17.4	53.4	59.9		2.4	2.2		穿过二灰
	8	8-2	90.9	15.5	46.6	55.2		2.7	2.7		穿过二灰
	9	8-3	85.7	18.2	51.7	60.6		1.7	2.1		穿过二灰
	10	9-1	130.0	20.3	49.5	56.4	64.2	1.5	2.2		揭露三灰
	11	9-2	131.2	19.3	49.6	57.3	64.8	1.6	2.0		揭露三灰
	12	9-3	110.6	23.9	52.2	61.9	68.6	1.5	1.8	2.4	穿过三灰
	13	10-1	94.5	17.8	54.9	63.5		2.4	2.1		穿过二灰
	14	10-2	100.8	17.3	49.5	60.4		2.2	2.3		穿过二灰
	15	10-3	100.0	10.9	45.6	59.56		2.8	2.5		穿过二灰
	16	11-1	99.8	14.7	48.6	56.7	66.2	2.0	2.2		揭露三灰
	17	11-2	98.0	16.2	47.4	55.3		1.7	1.8		穿过二灰
	18	11-3	90.1	14.1	48.6	56.9		2.3	2.1		穿过二灰
	平均			17.1	48.1	55.9	61.8	2.1	2.2	2.6	
外段	1	6-1	75.5	17.1	45.1	52.8		1.7	2.8		穿过二灰
	2	6-2	73.8	13.9	48.0	58.4		3.2	4.5		穿过二灰
	3	5-1	82.9	16.2	46.8	55.9	62.0	1.7	2.0	1.6	穿过三灰
	4	5-2	106.3	17.5	47.7	55.1	62.5	1.4	1.4	1.0	揭露三灰
	5	5-3	110.6	19.5	52.4	60.3	69.1	1.0	2.1	1.6	穿过三灰
	6	5-4	105.89	18.0	47.1	58.7	69.5	1.8	2.4	2.2	穿过三灰
	7	5-5	76.49	12.2	46.3	52.8	59.0	2.3	1.9	2.1	穿过三灰
	8	4-1	90.1	18.3	49.2	57.7	70.4	2.0	2.5	4.0	穿过三灰
	9	4-2	82.7	14.3	49.4	59.6	72.0	2.9	1.5	6.9	穿过三灰
	10	4-3	94.2	19.0	53.5	63.0	73.9	1.7	3.8	3.4	穿过三灰
	11	3-1	99.4	13.7	47.0	61.4	71.1	4.2	3.1	2.7	穿过三灰
	12	3-2	98.47	18.4	50.7	62.2	72.0	2.3	1.8	3.2	穿过三灰
	13	3-3	97.07	16.9	47.2	55.2	64.4	1.6	1.9	4.3	穿过三灰
	14	3-4	94.2	16.2	48.6	57.4	67.2	1.7	2.7	3.3	穿过三灰
	15	3-5	118.7	14.2	48.2	57.7	68.6	1.4	3.7	3.8	穿过三灰

续表

位置	序号	钻孔	钻孔斜长/m	海相泥岩厚/m	6煤层~L1顶间距/m	6煤层~L2顶间距/m	6煤层~L3顶间距/m	L1厚度/m	L2厚度/m	L3厚度/m	备注
外段	16	2-1	90.5	23.7	48.6	56.1	61.9	2.4	2.3	2.4	穿过三灰
	17	2-2	76.25	13.2	47.8	56.9	67.2	3.4	2.4	4.9	穿过三灰
	18	2-4	74.35	14.1	45.7	54.1	59.9	2.4	2.2	3.0	穿过三灰
	19	2-5	100.07	18.0	50.1	61.5	72.0	2.9	4.7	4.3	穿过三灰
	20	2-6	80.21	12.5	48.6	56.3	63.5	1.9	1.8	2.0	穿过三灰
	21	1-1	91.29	13.2	47.9	56.3	64.4	1.6	2.3	3.6	穿过三灰
	22	1-2	122.65	16.9	47.0	54.3	62.5	1.8	2.0	3.3	穿过三灰
	23	1-3	97.8	19.0	48.5	61.2	72.3	2.4	3.4	3.9	穿过三灰
	24	1-4	102.23	13.4	45.8	57.2	69.2	1.9	4.2	4.3	穿过三灰
	25	1-5	91.85	14.4	52.6	62.3	71.7	2.6	2.0	2.0	穿过三灰
	平均			16.2	48.4	57.8	67.2	2.2	2.6	3.2	

2）工作面底板砂岩水出水性分析

根据钻探施工情况，工作面外段各钻场底板砂岩裂隙较发育，均有不同程度的出水；里段在8#、9#、10#钻场底板砂岩水较丰富，均有不同程度的出水，出水原因与1#和2#物探异常区有关。底板砂岩出水给孔口管的埋设带来困难，为了保证钻孔施工安全，均采用双层套管固孔。工作面钻孔砂岩层较大出水点统计见表7.5。

表7.5 工作面底板砂岩层位出水统计表

位置	孔号	出水深度/m	出水层位	出水量/(m³/h)	水质
里段	7-1	16.7	砂岩层	3	砂岩水
	7-2	17.6	砂岩层	3	砂岩水
	6-4	14.0	砂岩层	4	砂岩水
	8-2	13.0	砂岩层	8	砂岩水
	9-2	16.3	砂岩层	2	砂岩水
	11-1	17.6	砂岩层	2	砂岩水
	11-3	19.7	砂岩层	8	砂岩水
	10-2	30.0	砂岩层	5	砂岩水
外段	4-1	27.5	砂岩层	20	砂岩水
	4-3	30.1	砂岩层	25	砂岩水
	3-2	20.6	砂岩层	4	砂岩水
	3-5	22.0	砂岩层	4	砂岩水
	2-1	13.2	砂岩层	6	砂岩水
	2-2	37.5	砂岩层	7	砂岩水
	2-3	26.2	砂岩层	30	砂岩水

续表

位置	孔号	出水深度/m	出水层位	出水量/(m³/h)	水质
外段	B1	27.6	砂岩层	7	砂岩水
	2-4	19.1	砂岩层	17	砂岩水
	1-3	23.3	砂岩层	14	砂岩水

B1 孔为专门处理 2-3 孔砂岩层位出水而施工,两孔内砂岩水有一定的连通现象,2-3孔闸阀全关闭,B1 孔内出水 20m³/h;2-3 孔闸阀全打开,B1 孔内出水 7m³/h。处理两孔出水共注单液水泥浆 66.3m³,折合水泥 29.8t,浆液中添加各种骨料,包括海带 300kg、锯末 200kg、黄豆 60kg,说明该处砂岩裂隙十分发育。

3)工作面底板 L1~L3 岩层富水性分析

根据钻探工程分析,工作面底板灰岩裂隙较发育,在机巷一侧表现明显。灰岩水原始导高不存在,在揭露灰岩含水层前,基本不出水。施工的 43 个底板钻孔中,3-4 孔各层灰岩均无出水现象;L1 中 2 个孔出水量 20m³/h,12 个孔出水在 1~10m³/h,其余钻孔在 L1均无出水现象;穿过 L2 的 43 个钻孔出水量 0~70m³/h,其中有 20 个钻孔出水量在 10~40m³/h,出水量<10m³/h 的钻孔 16 个,L2 无明显出水钻孔 13 个,钻孔出水量最大为 2-5孔(70m³/h)和 3-3 孔(50m³/h);在 43 个钻孔中,穿过(揭露)L3 的钻孔共 30 个,出水量 5~120m³/h,其中 5-5 孔出水量最大,达到 120m³/h,出水量 30~65m³/h 的钻孔共 12 个,出水量 10~30m³/h 的钻孔共 9 个,出水量小于 10m³/h 的钻孔共 8 个,见表 7.6。

从钻探情况看,工作面 L1 富水性弱;L2 和 L3 在工作面范围内富水性不均一,且含水性中等偏弱,局部区域富水较强。

表 7.6　Ⅱ6111 工作面钻孔出水量一览表

位置	孔号	总孔斜长/m	出水量/(m³/h)	水压/MPa	水温/℃	出水层位
里段	6-3	87.4	10			二灰
	6-4	78.8	20	2.3	26.2	二灰
	7-1	94.2	2	2.4	26.7	二灰
	7-2	93.1	100			一灰出水量 10m³/h,二灰出水量 40m³/h,三灰出水量 50m³/h
	7-3	82.3	10			一灰出水量 5m³/h,三灰出水量 5m³/h
	7-4	100.4	30			一灰出水量 1m³/h,二灰出水量 1m³/h,三灰出水量 28m³/h
	8-1	77.5	25	2.5	27.5	二灰
	8-2	90.9	10	2.4	27.0	二灰
	8-3	85.7	10	2.4	27.3	二灰
	9-1	130.0	40	3.1	27.0	三灰
	9-2	110.6	40	3.1	27.7	三灰
	9-3	142.2	13	2.4	27.0	三灰

位置	孔号	总孔斜长/m	出水量/(m³/h)	水压/MPa	水温/℃	出水层位
里段	10-1	94.5	10	2.4	27.1	二灰
	10-2	100.8	3	2.4	27.4	二灰
	10-3	100.0	3	2.1	27.0	二灰
	11-1	99.8	30	3.1	27.0	三灰
	11-2	98.0	20	2.4	27.0	二灰
	11-3	90.1	15	2.2	27.0	二灰
	平均		21.7			
外段	6-1	75.5	40	2.4		一灰出水量20m³/h，二灰出水量20m³/h
	6-2	73.8	35	2.4		二灰出水量35m³/h
	5-1	82.9	30	2.8		二灰出水量10m³/h，三灰出水量20m³/h
	5-2	106.3	40	2.9		一灰出水量3m³/h，三灰出水量37m³/h
	5-3	110.6	35	2.8		二灰出水量25m³/h，三灰出水量10m³/h
	5-4	105.89	45	2.8		二灰出水量25m³/h，三灰出水量20m³/h
	5-5	76.49	120	2.7		三灰出水量120m³/h
	4-1	90.1	4			一灰出水量2m³/h，三灰出水量2m³/h
	4-2	82.7	3	2.5		二灰出水量2m³/h，三灰出水量1m³/h
	4-3	94.2	35			一灰出水量6m³/h，二灰出水量10m³/h，三灰出水量19m³/h
	3-1	99.4	30			一灰出水量5m³/h，二灰出水量10m³/h，三灰出水量15m³/h
	3-2	98.47	58			一灰出水量3m³/h，二灰出水量5m³/h，三灰出水量50m³/h
	3-3	97.07	50	2.3		二灰出水量50m³/h
	3-4	94.2	0			灰岩层位无出水现象
	3-5	118.7	46	2.5		一灰出水量3m³/h，二灰出水量28m³/h，三灰出水量15m³/h
	2-1	90.5	50			一灰出水量10m³/h，三灰出水量40m³/h
	2-2	76.25	20	2.4		一灰出水量20m³/h
	2-4	74.35	45	2.4		三灰出水量45m³/h
	2-5	100.07	71			二灰出水量70m³/h，三灰出水量1m³/h
	2-6	80.21	60			三灰出水量60m³/h
	1-1	91.29	35			一灰出水量2m³/h，二灰出水量6m³/h，三灰出水量27m³/h
	1-2	122.65	70			二灰出水量6m³/h，三灰出水量64m³/h
	1-3	97.8	67	2.4		二灰出水量37m³/h，三灰出水量30m³/h
	1-4	102.23	20	2.3		二灰出水量12m³/h，三灰出水量8m³/h
	1-5	91.85	74	2.5		一灰出水量4m³/h，二灰出水量10m³/h，三灰出水量60m³/h
	平均		43.3			

4. 煤层底板物探异常区钻探验证情况

根据钻探施工情况，工作面里段有 8 个钻孔出水量≥20m³/h，其中 4 个位于 1#低阻区内，2 个在低阻区边缘，1 个在低阻区外，可以看出对富水区的探测准确性达到 80%以上；10 个孔出水量<20m³/h，仅两孔在低阻区内，其他孔均在异常区范围之外，表明在正常区极少存在相对富水区，少量钻孔出水量较大可能与钻孔通过岩溶导水通道有关。工作面外段钻孔出水量≥40m³/h 的钻孔共 14 个，其中 8 个钻孔位于异常区内，2 个钻孔位于异常区边缘，4 个钻孔位于异常区以外。根据统计结果，绝大多数出水量较小钻孔位于相对正常视电阻率值区，多数出水钻孔位于圈定的低阻区范围，总体准确率达 70%。特别对出水量相对集中的两个大出水量区域，圈定准确。异常区外的几个钻孔，出水量都在 50m³/h 左右，主要位于 3#、7#大低阻区之间相对弱低阻的区域，可能与该钻孔经过较大岩溶管道有关。通过以上资料分析认为工作面网络并行电法资料与钻探资料基本符合。

由钻孔资料可以看出，Ⅱ6111 工作面底板隔水层厚度较为稳定，各钻孔灰岩的出水量变化较大，且绝对值较小，反应灰岩层岩溶裂隙发育不强。底板灰岩水量较大的钻孔多位于物探探查的富水异常区内，物探异常区是底板注浆改造的重点区域。

7.4.6 工作面底板注浆工程

1）工作面底板砂岩水治理情况

根据前期钻孔施工情况，工作面 6 煤层底板砂岩赋水性较强，工作面外段主要表现在 2#和 4#钻场，砂岩最大出水量达到 30m³/h，对钻探施工产生一定的影响。为保证孔口管的埋设质量，对工作面所有钻孔都埋设双层套管。钻探施工中首先对 6 煤层底板砂岩水进行注浆封堵，然后再揭露灰岩，对灰岩水进行治理。共注水灰比为 2：1 的单液水泥浆 144.4m³。

2）灰岩层位注浆情况

工作面里段注浆工程于 2009 年 4 月 10 日结束，底板注浆改造 18 个钻孔全部使用地面注浆站封孔，注浆浆液选取黏土水泥浆，注浆量为 1046.7m³。工作面外段注浆工程于 2009 年 7 月 14 日结束，25 个底板灰岩注浆改造钻孔全部使用地面注浆站封孔，注浆浆液选取黏土水泥浆，注浆量为 1902.43m³。各孔注浆情况见表 7.7。

（1）浆液密度的控制：采用 YM-7 型液体密度计对浆液浓度进行监测，注浆过程中安排专人监测，每 30min 监测一次，若发现浆液密度偏小或偏大，增加黏土和水泥用量或加水，保证浆液浓度在 1.18～1.28 的设计范围内。

（2）浆液配比情况：黏土浆液使用相对密度为 1.14，每 1m³ 浆液用量为 220kg；黏土水泥浆相对密度为 1.18～1.28，对应水泥用量为 70～230kg，平均每 1m³ 浆液用量为 180kg。

（3）注浆过程控制：在钻孔注浆过程中采取先用高挡（3～4 挡）压注，当受注钻孔起压后换低挡（1～2 挡）进行压注，要求地面注浆压力控制在 0～6.0MPa，孔口注浆压力控制在 4～10MPa，当受注钻孔起压接近设计终压时，地面注浆站开始加大浆液的相对密度，浆液相对密度范围在1.18～1.28之间，以便对出水钻孔有效封孔。

表7.7　Ⅱ6111工作面注浆情况一览表

位置	钻孔	总孔斜长/m	黏土水泥浆浆液相对密度	出水量/(m³/h)	注浆量/m³	水泥用量/t	黏土用量/t	注浆终压/MPa
里段	6-3	87.4	1.20～1.27	10	61	10.4	13.4	10.0
	6-4	78.8	1.20～1.27	20	52.4	8.9	11.5	10.0
	7-1	94.19	1.20～1.27	2	11.3	1.9	2.5	9.9
	7-2	93.1	1.20～1.27	100	185.2	31.5	40.7	10.2
	7-3	82.3	1.20～1.27	30	79.3	13.5	17.4	10.2
	7-4	100.4	1.20～1.27	10	74.4	12.6	16.3	9.6
	8-1	77.5	1.18～1.28	25	46.6	7.9	10.3	10.0
	8-2	90.9	1.18～1.28	10	40.6	6.9	8.9	10.0
	8-3	85.7	1.18～1.28	10	36.4	6.2	8.0	10.0
	9-1	130.0	1.18～1.28	40	86.7	14.4	19.1	10.0
	9-2	131.2	1.18～1.28	40	92.6	15.7	20.4	10.0
	9-3	110.6	1.18～1.28	13	21.5	3.7	4.7	9.7
	10-1	94.5	1.18～1.28	10	23.2	3.9	5.1	10.0
	10-2	100.8	1.18～1.28	3	31.2	5.3	6.9	10.0
	10-3	100.0	1.18～1.24	3	14.7	2.5	3.2	10.0
	11-1	99.8	1.18～1.28	30	74.2	12.6	16.3	10.0
	11-2	98.0	1.18～1.28	20	64.8	11.0	14.3	10.0
	11-3	90.1	1.18～1.28	15	50.6	8.6	11.1	10.0
	合计	1745.3		391	1046.7	177.8	230.1	
	平均			21.72	58.15	9.88	12.78	
外段	6-1	75.5	1.20～1.27	40	68.5	11.6	15.1	10.0
	6-2	73.8	1.20～1.27	35	63.3	10.8	13.9	10.0
	5-1	82.9	1.20～1.27	30	86.5	14.7	19.0	10.0
	5-2	106.3	1.20～1.27	40	56.8	9.7	12.5	10.0
	5-3	110.6	1.20～1.27	35	49.4	8.4	10.9	10.0
	5-4	105.89	1.20～1.27	45	81.8	13.9	18.0	9.8
	5-5	76.49	1.20～1.27	120	121.7	20.7	26.8	9.7
	4-1	90.1	1.20～1.27	4	31.4	5.3	6.9	10.0
	4-2	82.7	1.20～1.27	3	40.5	8.1	8.9	10.3
	4-3	94.2	1.20～1.27	35	51.5	8.8	11.3	10.1
	3-1	99.4	1.20～1.27	30	68.7	13.7	15.1	10.1
	3-2	98.47	1.20～1.27	58	81.3	16.3	17.9	10.2
	3-3	97.07	1.20～1.27	50	89.3	17.9	19.6	10.2

位置	钻孔	总孔斜长 /m	黏土水泥浆浆液相对密度	出水量 /(m³/h)	注浆量 /m³	水泥用量 /t	黏土用量 /t	注浆终压 /MPa
外段	3-4	94.2	1.20~1.27	0	93.1	18.6	20.5	10.1
	3-5	118.7	1.20~1.27	46	98.4	19.7	21.6	10.0
	2-1	90.5	1.20~1.27	50	74.4	15.6	16.4	10.2
	2-2	76.25	1.20~1.27	20	86.7	18.2	19.1	10.1
	2-4	74.35	1.20~1.27	45	104.6	22.0	23.0	10.2
	2-5	100.07	1.20~1.27	71	76.4	15.3	16.8	10.1
	2-6	80.21	1.20~1.27	60	73.2	14.6	16.1	10.2
	1-1	91.29	1.20~1.27	35	44.9	9.0	9.9	10.0
	1-2	122.65	1.20~1.27	70	75.5	15.1	16.6	9.8
	1-3	97.8	1.20~1.27	67	84.83	17.0	18.7	10.1
	1-4	102.23	1.20~1.27	20	61.5	12.3	13.5	10.1
	1-5	91.85	1.20~1.27	74	138.2	27.6	30.4	10.1
	合计	2333.52			1902.43	364.9	418.5	
	平均			43.3	76.1	14.6	16.74	

3）断层带注浆情况

FⅡ6111-2 断层（产状 330°∠70°~90°，$H=8.5m$）位于工作面收作线附近，且断层落差较大，对工作面安全回采有较大威胁。为保证工作面回采时的安全，共施工穿过断层钻孔 4 个，注浆 206m³，对断层带进行了注浆加固，能有效保证工作面回采时的安全。

7.4.7　工作面底板注浆效果评价

1. 注浆压力

工作面的注浆孔，孔口注浆压力都达到 10.0MPa 左右，为实测最大水压的 3 倍以上，结束注浆量<40L/min，维持时间 30min，达到了设计要求。

2. 注浆量

1）Ⅱ6111 工作面注浆情况

Ⅱ6111 工作面外段底板砂岩层位注浆堵水，采用井下注浆，共注水灰比为 2:1 的单液水泥浆 144.4m³，水泥用量 65t。

Ⅱ6111 工作面里段底板注浆改造共施工钻孔 18 个，全部采用地面注浆站封孔，钻探进尺 1745.3m，总注浆量 1046.7m³，总水泥用量 177.8t，总黏土用量 230.1t。单孔平均出水量 21.72m³/h，单孔平均水泥用量 9.88t，单孔平均黏土用量 12.78t，钻孔出水量 2~100m³/h（其中 7-2 孔在二灰和三灰分别出水为 40m³/h 和 50m³/h），单孔平均注浆量 58.15m³。

Ⅱ6111 工作面外段底板灰岩层位注浆钻孔 25 个，全部采用地面注浆站封孔，钻探进尺 2333.5m，总注浆量 1902.4m³，总水泥用量 364.9t，总黏土用量 418.5t。单孔平均出水量 43.3m³/h，单孔平均水泥用量 14.6t，单孔平均黏土用量 16.74t，钻孔出水量 0 ~ 120m³/h（其中 5-5 孔在三灰出水 120m³/h），单孔平均注浆量 76.1m³。从注浆情况看，单孔出水量较大的钻孔，注浆量也较大，两者呈正相关关系。

2）与其他工作面类比情况

恒源煤矿Ⅱ613 和Ⅱ617 里段工作面分别在 2007 年 2 月 12 日 ~ 7 月 9 日和 2007 年 9 月 3 日 ~ 2008 年 5 月间实施了底板注浆改造工程，回采过程中工作面未出现底板水害事故，工作面回采完毕后，Ⅱ613 工作面老塘水出水量为 20m³/h，Ⅱ617 里段工作面出水量为 40m³/h，水质为砂岩水且含有灰岩水成分，两工作面实现了安全回采。现将Ⅱ6111 工作面底板加固改造情况列表对比（表 7.8）。

表 7.8　Ⅱ6111 工作面底板注浆情况对比表

工作面名称	地面注浆钻孔数/个	钻探进尺/m	终孔层位	单孔平均出水量/(m³/h)	总注浆量/m³	总水泥用量/t	总黏土用量/t	每米钻孔水泥消耗量/kg	每米钻孔黏土消耗量/kg
Ⅱ6111 里段	18	1745.3	L2 ~ L3	21.72	1046.7	177.8	230.1	101.89	131.86
Ⅱ6111 外段	25	2333.5	L2 ~ L3	43.3	1902.4	364.9	418.5	156.37	179.34
Ⅱ617 里段	35	3153	L1 ~ L3	31.7	1173	155.5	342.9	49.3	108.8
Ⅱ613	22	2400	L1 ~ L2	40.8	1334	173.8	214.8	72.4	89.5

从以上对比表可看出，在相同注浆施工工艺情况下，Ⅱ6111 工作面里段注浆效果均比Ⅱ617 和Ⅱ613 工作面好。

3. 效果检查

为检查注浆效果，工作面施工了检查钻孔和物探工程。

1）钻探检查

为了验证注浆效果，每钻场最后施工的钻孔作为检查孔，各钻场检查孔为 J11-3、J10-3、J8-2、J9-3、J7-1、J6-3、J4-1、J3-4、J2-2、J1-4、J5-3，检查孔出水量均小于同钻场的其他钻孔（出水量 0 ~ 15m³/h）。

对原出水量较大的 7-2、9-1、5-5、3-3、2-1 和 2-5 孔进行扫孔检查，结果见表 7.9，验证了注浆效果的良好性。

表 7.9　注浆前后钻孔涌水量对比表

序号	孔号	注浆前水量/(m³/h)	注浆后水量/(m³/h)	注浆量/m³	原孔深/m	扫孔后孔深/m	出水层位
1	7-2	50	0	185.2	79.56	93.13	二灰
2	9-1	40	1	86.7	130.00	131.00	三灰

序号	孔号	注浆前水量 /(m³/h)	注浆后水量 /(m³/h)	注浆量 /m³	原孔深/m	扫孔后孔深/m	出水层位
3	5-5	120	1	121.7	76.50	77.20	三灰
4	3-3	50	0	89.3	81.73	97.07	二灰
5	2-1	50	0	74.4	90.50	91.30	三灰
6	2-5	70	1	76.4	81.30	100.07	二灰

注：7-2 孔扫孔至孔底（二灰层位），孔底无出水现象，钻孔施工穿过三灰，孔内出水量为 50m³/h，并再次注浆。2-1 和 3-3 施工至二灰，孔内出水量较大，对钻孔进行注浆后，钻进至三灰，孔内无出水现象。

2）井下物探电法检查

工作面注浆工程完成后，采用网络并行电法物探，做注浆效果检查，其检测方式基本与注浆前相同。

a. 工作面里段物探电法检查

注浆之前里段工作面存在 1#、2#和 3#的局部异常区，3 个异常区在工作面里段横向和纵向的延伸范围较大，注浆前后物探结果对比如下。

Ⅰ. 原低阻异常区在注浆前后的变化情况

注浆后工作面里段物探异常区，明显萎缩成孤立的小块段，原 1#异常区变为现在的 C 异常区，原 2#异常区变为现在的 A 和 B 异常区，原 3#局部异常区基本消失。注浆改造后残存的物探异常区的具体特征反映如下。

A 低阻异常区：在砂岩段范围，低阻区范围显著缩小，富水性减弱，注浆效果良好；灰岩段低阻区表现已不明显，注浆效果显著；异常区范围由 9500m² 缩减为 770m²。

B 低阻异常区：在砂岩段范围，低阻区范围显著缩小，砂岩段富水性减弱，注浆效果良好；灰岩段仍有局部地段表现为相对低阻区，总体上注浆效果显著；异常区范围由 5642m² 缩减为两块相对孤立的异常区，分别为 640m² 和 1104m²。

C 低阻异常区：砂岩和灰岩段视电阻率值均显著升高，低阻区范围不明显，富水性显著减弱，注浆效果良好。

其他区域注浆后视电阻率值也都有提高，表明注浆效果较为显著。

Ⅱ. 注浆后底板赋水性的整体变化情况

工作面底板注浆加固后，绝大多数富水异常区消失，残留的富水异常区相互间无水力联系，呈孤立块段，水量补给微弱，对工作面里段正常回采影响较小。

经注浆改造后，工作面里段底板有效隔水层厚度平均增加 14m（一灰顶至三灰顶），注浆效果明显，对工作面的安全回采，奠定了坚实的基础。

b. 工作面外段物探电法检查

注浆之前外段工作面存在 3#、4#、5#、6#和 7#的局部异常区，注浆前后物探结果对比如下。

Ⅰ. 原低阻异常区在注浆前后的变化情况

注浆后工作面外段物探异常区明显萎缩成孤立的小块段，原 3#异常区变为现在的 D 异常区，原 4#异常区变为现在的 E 异常区，原 5#、6#异常区变为现在的 F 异常区。注浆改造后残存的物探异常区的具体特征反映如下。

D 低阻区（5#钻场附近）：位于原 3#异常区内，砂泥岩段相对低阻不明显，影响深度主要为 40～50m，现为一灰及以上地层。

E 低阻区（4#和 6#钻场之间）：位于原 4#异常区内，影响范围主要为 0～30m 深度砂泥岩段，呈局部孤立的小低阻区。

F 低阻区（1#钻场附近）：位于原 5#、6#异常区之间，砂泥岩段为相对低阻区（10～40Ω·m），有一定富水性；灰岩段阻值影响深度 40～50m，视电阻率值 40～50Ω·m，为相对低阻区，仍有一定富水性，现为一灰及以上地层。

由于这三个低阻区范围较小，多呈孤立的小范围区域，相互之间无明显联系，对生产的威胁较小，对工作面正常回采影响不大。

Ⅱ. 注浆后底板赋水性的整体变化情况

经注浆改造后，工作面外段各低阻异常区中，砂岩和灰岩段视电阻率值均显著升高，工作面外段二灰和三灰层位无明显低阻反映，注浆前的低阻区范围显著减小或不明显，仅在一灰以上层位有三个较小的低阻区（D、E、F 区），表明总体富水性显著减弱。经统计砂岩段富水区面积减小了 91.1%，灰岩段富水区面积减小了 88.4%，注浆效果良好。

其他区域注浆后视电阻率值也都有提高，表明注浆效果较为显著。通过注浆改造，二、三灰间地层已无明显富水区和导水区，达到阻隔水层效果。

经注浆改造后，工作面外段底板有效隔水层厚度平均增加 24.1m（一灰顶至四灰顶），注浆效果明显，为工作面的安全回采，奠定了坚实的基础。其成果图如图 7.8 所示。

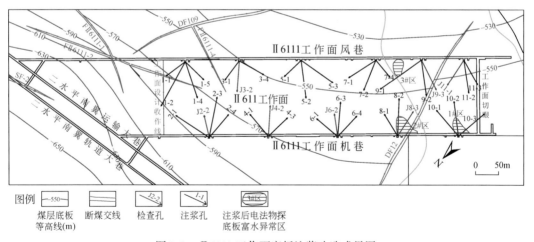

图 7.8　Ⅱ6111 工作面底板注浆改造成果图

7.4.8　工作面安全性评价

1）煤层顶底板砂岩裂隙水影响分析

工作面总出水量 10m³/h 左右，水质为煤层顶底板砂岩裂隙水。根据底板钻孔施工的实际情况，工作面机巷底板砂岩水量较丰富，虽经注浆封堵，砂岩水富水性有了一定减弱，但对工作面回采环境仍有一定的影响。

2）煤层底板灰岩水影响分析

注浆改造后工作面里段底板 L1～L2 灰岩层绝大部分被改造为隔水层，异常区内的 L3 基本被改造为隔水层。评价时在工作面范围内，井下钻孔实测最大水压为 3.10MPa，根据工作面周边长观孔水 5 和水 18 水位计算，工作面底板最大带压值为 3.10MPa 和 3.55MPa，计算突水系数取三者的平均值 3.25MPa。钻探过程中各孔未发现灰岩水原始导高，工作面综采底板破坏深度按 15m 计，评价结果见表 7.10。

注浆改造后工作面外段底板 L1～L3 灰岩层被改造为隔水层。评价时工作面外段范围内，井下钻孔实测最大水压为 2.90MPa，根据工作面周边长观孔水 5 和水 18 水位计算，工作面底板最大带压值为 3.45MPa 和 3.78MPa，计算突水系数取三者的平均值 3.38MPa。钻探过程中各孔未发现灰岩水原始导高，工作面综采底板破坏深度按 15m 计，评价结果见表 7.10。

表 7.10　工作面突水系数计算情况统计表

块段	6 煤层～L3 顶平均间距/m	采煤底板破坏深度/m	有效隔水层厚度/m	水压/MPa	突水系数/（MPa/m）	评价结果
工作面里段	61.8	15.0	46.8	3.25	0.069	符合安全回采要求
工作面外段	59.0～73.9		49.0～63.9	3.38	0.053～0.068	

注：工作面里段注浆改造前突水系数为 0.08～0.089MPa/m；工作面外段注浆改造前突水系数为 0.089～0.099MPa/m。

通过注浆改造后工作面突水系数分析和相邻工作面回采情况的类比，认为 II6111 工作面回采期间不存在水害的威胁。

3）小结

经对工作面水文地质条件的初步分析，采取了相关的探查手段，进一步查明了工作面的地质条件，并采取了合理的治理措施，消除了底板灰岩水的威胁。特别在底板灰岩水治理上，通过注浆改造，工作面里段有效地把 L1、L2 和物探异常区 L3 灰岩层改造为隔水层，工作面外段有效地把 L1～L3 灰岩层改造为隔水层，经扫孔和钻探、物探检查，其效果良好。工作面里段突水系数已由治理前的最大突水系数 0.089MPa/m 降到 0.069MPa/m，外段突水系数已由治理前的最大突水系数 0.099MPa/m 降到 0.068MPa/m，符合《煤矿防治水细则》要求，工作面可以安全带压开采。

7.4.9　工作面回采情况与效益分析

II6111 工作面从 2009 年 6 月 6 日开始回采，于 2009 年 12 月 31 日收作，共回采煤炭 46 万 t。回采过程中，工作面内实际出水量为 15m³/h 左右，经取样化验分析，无灰岩水成分，说明底板太灰无出水现象，底板注浆效果良好。

第8章　地面定向顺层钻孔底板灰岩含水层区域超前注浆改造控水技术

8.1　底板岩溶含水层地面定向顺层钻孔注浆应用概况

1）开展地面定向顺层钻孔注浆改造底板岩溶含水层技术研究的必要性

我国华北型煤田各矿区下组煤开采普遍受到底板薄层灰岩高承压含水层水害威胁。薄层灰岩含水层分布稳定、富水性强、水压高，在存在垂向强径流带（陷落柱、集中构造破碎带）隐患的矿井，太灰水与奥灰水存在联系，但以目前三维地震勘探等技术，还很难准确发现和确定这些可能存在的陷落柱与集中构造破碎强径流带位置。在矿井采深越来越大，水压不断增高时，极易发生有奥灰水参与的矿井特大突水事故，造成矿井灾害和重大损失。如 1988 年 10 月 24 日，淮北杨庄煤矿 II 617 综采面发生底板垂向强径流带（断层破碎带）导水特大突水事故（瞬时出水量 3153m³/h），造成二水平被淹（赵全福，1992；罗立平和彭苏萍，2005）。2013 年 2 月 3 日，淮北桃园煤矿 1035 工作面发生垂向强径流带（隐伏陷落柱）导水特大突水事故（最大瞬时出水量约 2.9 万 m³/h），造成淹井停产（王冬平，2016；翟晓荣，2015）。淮北朱庄煤矿 III 631 工作面于 2013 年 11 月 7 日推进至210m 时，由于受风巷外陷落柱、工作面断层集中破碎带影响，发生出水量为 150m³/h 的涌水，工作面停采（赵成喜，2015）。而该面于 2012 年 5 月采用传统的井下全面预注浆改造底板技术，对其进行了注浆改造。由此说明以往传统的井下常规钻孔底板注浆改造技术在矿井不断向深部延伸、水压增高、构造复杂的现状下，已表现出"施工工期长、有效段短、注浆效果差、采掘接替困难、安全系数低"等不足。为此，亟须探索一种安全高效、切实可行的防治水技术，以解决矿井深部煤层开采底板灰岩水害问题。近年来，石油行业先进钻探技术被不断引入煤炭领域，为攻克该难题开拓了思路，中煤科工集团西安研究院有限公司等单位提出了"地面顺层孔底板薄层高承压强含水层区域超前注浆改造"技术设想，通过在淮北矿区部分矿井的先期工业性试验（石志远，2015；赵少磊，2017），总结出了一整套技术装备及施工工艺体系，取得了良好的社会和经济效益（郑士田，2018）。皖北煤电集团有限责任公司引用了该套技术，率先在恒源煤矿进行了应用，取得了显著的效果（魏大勇，2016；王道坤等，2016）。

2）定向钻井技术简介

定向钻井是按照预先设计的井斜方位和井眼轴线形状进行钻进的井（魏学敬和赵相泽，2012）。定向钻井（孔）技术是指使井（孔）身沿着预先设计的方向和轨迹钻达目的层的钻井（孔）工艺方法（曹卫国，2013）。19 世纪后期，定向钻井技术起源于美国。20世纪 30 年代，海底油田勘探与开采的需要促进了定向钻井技术的发展。20 世纪 50 年代初，苏联和法国已经研制出了涡轮钻。在此期间，美国史密斯工具公司（Smith Tool

Company）研制了螺杆钻。到 20 世纪 60 年代，聚晶金刚石复合片（polycrystalline diamond compact）钻头开始出现，促进了使用涡轮钻施工定向井技术的发展。20 世纪 80 年代，为了更加精确地控制和了解定向井钻进过程中的井身轨迹，人们开始普遍采用随钻测量（measurement while drilling，MWD）和计算机辅助钻进（computer aids drilling，CAD）技术，螺杆钻及这项技术的应用使用于石油天然气开采的定向钻井技术达到了成熟阶段（牛秀清等，2017）。

我国定向钻井始于 20 世纪 50 年代，是继美国和苏联之后的第 3 个钻定向水平井的国家。当时我国定向钻井也主要应用于油气田勘探和开发方面（刘伟朋，2012）。1985～2000 年，我国集中国内大型油田、石油高校和科研院所的力量，对定向井、丛式井、水平井和侧钻水平井等关键技术进行了重点攻关，取得了显著成果，大大缩短了与世界先进技术间的差距。期间，我国海上油田发挥对外合作的优势，在大位移井技术方面取得了重大突破（魏学敬和赵相泽，2012；刘伟朋，2012）。

我国煤矿采用定向钻孔技术进行地层注浆改造始于 1989 年（张永成等，2012），经过多年发展，定向钻孔注浆技术已广泛应用于煤矿立井井筒的地面预注浆（周兴旺等，2014）、巷道软弱围岩的注浆加固（田乐，2015）和煤层顶底板含水层的超前治理（范建国等，2015；李长青等，2014；张永成，2013），对确保煤矿的安全高效生产起到了至关重要的作用。

3）底板岩溶含水层定向钻孔注浆改造技术应用

定向水平钻进技术用于煤矿地层大面积注浆改造始于 2012 年。当时为提高淮北矿业（集团）有限责任公司信湖煤矿深井巷道围岩的稳定性和支护结构的安全性，天地科技建井研究院（北京中煤矿山工程有限公司）、淮北矿业（集团）有限责任公司、安徽理工大学等单位联合开展了“千米深井围岩改性 L 型钻孔地面预注浆关键技术”研究，对信湖煤矿井底车场中央泵房、变电所进行了注浆加固。施工了 2 个直孔段，下部进行 3 个分支孔钻进，实现了垂深 1002.5m、水平段注浆加固距离 200m 的注浆施工，单孔造斜段注浆量达 1459m³、水平加固段注浆量达 955.5m³，在明显减少地面预注浆孔数的基础上，大幅度提高了单孔注浆范围和注浆效果，确保了深井巷道围岩的稳定性（袁辉，2014）。

与此同时，峰峰矿业集团有限公司、焦作煤业（集团）有限责任公司、淮北矿业（集团）有限责任公司、皖北煤电集团有限责任公司相继开展了地面定向钻进技术在煤层含水层注浆改造中的应用研究。

2012 年，焦作煤业（集团）有限责任公司赵固一矿在 11151 工作面回风巷施工 2 个钻场，采用定向钻进技术与装备，进行煤层底板超前注浆加固试验，共施工定向钻孔 5 个，水平孔最长 135m。底板注浆加固效果良好，丰富和完善了煤层底板水害防治手段，实现了煤层底板水害超前防治技术的重大突破（李泉新等，2013）。

在同一时期（2012～2013 年），峰峰矿业集团有限公司九龙煤矿在 15445 野青工作面采掘前，在地表利用水平定向钻进技术，对奥灰含水层及导含水通道进行预注浆加固。设计布置注 1 和注 2 两个主孔，每个主孔分别布置 6 个水平定向分支孔。主孔钻至 830m 左右后，进行分支斜孔施工，在奥灰层位逐步改钻孔为水平孔，分支孔造斜段进入奥灰的深度控制在 90m 左右，水平孔长度控制在 560m 左右，其中 2-2 孔定向段（造斜段+水平段）

达 622m。每组主孔及分支孔呈伞形布置，注浆材料以 42.5R 矿渣硅酸盐水泥为主，浆液出现大量流失时，添加粉煤灰作为辅助注浆材料。地面水平定向钻孔注浆技术的成功应用，为矿井防治水工作开辟出了一条新途径（柴振军，2013）。

随后，峰峰矿业集团有限公司九龙矿 15445N 工作面、淮北矿业（集团）有限责任公司朱庄煤矿Ⅲ631 工作面等分别采用水平定向钻进技术，对下组煤底板含水层进行注浆加固，实现了安全开采下组煤的防治水目标（吴志敏和王永龙，2014；赵鹏飞和赵章，2015）。

2015～2017 年，天地科技建井研究院在武宁县峰峰矿业集团有限公司辛安矿，利用自行研制的 TD2000/600 型全液压顶驱钻机，采用水平定向钻进技术，对 216 采区大煤（下组煤）底板大青灰岩含水层（与大煤的层间距离约 115m）进行注浆加固，封堵奥灰水与大青灰岩（两者层间距离约 29m）之间的导水通道（包括隐伏的陷落柱、断层和裂隙等导水构造），设计施工主孔（垂直孔）1 个，深度 530m 定向分支孔 10 个，相邻水平分支孔之间的距离为 40m（牛秀清等，2017）。

2016 年 6 月，天地科技建井研究院承担了焦作煤业集团赵固（新乡）能源有限公司 18011 工作面地面水害区域治理项目，采用地面水平定向钻孔注浆技术，改造该工作面下伏 L8 灰岩含水层，浆液为黏土-水泥浆，改造面积约 25 万 m²（牛秀清等，2017）。

4）地面定向钻孔注浆的优势

与传统的井下煤层底板超前注浆防治水技术相比，地面定向水平孔煤层底板超前注浆防治水技术拥有明显的优点：①不占用巷道掘进时间，可提前对巷道和工作面进行注浆治理，大大节省巷道掘进时间，实现工作面提前回采，这是井下注浆所不可比拟的；②由于是在巷道开挖前注浆，巷道底鼓和漏浆现象较少，安全隐患远小于井下注浆；③由于采用地面注浆，注浆压力高于井下注浆，注浆堵水和加固效果优于井下注浆；④采用地面施工，不受井下空间限制，可增强设备施工能力，大大提高整体施工效率，如井下钻机施工能力小，施工钻孔速度 50m/d 左右，而地面施工时，钻孔速度可达到 170m/d，同样，由于井下注浆泵能力小，注浆流量只有 102L/min 左右，而地面注浆流量可达到 400L/min。虽然地面定向水平孔煤层底板超前注浆防治水技术优点突出，但缺点也是不可避免的，如钻孔施工难度大，投资费用高，同时也需要地面有合适的布孔位置，所以在使用时应根据现场实际情况进行选择（李长青等，2017）。

8.2 地面定向顺层钻孔底板灰岩含水层区域超前注浆改造过程控制关键技术

地面定向顺层钻孔底板太灰含水层注浆改造方法是指施钻地点在地面，钻孔进入目标含水层（太原组上段 L3）后沿 L3 薄层灰岩顺层钻进，对 L3 含水层进行注浆改造，并结合井下常规钻探对物探异常区和构造破碎带重点补钻注浆加固；用于防治底板高承压强含水岩溶水危害。本节主要介绍在应用该种防治水方法时注浆加固目的层选择、钻孔布设方位和间距设计依据、钻孔结构设计等关键技术内容。

8.2.1　顺层钻进注浆加固目的层选择原则

为了保证注浆加固煤层底板的防治水效果，首先必须确定需加固的层位。如果加固层位距离煤层太近，在注浆过程中可能会出现大量跑浆，浪费注浆材料，达不到加固的目的；如果加固层位距离煤层太远，则钻孔工程量大，技术经济不合理；如果加固层位太薄，则加固后其强度仍然不足以抵抗水的压力；如果加固层位太厚，可能会消耗更多的注浆材料，费工费时，影响回采进度。合理的加固目的层应满足如下的一些原则：

（1）目的层加固之后应满足《煤矿防治水细则》和矿区制定的底板突水危险性评价的突水系数要求；

（2）目的层至煤层底板的距离应大于矿山压力向底板传播所形成的破坏带厚度；

（3）加固地层可注性强，浆液可在地层中大面积扩散，在高压注浆条件下不跑浆，浆液利用率高；

（4）加固以后可有效改变底板岩层的物理力学性质，提高其强度和隔水性能，有效防止突水；

（5）辅助工程量小，注浆钻孔钻进工程量小。

8.2.2　钻孔布设方位和间距设计依据

采用地面定向顺层钻进精确控层技术，能够最大限度地穿过目的层中的断层和天然裂隙，对疑似导水通道进行探查，穿透底板薄层灰岩裂隙及断层，对其进行高压注浆，阻断与下部奥灰含水层的水力联系，并把薄层底板灰岩含水层改造成有效的"隔水层"，阻隔底板含水层向工作面涌水。能否有效地隔断强含水层与煤层的联系、达到改造底板薄层灰岩的目的，关键在于顺层近水平注浆钻孔的布置方向和间距是否合理。

8.2.2.1　地质构造对钻孔方位选取的影响

1）地质构造对钻孔方位选取的影响

煤层底板太原组三灰溶隙、裂隙带、断层导水带、富水区域及特殊垂向导水构造区域是进行地面定向顺层钻进查治的对象，尤其垂向的导水断层和褶皱轴部裂隙更是煤层底板防治水的重点，向下与奥灰有直接水力联系，接受奥灰水的大量补给，向上的高水压、强含水威胁着煤层的采动破裂底板。

断层及两侧往往伴生、派生构造裂隙发育，常与断层走向相同，形成构造断裂带，导水断层带不仅是导水通道，还是集水廊道，沟通上下含水层，出水量大且稳定；地层在水平应力作用下形成褶皱过程中，伴生及派生一系列次级构造，以节理、劈理构造为主，两翼由于强烈层间剪切作用而顺层节理发育，转折端外侧受拉张作用以张节理为主，核部受强烈挤压作用，轴面劈理发育。

布设地面定向顺层注浆钻孔时应该充分考虑到断层和褶皱轴部的影响。对于横向和纵向导水差异均极大的缝洞型底板薄灰岩注浆目的层，如果单个钻孔的水平段方位沿着垂向裂隙走向钻进，沟通的裂隙会较少，不利注浆改造的堵水、加固效果，沿着垂向裂隙倾向钻进则能沟通较多的断层和褶皱轴部裂隙以及获得更好的扩散半径（图8.1）。所以，钻孔水平段轨迹应该尽量大角度与断层相交，对褶皱轴部裂隙的情况也应如此。煤层底板薄灰岩以垂向导水断裂、裂隙对煤层安全开采影响最大，则以地面定向顺层注浆钻孔在横向上大角度沟通多个断裂为主优势钻进方位，从而达到阻断导水通道、改造煤层底板的注浆目的。

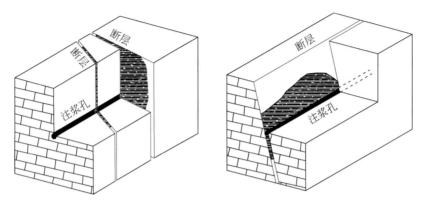

图8.1　钻孔方位与断层不同交角注浆效果示意图

2）层理面对钻孔方位选取的影响

太原组上段薄灰岩含水层的定向近水平顺层注浆的目的：一是封堵断层、岩溶陷落柱等导水通道，二是加固改造煤层底板薄灰岩。断层、褶皱轴部裂隙的走向对定向注浆钻孔水平段的方位设计有着很重要的影响；除此之外，为了达到注浆加固改造煤层底板薄灰岩含水层的目的，要考虑到太原组上段薄灰岩的软弱层理结构面的影响。由于石灰岩沉积环境的改变或沉积物质变化等原因产生层理结构面，层理面胶结强度较低，是地层中的薄弱面，往往会先于灰岩基质体被溶蚀，而且层面连通性较好，层间溶蚀容易形成裂隙储水空间；另外，在构造运动作用下，会形成一系列褶皱，伴随着形成褶皱构造的过程，褶皱两翼层理面受层间剪切作用发生层间错动，在应力集中的区域会形成破碎夹层，成为灰岩的裂隙储水空间。

地面定向近水平顺层钻孔轨迹在大角度穿插煤层底板主要导水断层的前提下，应该尽可能地沿注浆目的层倾向近水平钻进，单个钻孔能够穿插多个层理结构面（图8.2），对层间裂隙可达到较好的注浆加固效果。

8.2.2.2　地应力对钻孔方位选取的影响

复杂地应力分布条件下定向钻孔水平段的方位，对于高压劈裂产生的诱导注浆裂缝的方向有很大的影响，其方位的不同决定着高压注浆产生的破裂区是否能够较好地连通天然裂隙。因此，地应力分布条件是优化定向钻孔水平段轨迹的重要依据。

1）劈裂注浆的力学解析

对于劈裂注浆的起裂方向，是劈裂面垂直于最小主应力方向，即初始裂缝沿最大主应力方向。可依据弹性理论对劈裂注浆进行力学解析。由于定向钻孔水平段沿纵向很长，单

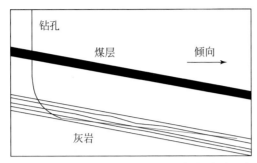

图 8.2　定向近水平顺层钻孔沿层面倾向钻进示意图

个钻孔注浆时孔周的应力场问题可以简化为平面应变问题（图 8.3）。假设：①注浆目的层为单层岩体，不用考虑层理面影响；②符合弹性力学中的基本假定，在注浆孔平面上受到平行于横截面且不沿长度变化的竖向地应力 σ_v 和水平地应力 σ_x；③不计自重；④因为注浆压力为岩体劈裂的驱动力，不影响岩体的劈裂方向，故不考虑注浆压力。

　　求解劈裂注浆起裂方向的问题，只需在图 8.3 的应力边界条件下，求得注浆孔洞周边的应力分布即可，其最小 θ 向应力 σ_θ 对应的方向即劈裂注浆的起裂方向。

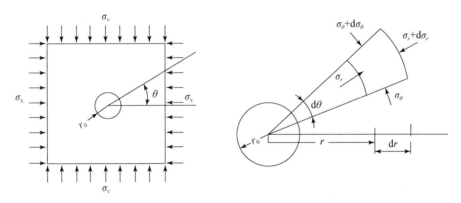

图 8.3　劈裂注浆钻孔围岩应力状态简图

注浆孔周岩体满足的平衡方程为

$$\begin{cases} \dfrac{\partial \sigma_r}{\partial r} + \dfrac{1}{r}\dfrac{\partial \tau_{r\theta}}{\partial \theta} + \dfrac{\sigma_r - \sigma_\theta}{r} = 0 \\ \dfrac{\partial \tau_{r\theta}}{\partial r} + \dfrac{1}{r}\dfrac{\partial \sigma_\theta}{\partial \theta} + \dfrac{2\tau_{r\theta}}{r} = 0 \end{cases} \tag{8.1}$$

岩体满足的几何方程为

$$\begin{cases} \varepsilon_r = \dfrac{\partial u_r}{\partial r} \\ \varepsilon_\theta = \dfrac{1}{r}\dfrac{\partial u_\theta}{\partial \theta} + \dfrac{u_r}{r} \\ \gamma_{r\theta} = \dfrac{1}{r}\dfrac{\partial \sigma u_r}{\partial \theta} + \dfrac{\partial u_\theta}{\partial r} - \dfrac{u_\theta}{r} \end{cases} \tag{8.2}$$

岩体的物理本构方程为

$$\begin{cases} \varepsilon_r = \dfrac{1}{E}(\sigma_r - \mu\sigma_\theta) \\[2mm] \varepsilon_\theta = \dfrac{1}{E}(\sigma_\theta - \mu\sigma_r) \\[2mm] \gamma_{r\theta} = \dfrac{1}{G}\tau_{r\theta} = \dfrac{2(1+\mu)}{E}\tau_{r\theta} \end{cases} \tag{8.3}$$

式中，E 为弹性模量；μ 为泊松比；$\gamma_{r\theta}$ 为角应变；G 为剪切模量。

以应力函数法求解该问题，各应力可以用一个应力函数 φ 表示如下：

$$\begin{cases} \sigma_r = \dfrac{1}{r}\dfrac{\partial\varphi}{\partial r} + \dfrac{r^2}{1}\dfrac{\partial^2\varphi}{\partial\theta^2} \\[2mm] \sigma_\theta = \dfrac{\partial^2\varphi}{\partial r^2} \\[2mm] \tau_{r\theta} = -\dfrac{\partial}{\partial r}\left(\dfrac{1}{r}\dfrac{\partial\varphi}{\partial\theta}\right) \end{cases} \tag{8.4}$$

对于该求解问题，边界条件表示如下。

当 $r\to+\infty$ 时：

$$\begin{cases} \sigma_r = \dfrac{1}{2}(\sigma_v + \sigma_x) + \dfrac{1}{2}(\sigma_v - \sigma_x)\cos2\theta \\[2mm] \sigma_\theta = \dfrac{1}{2}(\sigma_v + \sigma_x) - \dfrac{1}{2}(\sigma_v - \sigma_x)\cos2\theta \\[2mm] \tau_{r\theta} = -\dfrac{1}{2}(\sigma_v - \sigma_x)\sin2\theta \end{cases} \tag{8.5}$$

当 $r\to r_0$ 时：

$$\begin{cases} \sigma_r = 0 \\ \tau_{r\theta} = 0 \end{cases} \tag{8.6}$$

设 λ 为静止侧压力系数，即 $\sigma_x = \lambda\sigma_v$，求解得式（8.5）、式（8.6）边界条件下的应力分量：

$$\begin{cases} \sigma_r = \dfrac{\sigma_v}{2}(1+\lambda)\left(1 - \dfrac{r_0^2}{r^2}\right) - \dfrac{\sigma_v}{2}(1-\lambda)\left(1 - 4\dfrac{r_0^2}{r^2} + 3\dfrac{r_0^4}{r^2}\right)\cos2\theta \\[2mm] \sigma_\theta = \dfrac{\sigma_v}{2}(1+\lambda)\left(1 + \dfrac{r_0^2}{r^2}\right) + \dfrac{\sigma_v}{2}(1-\lambda)\left(1 + 3\dfrac{r_0^4}{r^4}\right)\cos2\theta \\[2mm] \tau_{r\theta} = \dfrac{\sigma_v}{2}(1-\lambda)\left(1 + 2\dfrac{r_0^2}{r^2} - 3\dfrac{r_0^4}{r^4}\right)\sin2\theta \end{cases} \tag{8.7}$$

可得到注浆孔周边（$r = r_0$）的应力分量：

$$\begin{cases} \sigma_r\big|_{r=r_0} = 0 \\ \sigma_\theta\big|_{r=r_0} = \sigma_v(1+\lambda) + 2\sigma_v(1-\lambda)\cos2\theta \\ \tau_{r\theta}\big|_{r=r_0} = 0 \end{cases} \tag{8.8}$$

由注浆孔周边的应力分量可知，注浆钻孔周围只有 θ 向的正应力 σ_θ，如果 σ_θ 的绝对值取最小值时所对应的方向，即劈裂注浆的起裂方向：

（1）当 $\lambda=1$ 时，即 $\sigma_x=\sigma_v$，$\sigma_\theta|_{r=r_0}$ 为一定值，故注浆的起裂方向就具有随机性，一般会从钻孔周围具有软弱结构面的方向起裂。

（2）当 $\lambda<1$ 时，$\sigma_x<\sigma_v$，$\sigma_\theta|_{r=r_0}$ 的绝对值的最小值为 $\cos2\theta=-1$ 时，即 $\theta=90°$ 或 $270°$，故起裂方向为竖直方向，即沿 σ_v 的方向，如图 8.4（a）所示。

（3）当 $\lambda>1$ 时，$\sigma_x<\sigma_v$，$\sigma_\theta|_{r=r_0}$ 的绝对值的最小值为 $\cos2\theta=1$ 时，即 $\theta=0°$ 或 $180°$，故起裂方向为水平方向，即沿 σ_x 的方向，如图 8.4（b）所示。

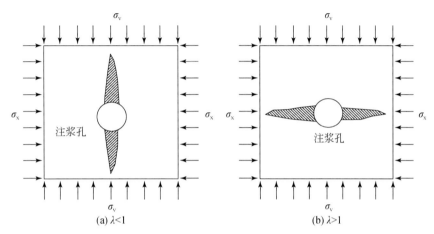

(a) $\lambda<1$　　　　　　　　　　(b) $\lambda>1$

图 8.4　不同应力条件下注浆劈裂方向

2）三维地应力场下的注浆钻孔优势轨迹

地应力场是三向不等压应力场，由垂直方向的自重应力 σ_v 和最大构造应力 σ_H、最小构造应力 σ_h 组成，绝大部分地区的两个构造主应力位于水平面或接近水平面上；最大水平主应力 σ_H 随深度呈线性增长，普遍大于 σ_v，最小水平主应力 σ_h 也随深度呈线性增长，与最大水平应力值相差较大；垂直应力 σ_v 随深度呈线性增加，一般等于上覆岩体自重，在深部矿井按照应力值大小一般可分为 2 种情况：① $\sigma_H>\sigma_v>\sigma_h$；② $\sigma_H>\sigma_h>\sigma_v$。

高压注浆产生的劈裂裂隙方位与最大主应力方位基本一致，也就是说注浆钻孔的水平段钻进轨迹与最大水平主应力方向的夹角，对于劈裂裂隙的空间展布是至关重要的。依据定向注浆钻孔水平段方位与最大主应力方位的关系，产生 2 种极端条件下的高压注浆后的劈裂裂隙类型：横向裂隙、纵向裂隙。如果定向水平孔与最大水平主应力方向垂直，则产生与水平钻孔相垂直的横向裂缝；若定向水平孔与最大水平主应力方向较一致，则产生与定向水平钻孔方向延伸平行的纵向裂缝（图 8.5）。纵向裂隙的形态单一，沿最大主应力轴展布，破裂范围小，横向裂隙垂直于水平钻孔轨迹，劈裂范围较大，后者更有利于高压劈裂的浆液扩散。

8.2.2.3　钻孔轨迹优化

注浆钻孔水平段方位的优化需综合考虑断层走向、褶皱轴迹分布、注浆目的层倾向、地应力最大主应力方向以及方便现场施工等因素；注浆钻孔布设间距以最大不超过 2 倍的

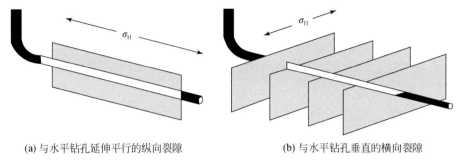

(a) 与水平钻孔延伸平行的纵向裂隙   (b) 与水平钻孔垂直的横向裂隙

图 8.5 水平钻孔不同布设轨迹下的劈裂裂隙方位示意图

浆液扩散半径为原则。

钻孔布设主要依据以下原则：

（1）主优势方位以平面上与断层、褶皱轴部迹线横向大角度相交为主，达到单孔尽可能多地沟通垂向断层和褶皱轴部裂隙。

（2）次优势方向为尽量小角度与注浆目的层（三灰）倾向相交，使得顺层近水平钻孔与更多的层间结构面接触。

（3）为了注浆最后阶段的全孔高压压注能够有良好的劈裂范围，与较多的天然裂隙导通，顺层钻孔近水平段方位应该避免与最大水平主应力方向平行。

（4）单个注浆钻孔为伞状布局，分支孔的布设间距最大不能超过浆液扩散半径的 2 倍，钻孔应尽量布满整个治理区域，且超出加固范围 30m 以上。

（5）布设注浆钻孔时，应将技术上的可行性和经济上的合理性综合考虑。

8.2.2.4 裂隙岩体注浆孔间距优化

薄层灰岩地面定向顺层钻进注浆主要通过地面近水平钻孔单元在合适位置进入未采段底板三灰，顺层穿越，探查灰岩裂隙，并进行高压注浆封堵。每个钻孔单元采取一个主孔与多个一、二级分支孔进行布置，呈扇状发散。

注浆钻孔分支孔方位及间距主要依据以下原则：

（1）分支孔应尽可能与断层、褶皱轴部迹线大角度相交，在钻探技术可行的前提下尽可能多地穿过断层和褶皱。

（2）为保证注浆能够全面地充填封堵三灰含水层及断层破碎带，分支孔间距不得大于 2 倍扩散半径，同时应综合考虑钻孔高效利用和经济合理性原则，孔间距应大于单孔注浆扩散范围，因此，孔间距应在 50～80m 之间。

（3）钻孔注浆扩散范围应尽量覆盖整个治理区域。

8.2.3 钻孔结构设计

钻孔单元采取一个主孔与多个一、二级分支进行布置，呈扇状发散，孔间距控制在 50～80m，一级分支孔从主孔二开套管之下的合适位置开始侧钻，二级分支孔从其所属一级分支孔上选取合适位置开始侧钻。其钻孔平面结构如图 8.6 所示，钻孔剖面结构如图 8.7

所示。

钻孔采取一开下表层套管、二开下技术套管，三开裸孔段通过高压注浆方式加固目标含水层。

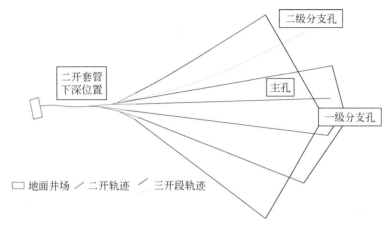

图 8.6　地面近水平顺层钻孔平面结构示意图

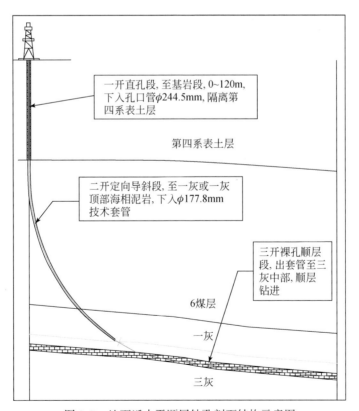

图 8.7　地面近水平顺层钻孔剖面结构示意图

（1）一开直孔段，0~120m，孔径 ϕ311mm，下 244.5mm×8.94mm 套管，至基岩以下 20m，水泥固井，隔离第四系表土层。

（2）二开定向导斜段，孔径 $\phi216mm$，下 $177.8mm\times8.05mm$ 二开套管，至 6 煤层底板以下约 30m，至一灰顶部海相泥岩，接近顺层，下入 $177.8mm\times8.05mm$ 套管，水泥固井。

（3）三开裸孔顺层段，孔径 $\phi152mm$，至三灰，沿三灰顺层钻进，裸孔段，各分支钻孔均在三灰层位内定向钻进。

8.2.4　注浆动态压力与注浆材料耦合技术

8.2.4.1　注浆压力选取

注浆压力是影响岩体注浆效果的重要因素，主要体现在以下几点：

首先，注浆压力为浆液提供了初始流速，为浆液在裂隙中的流动提供了动力，注浆压力为浆液流动克服各种阻力提供了能量，同时也提供裂隙扩散充填并压实的能量。在岩体的破坏强度极限内，一般注浆压力越高，浆液扩散的半径越大，越有助于提高骨架的强度，注浆效果越好，但当压力超过一定范围，可能导致岩体破坏，或者压力过高，劈裂裂隙过大而形成人为导水裂隙，造成二次破坏，因此合适的压力选取对注浆效果起着重要作用。

其次，注浆压力的大小反映了浆液作用在裂隙结构面上力的大小，决定了浆液压力对裂隙张开、劈裂过程快慢的程度大小。浆液在压力的作用下首先进入岩体内张开度较大的裂隙和尺寸较大的孔洞，随着浆液量的逐渐增加，浆液将填满这些岩体空间；之后，随着浆液的继续注入，上述空间内的浆液被后续浆液替代，原浆液在压力和浆液张力的作用下进入小裂隙和细微裂隙中，进行进一步的扩散。

最后，注浆压力的大小及表现形式决定了浆液–围岩应力耦合的方式和程度。渗透注浆是在注浆压力的作用下，浆液克服各种阻力渗入岩土的孔隙、裂隙中，固结硬化形成结石体，从而达到堵水和加固的目的。渗透注浆过程中岩土体的结构不受破坏，注浆量和注浆扩散半径随注浆压力的增大而增大，并受岩土体裂隙大小的影响。劈裂注浆对注浆设备的要求较高，浆液在较高的压力下，充填、挤压岩土体裂隙，使原有的裂隙扩张或形成新的裂隙，从而使岩体的可注性和扩散距离增大。

实践证明，注浆压力越大，扩散的范围越大，对裂隙充填越饱满，形成的结实体强度也就越高，但压力超过一定限度时，容易造成巷道底鼓跑浆，因此需要制定合理的注浆压力。

注浆压力的选择应遵循的原则为：①浆液压力应大于受注岩体的水压力，以便有足够的动力驱逐地下水；②浆液在流动过程中会发生压力损失，当缝面压力减小至与地下水压相同时，浆液不再扩散，因此需要一定的压力保证浆液有足够的扩散距离；③浆液压力能够克服软弱结构面的强度，能够使细微裂隙和孔隙张开，充填浆液；④在浆液压力作用下不能破坏原始岩体的完整性，产生新的裂隙形成导水通道。

现场施工中，比较合理的方法是通过注浆现场试验来确定，通常使用下列经验公式计算：

$$P = (2 \sim 3) P_1 \qquad (8.9)$$

式中，P 为最大允许注浆压力，MPa；P_1 为注浆段地下水静水压力，MPa。

根据以往注浆经验，注浆总压应不小于受注含水层最大静水压力。本次注浆改造目的层三灰含水层静水压力为 $4 \sim 6$MPa，为提高注浆效果，注浆终压定为不小于静水压力的 2 倍，本次选用的最大注浆压力是终压孔口压力 $12 \sim 15$MP，孔内压力为孔口压力加孔内冲洗液自重（$1.3 \sim 1.4$）h（h 为深度），为 $18 \sim 20$MPa，是静水压力的 $3 \sim 4$ 倍。

在高压稳定浆液的张裂作用下，注浆段软弱裂隙岩层出露的裂隙尖端塑化失稳，使裂隙进一步扩展、延伸，为浆液的扩散提供了新的通道。稳定浆液随之扩散，直至扩展的裂隙被充填满为止。劈裂需要一定的启劈压力，可根据下式求得

$$P_d = \sigma_3 + \sigma_t \qquad (8.10)$$

式中，P_d 为启劈压力；σ_3 为被注岩体最小主应力；σ_t 为被注岩体抗拉强度。

8.2.4.2　"梯度增压注浆法"改造含水层

影响注浆压力的因素很多，既有地质条件方面的，又有注浆方法与浆液浓度方面的，如浆液性质、围岩应力、围岩渗透性、地下水等因素。注浆材料是注浆堵水及加固工程成败的关键和影响注浆经济指标的重要因素，注浆材料的选择除满足可注性好、稳定性好、浆液凝结时间易于调节、具备所需要的力学强度与抗渗透性、不污染环境等一般要求之外，关键是根据具体工程的水文地质条件选择最为有效的注浆材料。中煤科工集团西安研究院有限公司通过对淮北矿区多个工作面、采区的地面定向顺层钻进注浆工程实践，总结出注浆材料与压力耦合的"梯度增压注浆法"，以及隐伏岩溶陷落柱与断层破碎带等垂向集中径流带的"三阶段充填注浆法"（郑士田，2018），下面分别结合具体工程实例对其进行阐释。

为了保证注浆效果，采用梯度增压注浆模式，分为无压填充、初期升压、中压劈裂和高压加固四个梯度。各梯度的孔口压力分别为负压及无压、$0 \sim 4$MPa、$4 \sim 8$MPa 和 $8 \sim 15$MPa。各梯度所用的注浆材料、设备、目的和结束标准见表 8.1。

表 8.1　梯度增压注浆说明

梯度	孔口压力	注浆材料	设备	目的	结束标准
无压填充	负压及无压	粉煤灰为主，水泥为辅	TBW600 泵和两台 NBB390 泵	对于裂隙、岩溶发育程度高、裂隙开度大的地段，吸浆量大而压力难上升，主要对含水层天然裂隙进行充填加固	吸浆量均匀减小，压力表盘首次显压
初期升压	$0 \sim 4$MPa	水泥和粉煤灰混合浆	TBW600 泵和两台 NBB390 泵	压力提升，浆液的扩散距离逐渐增大，在一定压力作用下填充原始微小空隙	压力多次起伏后趋于稳定
中压劈裂	$4 \sim 8$MPa	水泥为主	NBB390 泵和 NBB260 泵	克服沿含水层薄弱部位及软弱结构面的强度阻力，劈裂形成充填裂缝	泄压后逐渐升压至稳定
高压加固	$8 \sim 15$MPa	水泥	NBB260 泵或聚能泵	封堵原始裂隙以及劈裂形成的细微裂隙和孔隙	达到终压，流量 <60L/min

注浆过程中应对浆液压力和吸浆量进行严密动态监测和控制，并根据压力变化情况调整注浆材料，可通过注浆设备调节阀调节。图8.8为注浆材料动态调节示意图。

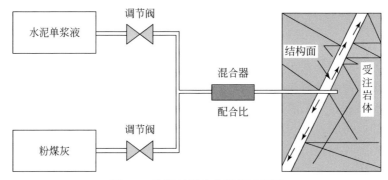

图8.8　注浆材料动态调节示意图

钻孔施工完成后，先进行压水试验，根据结果调配注浆泵和水泥浆参数。在孔口压力低于4MPa时，采用TBW600泵和两台NBB390泵进行注浆，尽可能提高单位时间注入量；孔口压力4~8MPa时，采用NBB390泵和NBB260泵进行注浆，在稳压状态下保证扩散距离；孔口压力超过8MPa时，换用1台NBB260泵或聚能泵，高压注浆封堵细微裂隙和孔隙。梯度增压注浆孔口压力-总注浆量-注浆时间理想曲线如图8.9所示。

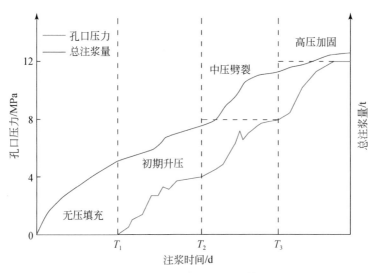

图8.9　梯度增压注浆孔口压力-总注浆量-注浆时间理想曲线示意图

"梯度增压注浆法"在不同阶段采用不同的注浆压力与注浆材料（表8.1），这充分体现了根据不同水文地质条件、加固岩层裂隙发育不同规模及其裂隙发展不同阶段，注浆压力与材料发生相应变化的"时空观"；工程实践也表明，该方法能够取得满意的注浆效果。

8.2.5　注浆控制工艺

8.2.5.1　注浆工艺流程

地面定向顺层钻进注浆工程采用分段下行式、孔口封闭静压注浆法进行注浆，包括充填注浆和高压注浆。

（1）充填注浆：在灰岩中遇到漏失量大的裂隙或溶洞时，采用 260～600L/min 的大排量注浆泵注入相对密度 1.5～1.7t/m³ 的高浓度水泥浆，对裂隙或溶洞快速充填。

（2）高压注浆：在钻井冲洗液漏失较小区段和钻孔终孔注浆时，为增加扩散距离和填充细微裂隙，采用高压注浆，使浆液向岩层内的残留空隙和细小裂隙扩展，增加扩散距离和加固效果。

注浆孔口终止压力定位不低于 12MPa，由于注浆工程的特殊性，施工中可根据现场情况进行调整。

8.2.5.2　注浆结束标准

传统注浆工艺中，往往将注浆压力作为控制浆液扩散的唯一选择，而忽视了注浆速率及浆液配比调整的重要性。例如，浆液加固作用造成地层空隙率降低，岩体耗浆能力减弱；恒定注浆速率下，浆液将使加固体产生二次劈裂，破坏其完整性，易引起大变形、塌方等事故。因此，单纯依靠调整注浆终压的传统方法难以达到合理控制浆液扩散范围的目的，对注浆速率及浆液配比参数的灵活调整极为重要。尤其是针对富水断裂带，岩体内存在大量软弱结构面，在不加约束情况下，浆液倾向于顺结构面过度扩散，抑制了围岩中分枝劈裂浆脉发育。

注浆实践中主要通过注浆速率和注浆压力来控制注浆过程。注浆结束标准采用定压方式进行控制，压力以孔口压力为依据，不得低于水压的 2.5 倍，三灰静水压力大约 4MPa，因此，选取注浆终压为 10～12MPa。结束吸浆量，一般为 40～60L/min，稳定时间为 20～30min。

当注浆压力保持不变，吸浆量均匀减少，或当吸浆量不变，压力均匀升高时，注浆工作应持续下去，一般不得改变注浆材料。出现漏浆等异常情况时可提前停止注浆，其余情况达不到要求不得结束注浆，未达到注浆压力需要透孔后继续注浆。

注浆结束后压水。压水是为了保留再次注浆的条件，而又不冲刷已注入的浆体，以便堵住大的溶洞裂隙。压水量一般不宜太大或太小，多为注浆管路容积的 2～4 倍。根据注浆泵压、吸水段长度等计算单位吸水率 q，当计算结果不大于 0.01L/(min·m·m) 时，才能结束钻孔注浆施工。单位吸水率公式：

$$q = \frac{Q}{pL} \tag{8.11}$$

式中，q 为单位吸水率；Q 为压入流量；p 为作用于试段内的压力换算水头高度；L 为受注段长度。

1）注浆总压

注浆压力的大小直接影响到浆液的扩散距离与有效的充填范围。当钻孔间距较大，浆液压力较小时扩散范围有限，为提高注浆效果，增加扩散距离，注浆中遇到细微裂隙时采用高压稀浆灌注工艺，刷大原有裂隙通道，沟通无效封闭裂隙，提高充填效果。

根据《煤矿防治水细则》，注浆压力为静水压力的 1.5~2 倍，顺层钻进注浆的最大注浆孔口压力是 12~15MPa，实际注浆压力是 18~20MPa，为静水压力的 3~4 倍。

2）注浆量标准

当注浆压力达到结束标准后，应逐次换挡降低泵量，直至泵量达到 35L/min，并维持 30min。之后进行压水试验（试验压力为结束压力的 80%），测得单位吸水率 q 不得大于 0.01L/(min·m·m)。否则，要求复注直至小于标准值为止。

地面注浆治理工程中的注浆施工经过充填、升压和加固三个阶段，已经将导水裂隙空间充填加固完毕，且严格按照注浆结束标准执行，根据注浆泵压、吸水段长度等计算单位吸水率 q，当计算结果不大于 0.01L/(min·m·m) 时，才能结束钻孔注浆施工。

只有同时满足上面两个条件的情况下，才能认为受注段达到注浆结束标准，可以停止注浆。

8.2.6 钻探关键技术

1. 无线随钻定向钻进技术

地面定向施工所用仪器为北京海蓝 YST-48R MWHY 系统，该仪器是将传感器测得的井下参数按照一定的方式进行编码，产生脉冲信号，由脉冲器产生压力变化，使信号传送到地面，再由地面设备解码得出井下参数。

YST-48R 泥浆脉冲随钻测斜仪由地面设备和井下测量仪器两部分组成。地面设备包括压力传感器、专用数据处理仪、远程数据处理器、计算机及有关连接电缆等。井下测量仪器主要由定向探管、伽马探管、泥浆脉冲发生器、电池、打捞头等组成。

1）下井过程井深测定及正常钻进操作

（1）仪器入井前先量取钻具的角差，再放入仪器；

（2）放入仪器时要确保仪器坐在键上，可上提多放入几次，每次记录放入长度，确保准确坐键；

（3）仪器放入后，连接方钻杆，在井口测试仪器信号，看仪器是否能正确解读出序列。仪器下到中途时，再开泵循环，进行中途测试；

（4）调整波形显示幅度与脉冲检测门限；

（5）单根打完记录测量数据。

2）对泥浆的要求

泥浆循环系统承担着信号传递的任务，由于信号是以压力波的形式传递的，所以要求介质是不可压缩的。要保证脉冲信号的正确，需做到以下几点：

（1）保持泥浆泵的过滤器和钻杆滤子清洁；

（2）泥浆循环系统不能泄露；

（3）保持泵系统上水要好；

（4）泥浆池液面不能太低，以免抽进空气。

3）完钻的拆卸、整理和仪器检测工作

（1）完钻后，把仪器从井底取出，把连接线全部从钻台拆下；

（2）用抹布擦干净，把线缆盘好，收回远程数据处理仪和压力传感器，清理干净；

（3）清理仪器上的泥浆，用清水冲洗脉冲器里的泥浆；

（4）连接测试线，检查仪器是否工作正常；

（5）拆卸开仪器，把密封圈和镙扣上的润滑油擦拭干净，把仪器两头的保护套上好；

（6）收回 MWHY 接头，并清理干净；

（7）把仪器装进仪器箱，装入仪器柜内；

（8）收拾现场使用的工具；

（9）如果有损坏部件，准备好带回返修或更换。

2. 柔性钻杆水平孔钻进技术

在近水平顺层段采用的钻具组合：钻头+动力钻具+无磁钻铤+无磁短接+钻柱稳定器+无磁承压钻杆+加重钻杆+随钻振机器+钻杆，为保证在三灰 5m 内安全顺层，中间用稳定器、单弯螺杆和振机器。在高抗强度中硬灰岩地层采用江汉金属密封三牙轮镶齿钻头和金刚石中齿 PHYC 钻头。

3. 特殊泥浆冲洗液循环技术

在近水平段为了便于泥浆性能达到最优化，采用连续泥浆罐、搅拌器、振动筛、除泥器等设备，对含沙量、泥饼等性能进行控制。加润滑剂、抑制剂等对钻井液有良好的润滑性、抑制性和挟砂性，泥饼的摩擦系数<0.1，含沙量<0.5%，低密度固相含量<12%，钻井液塑性黏度和动切力的比值不小于 2∶1。

4. 无心钻进随钻录井井控技术

本工程钻进过程中为无心钻进，顺层段的要求是在目的层内长距离顺层延伸，顺层率要求极高，这在以往的钻探工程实践中是从未有过的。虽然目前较为先进的地质导向技术在石油领域已日渐成熟，但通过射线传递反馈信号必然会存在滞后效应，常常导致顺层率偏低。

针对淮北矿区底板区域超前治理工程施工特点，总结出一套"无心钻进岩屑录井、钻时录井、钻井液录井相结合"的综合井控工艺。在施工过程中，同时进行这三项录井工作，对整个钻进过程人工实时监控，将既得数据与以往数据快速对比分析，结合治理区地质信息，对钻孔轨迹进行及时调整，可以有效保障钻孔顺层率。实践证明，这种方法效果显著，平均顺层率可达90%。

1）岩屑录井

松散层不捞砂样，但必须判定基岩界面。二开段开始录井，每 1m 捞 1 包岩屑样至完钻，并做好鉴定，建立地层剖面。现场整理、汇总岩屑录井表，对地层做出初步的判定和划分。

2）钻时录井

间距要求：自基岩段每1m记录1个点，至完井。

要随时记录钻时突变点，以便及时发现煤层，卡准煤层深度、厚度等。尽量保持钻井参数的相对稳定，以便提高钻时参数反映地层岩性的有效性，并记录造成假钻时的非地质因素。

必须经常核对钻具长度和井深，每打完一个单根钻和起钻前必须校对井深，井深误差不得超过0.1m。

全井漏取钻时点数不得超过总数的0.5%，目的层井段钻时点不得漏取。

3）钻井液录井

每8h做一次全性能测定；每2h测定一次一般性能（密度、黏度）。

煤层井段或发现气体显示异常时，要连续测定钻井液密度、黏度，并做好记录。

5. 钻进过程中的数据观测

本工程钻探部分顺层段的目的是尽最大限度揭露目的层中的各类储水空间及导水通道，这与以往其他地勘钻孔或常规抢险钻孔不同，需要密切关注井底各类信息，做好数据长期观测搜集工作，并且在现场进行及时分析处理，以指导钻探和注浆施工。

1）简易水文观测

全井钻进过程中均应做好简易水文观测记录工作。每次起钻后、下钻前测量一次水位（井筒液面）；每钻进2h记录一次钻井液消耗量（泥浆池液面），不足1h但大于30min时也应观察钻井液消耗量。

2）钻进过程中做好钻孔原始记录，钻探过程中如遇漏水、塌孔、缩径、掉钻等现象时，要详细记录其发生的层位、深度及量值，对换径变层等重要环节也要进行详细记录。

8.2.7 注浆关键技术

本区注浆设计终压8～12MPa，为中高压注浆，目的是尽最大限度在依序次注浆过程中使水泥浆液充填度最好，扩散距离最远，有效结石率最高。这就需要及时了解钻孔井底条件，结合钻井反馈信息和地质条件分析，确定钻井液参数、钻进速度等，不漏掉地质薄弱段，确定起钻注浆点。同时，在注浆过程中，需及时结合注浆参数、钻进反馈信息及地质条件分析，密切关注单位泵量、累计量、浆液相对密度、注浆压力等变化，做出灵活的注浆调整，使得在每次注浆过程中，做到对目的层的充分注浆改造。

8.2.8 治理效果综合评价与检验方法

1. 注浆过程的钻孔水位监测

水位对钻孔的注浆起到指导作用，通过对水位的分析并结合压水试验可初步判断裂隙的发育程度，以及相邻含水层之间有无联系，是否存在水压异常区，是否存在断层、陷落柱等地质构造。

2. 薄灰岩跟层率

工作面形成后布置钻孔探查底板灰岩层位，统计地面定向钻孔顺层长度和在三灰段中的长度值，由下式计算薄灰岩跟层率，即

$$G=\frac{L_1}{L}\times100\% \tag{8.12}$$

式中，G 为薄灰岩跟层率，%；L_1 为三灰段长，m；L 为钻孔顺层长度，m。

由此可知，薄灰岩跟层率越大，效果越好。

3. 注浆效果检验

1）物探检验

地面孔注浆结束后，可采用如底板音频电透视探查等物探方法对注浆工作面或采区进行探测，分析其视电导率分布情况与相对异常区。

2）钻探检验——井下顺槽检查孔与地面验证孔

地面定向钻进注浆结束后，施工井下顺槽检查孔对音频电透低阻异常区、构造发育区及地面定向钻漏失点、注浆量大的区域及三灰层位未覆盖区域进行验证，兼顾对未覆盖区域注浆加固。简而言之，井下检验孔布孔重点关注：物探异常区、注浆空白区、断层破碎带、进浆异常点。各孔终孔层位设计注浆目的层为三灰中下部。

3）工作面回采检验

工作面回采过程中，加强水文地质监测，观测底板涌水情况，直接验证灰岩含水层的注浆效果。

8.3　地面定向顺层钻进底板灰岩含水层超前注浆改造控水技术示范工程与效果分析——以恒源煤矿 II633 工作面里段注浆改造工程为例

8.3.1　治理区域概况

II63 采区为恒源煤矿 −600m 水平以下的第一个采区，东部以落差 75m 的孟口逆断层为界，南部为 II61 采区，西部以矿界与河南神火集团有限公司新庄煤矿相隔，北部以落差为 0~50m 的孟 1 断层为界，界外为刘桥深部矿区范围。采区走向长 2540~2700m，倾斜宽 1351m，可采储量 843.8 万 t。II63 采区煤层赋存深，最低开采标高达 −790m；采区次级褶皱发育，发育有温庄向斜、小城背斜等，断层构造也较发育，并存在疑似陷落柱。6 煤层富水性受构造裂隙控制，以储存量为主，煤层顶、底板砂岩裂隙水是主采煤层开采的直接充水水源，但水量较小，易于疏干，太原组石灰岩岩溶裂隙水水量丰富，是开采 6

煤层矿井突出水的重要隐患。

Ⅱ633 工作面位于 Ⅱ63 采区中上部，为 Ⅱ63 采区准备的第二个工作面。工作面东部（收作线外侧）为 Ⅱ63 采区的三条主要下山（轨道、运输、回风），其外侧靠近采区边界断层——孟口逆断层，工作面整体处在孟口逆断层的下盘；南部为 Ⅱ632 工作面采空区；西部切眼外侧为恒源煤矿和新庄煤矿的矿井边界线；北部为尚未布置采掘工程的 Ⅱ634 工作面。Ⅱ633 工作面设计为综采工作面，总体上属近走向长壁式布置，工作面走向长2015m，倾斜宽182m；地质储量153.6万t，可采储量145.9万t。工作面底板隔水层厚度平均为46m，一灰顶界面隔水层承受太灰水压为5.30MPa，工作面最大突水系数为0.12MPa/m，超出《煤矿防治水细则》的要求。要保证工作面的安全回采，就必须对其底板灰岩进行注浆改造，从而降低底板灰岩突水系数，满足煤矿防治水规定要求。恒源煤矿起初采用常规井下底板注浆改造方式治理工作面底板灰岩水害，从已施工的井下注浆钻孔资料分析，临近向斜轴部区域单孔出水量明显异常，且施工过程中钻孔水压高、流量大，存在一定的施工难度和安全风险，井下底板注浆改造难以达到良好的水害治理效果。特别是在存在垂向导水构造的情况下，随工作面采深不断加深，水压不断增高，极易发生底板太灰，甚至波及奥灰的矿井突水事故。

Ⅱ633 工作面采深整体超过700m，且构造复杂，该工作面底板灰岩水具有"水压高、富水性强，灾害影响程度高"的特点。为更好地解决恒源煤矿−600m水平以下 Ⅱ63 首采区底板灰岩水害问题，解放构造条件复杂的深部煤炭资源，采用地面顺层孔定向钻孔对其进行了区域超前注浆治理。

Ⅱ633 工作面底板灰岩水害超前区域治理分里、中、外三段进行，中段位于温庄向斜轴部区域，已于2016年6月完成了地面顺层孔钻探注浆工程（魏大勇，2016）。

为达到对 Ⅱ633 工作面里段及外段底板三灰岩层全覆盖的目标，结合三灰岩层倾向和走向、地面施工条件、钻机钻进能力等多方面因素考虑，在地面选择铺设2个井场，每个井场布置1个钻孔单元，其中 D1 钻孔单元对 Ⅱ633 工作面外段进行治理，D2 钻孔单元对 Ⅱ633 工作面里段进行治理。Ⅱ633 工作面地面顺层孔注浆工程由中煤科工集团西安研究院有限公司实施，于2017年6月20日开钻先行施工治理 Ⅱ633 工作面里段的 D2 钻孔单元，至2018年1月26日完工，历时220天，沿煤层倾向布置1个主孔和9个分支孔，分布在治理区域西南部，治理面积约160000m²，累计完成钻探进尺6686m，顺层段长4679m，三灰段长4500m，平均三灰顺层率96.17%，达到了预期的治理效果。本节即 Ⅱ633 工作面里段治理工程全过程。

8.3.2　工程设计

根据工作面情况及钻机能力，治理 Ⅱ633 工作面里段三灰含水层，即从工作面外围选择合适场地，实施多分支近水平钻孔沿三灰顺层钻进，探查灰岩裂隙和富水异常区，并进行注浆封堵，通过分段"探注结合"施工，有效封堵三灰溶隙、裂隙等出水通道。最终通过高压注浆将出水通道充填压密，在治理范围内形成一个整体的"水泥止水塞"，阻隔来自目的层三灰及三灰以下含水层中的地下水，从而达到区域超前治理的目标。解放受高压强含水层威胁的煤炭资源，保障治理区域工作面安全开采。

8.3.2.1　钻探工程设计

1. 设计思路与原则

1）孔口布置原则

钻孔孔口位置的选择至关重要，决定了钻孔施工的难易程度与能否有效完成钻探任务。孔口位置的选择，应从以下方面进行考虑：

（1）工程目标范围以及构造发育的优势方位；

（2）孔口到治理工作面的距离要满足水平定向井对靶前位移的要求，一般大于 260m；

（3）钻孔周边井下巷道及采空区的分布情况，结合钻孔轨迹初步设计，选择的孔口位置尽可能地使钻孔轨迹避开采空区与巷道，并保持 15m 以上的安全距离，二开套管底口距离巷道的空间距离超过 50m；

（4）地面建筑物与地形情况，选择较为空旷，便于施工区段。

2）钻孔设计原则

钻孔轨迹设计应从以下方面考虑：

（1）井下巷道、采空区分布及裂隙发育高度。井下巷道与采空区是钻孔设计中应极力回避的，以免造成不必要的钻进困难，一般要求钻孔轨迹在空间上远离巷道及采空区 15m 以上。

（2）钻孔方位。钻孔轨迹的方位包括主孔方位与分支孔方位，主孔方位的选择要保证其他分支孔能够实现，并且覆盖目标区域，一方面，主孔方位要保证钻孔单元中两侧钻孔能够顺利完成，另一方面，钻孔轨迹应尽可能与裂隙的优势发育方位斜交，最大限度揭露裂隙。

（3）钻孔间距。钻孔间距的确定要结合注浆工程中浆液的扩散范围，既能保证浆液对治理区段的全覆盖，又能经济节约。本次钻孔设计根据之前对注浆钻孔的研究与检验，结合Ⅱ632 及Ⅱ633 工作面中部治理经验，设计终孔间距 50～70m。

（4）控制点与靶点设计。控制点与靶点设计要求钻孔尽可能多地沿目标层位钻进，一般将控制点设计到目标层位中部，便于钻进过程中钻孔轨迹的及时调整。

2. 孔口位置选择与钻孔轨迹设计

1）孔口位置选择

根据钻孔周边井下巷道及采空区的分布情况，结合钻孔轨迹初步设计，孔口位置尽可能远离采空区，与巷道的空间最近距离超过 15m，二开套管底口距离巷道的空间距离应超过 50m。

2）钻孔轨迹设计依据

根据已有治理工程经验，治理区域地面多分支近水平顺层钻孔设计主要考虑以下方面：

（1）井下巷道及岩溶裂隙发育情况。

（2）钻孔方位及钻孔间距。据以往经验，取孔间距 50～70m。

（3）控制点与靶点设计基于治理区域 6 煤层底板等高线及三灰地质信息。据已有钻探资料，治理区域三灰距 6 煤层底板按 67m 间距控制，三灰层厚 5m，即钻孔轨迹与 6 煤层间距控制在 67 ~ 72m 范围。后续钻孔根据实际揭露的灰岩深度及厚度及时进行调整，提高三灰顺层率（有时会根据钻孔设计难易程度，对控制点与靶点进行上下浮动）。

3）钻孔结构设计

钻孔采取一开下表层套管、二开下技术套管、三开裸孔段通过高压注浆方式加固目标含水层。钻孔结构：一开直孔段，孔径 ϕ311mm，下入 244.5mm×8.94mm 套管至基岩层 5 ~ 10m；二开斜孔段，孔径 ϕ216mm，下入 177.8mm×8.05mm 套管至一灰；三开顺层裸孔段，孔径 ϕ152mm。直孔段和斜孔段两级套管（石油套管 N80）均采用水泥固井。详细孔身结构如图 8.10 所示。

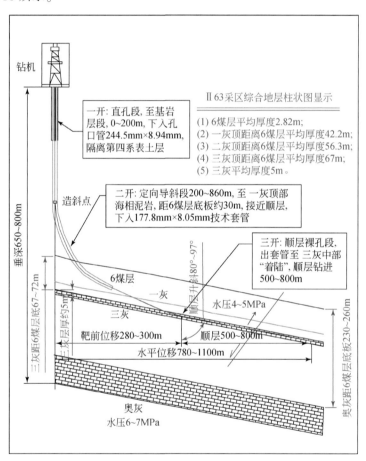

图 8.10　地面顺层钻孔结构示意图

3. 钻孔布置方案

1）钻孔平面布置

针对 II 633 工作面里段治理区域布置 1 个钻孔单元 D2，D2 钻孔单元布置 1 个主孔与 9 个分支孔，呈扇状发散，孔间距控制在 50 ~ 70m，分支孔从主孔二开套管以下合适位置侧钻，轨迹受着陆点、控制点约束，进入三灰后顺层钻进直至目标靶点。钻孔平面布置如图 8.11 所示，D2 钻孔主孔剖面如图 8.12 所示，孔口坐标见表 8.2。

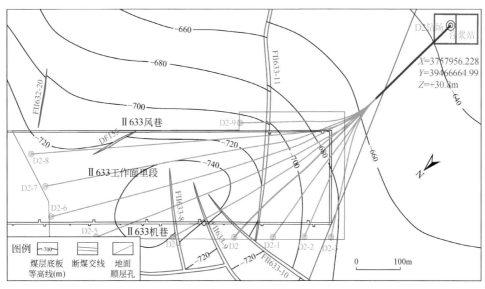

图 8.11　钻孔平面布置图

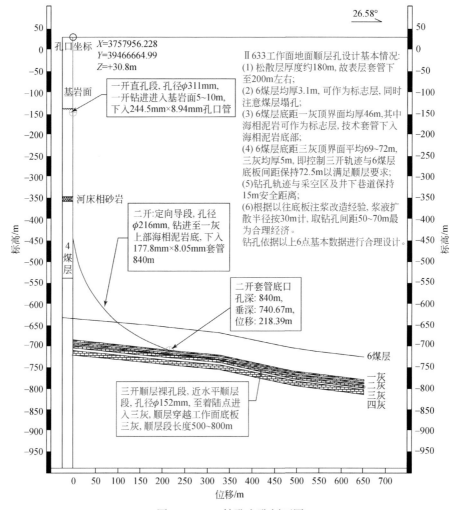

图 8.12　D2 钻孔主孔剖面图

表 8.2　D2 主孔轨迹关键点设计

编号	X	Y	垂深/m	位移/m	备注
D2 孔	3757956. 228	39466664.99	0	0	孔口
	3758009. 471	39466701. 23	560. 5	64. 4	采空区避让点
	3758147. 922	39466782. 8	742. 5	218. 4	二开套管底口
A	3758239. 171	39466838. 88	765. 5	288. 7	着陆点
B	3758347. 394	39466905. 39	797. 5	442. 3	控制点
C	3758511. 773	39467006. 41	826. 5	652. 0	靶点

2）钻孔剖面设计

钻孔结构：一开直孔段，0~200m，孔径 ϕ311mm，下入 244.5mm×8.94mm 孔口管，至基岩层段，水泥固井，隔离第四系表土层；二开定向导斜段，200~800m，孔径 ϕ216mm，至一灰，接近顺层，下入 177.8mm×8.05mm 套管，水泥固井；三开裸孔顺层段，孔径 ϕ152mm，至三灰开始顺层钻进 500~800m。直孔段和斜孔段两级套管（石油套管 N80）均采用水泥固井。D2 钻场单元共设计 1 个主孔，9 个分支孔，工程量约 6570m，具体见表 8.2、表 8.3、图 8.10。

表 8.3　设计钻孔关键点信息一览表

孔号	着陆点 A			控制点 B			靶点 C		
	X	Y	H/m	X	Y	H/m	X	Y	H/m
D2	3758239. 171	39466838. 88	765. 5	3758347. 394	39466905. 39	797. 5	3758511. 773	39467006. 41	826. 5
D2-1	3758247. 598	39466830. 8	775. 5	3758386. 429	39466884. 91	803	3758486. 024	39466923. 79	816. 5
D2-2	3758256. 184	39466822. 41	775. 7	3758367. 959	39466841. 7	793. 6	3758465. 084	39466856. 07	799. 3
D2-3	3758224. 26	39466814. 69	768. 2	3758335. 947	39466812. 6	784. 5	3758448. 431	39466798. 39	789. 4
D2-4	3758267. 679	39466867. 99	786	3758424. 526	39467007. 3	834	3758551. 938	39467138. 54	850
D2-5	3758336. 887	39466966. 49	817	3758453. 768	39467108. 59	851	3758602. 428	39467303. 58	838
D2-6	3758207. 428	39466834. 05	766. 15	3758421. 95	39467125. 68	850	3758592. 122	39467413. 47	835
D2-7	3758206. 749	39466828. 07	766. 31	3758403. 227	39467181. 96	844. 04	3758536. 649	39467443. 96	837. 24
D2-8	3758285. 23	39466980. 28	809. 34	3758403. 46	39467286. 26	827. 53	3758483. 32	39467493. 64	830. 53
D2-9	3758216. 893	39466863. 3	775. 6	3758250. 432	39466957. 22	795. 6	3758275. 605	39467033. 57	807. 7

8.3.2.2　注浆工程设计

1. 注浆站建设

注浆站长、宽约 50m（可根据注浆场地的情况进行适当优化调整），分为水泥罐车上料区、水泥罐区、搅拌池、蓄水池、上料机、泵组、配电等 7 个部分。注浆站布置如图 8.13 所示。

（1）具备不低于300t 的水泥储存能力。

（2）要求日最大供应水泥量达 1000t。

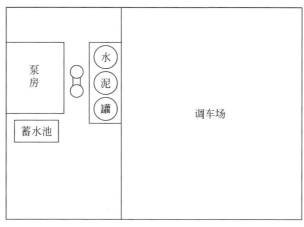

图 8.13　注浆站布置图

2. 注浆工艺设计

注浆工程的主要目的一是充填灰岩中的溶隙和裂隙，减少其储水量，二是加固薄弱岩层，增强其抗破坏能力，这就要求注浆工程中采用合理的注浆工艺保证工程质量，工艺流程如图 8.14 所示。

图 8.14　注浆工艺流程图

1）注浆层段

（1）注浆层位主要为 6 煤层底板三灰段。

（2）当钻孔未揭露三灰时，遇见冲洗液少量漏失现象采取调配堵漏剂堵漏钻进，遇见冲洗液大量漏失现象时采用稠水泥浆堵漏钻进。

（3）钻孔揭露三灰并在三灰岩层内顺层钻进时，遇见冲洗液漏失量<15m³/h 时，采取调配钻井液配比强制钻进，遇见冲洗液漏失量≥15m³/h 时，向前钻进 5~10m 的注浆层段进行高压注浆。

（4）原则上，三灰顺层段每钻进 100m，不管钻探过程中漏失量大小，均须进行压水试验，以核实三灰段漏失情况，必要时仍需进行高压注浆。

（5）钻孔终孔后，对钻孔进行全段高压注浆，最终用稠浆封孔。

2）注浆方式

注浆方式采用孔口止浆、静压分段下行式注浆法。

3）注浆材料

（1）采用 32.5 复合硅酸盐水泥，其质量应符合国家 GB175—2007 标准，不得使用受潮结块的水泥或过期的水泥，最大供应水泥能力应达到 1000t/d。

（2）造浆用水水质须满足国家混凝土拌合用水质量标准，供水能力应达到 100m³/h。

4）注浆施工

（1）每次注浆前，均要进行压水试验，主要目的是疏通注浆管路及孔内岩石裂隙、测定单位受注层段吸水率。压水试验成果以单位吸水率 q 表示。

（2）根据压水试验结果，确定浆液浓度，相对密度选取 1.2 ~ 1.6。一般来讲，须先用稀浆进行试注，了解该孔吃浆量大小及孔口压力情况，观测临孔是否串浆等情况调整浆液浓度。

（3）每次注浆结束后，均要向孔内压水，压水量为管路与孔内体积之和的两倍，之后及时下钻具扫孔至孔底。

（4）要对压水试验及注浆过程进行详细记录。按照注浆班报记录表的格式如实测定并记录每罐浆液的相对密度、泵量、泵压、孔口压力等参数；及时汇总注浆量资料、注浆前后压水试验资料，绘制观测孔水位、注浆量历史曲线，分析注浆效果，为下一步施工提供依据。

5）单孔结束标准

（1）注浆终压：注浆压力的大小直接影响到浆液的扩散距离与有效的充填范围。注浆总压是由孔内浆柱自重压力和注浆泵所产生的压力两部分组成。根据本次注浆工程实际情况，确定注浆终止孔口压力为 8 ~ 12MPa。当孔口压力达到 8 ~ 12MPa 后，应逐次换挡降低泵量，直至泵量达到 60L/min，并维持 30min，即可认为该受注层段注浆已达到压力结束标准。此外，注浆过程中，根据不同段的受注情况、浆液扩散距离、压水试验检验数据进行综合分析，以确定三灰顺层段的终压标准。

（2）全孔单位吸水率标准：注浆段完成全段依序次注浆，当最后一次注浆，孔口压力达到结束标准后，应逐次换挡降低泵量，直至泵量达到 60L/min，并维持 30min。之后进行压水试验（试验压力为结束压力的 80%），测得单位吸水率 $q \leq 0.01$L/（min·m·m）时，即可认为该段达到注浆结束标准，否则，要求复注直至达到结束标准为止。

8.3.3　工程施工概况

本工程针对 II 633 工作面里段治理区域布置 1 个钻孔单元 D2，D2 钻孔单元施工了 1 个主孔与 9 个分支孔。D2 主孔实际施工过程中，由于受到构造影响，三灰 ~ 6 煤层垂距变化较大，因此增加探查孔，探明 6 煤层底板一 ~ 四灰的准确层位，为后续顺层孔施工起到指导作用。施工流程及钻孔施工顺序如图 8.15、图 8.16 所示，工程完成情况详见表 8.4。相关注浆情况及压水试验成果表见表 8.5 ~ 表 8.7。

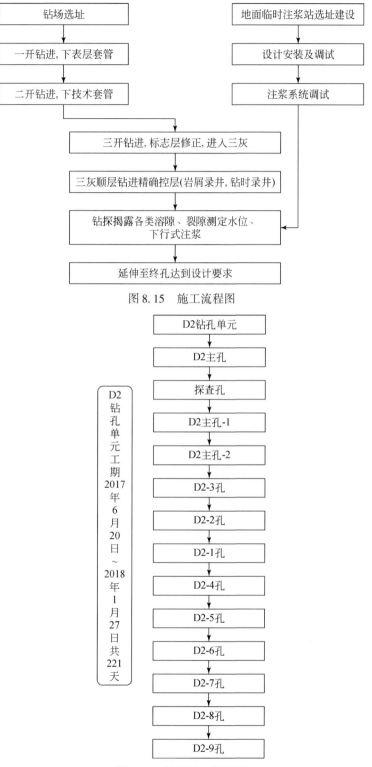

图 8.15　施工流程图

图 8.16　钻孔施工顺序图

表 8.4 工程完成情况一览表

钻孔编号	设计孔深/m	一开进尺/m	一开套管/m	二开孔深/m	二开套管/m	二开进尺/m	实钻孔深/m	侧钻深度/m	三开进尺/m	累计进尺/m	进三灰井深/m	出三灰井深/m	顺层段长/m	三灰段长/m	三灰顺层率/%	水位标高/m	观赏井深/m	漏失量/(m³/h)	注水泥/t	终压/MPa
D2	1245						999	808	191		869	1090		221	81.65	埋深>200	999	2	528	12
							1194	813	381		1159	1245	376	86			1194	4	258	14
							1245	920	325								1245	5	459	12
探查孔	999	188	185.5	808	808	620	912	812	100								912	30	125	12
D2-3	1124						1124	810	314		882	983	242	101	95.45		1074	30	169	13
											994	1124		130			1124	5	80	12
D2-2	1144						1144	815	329		884	1144	260	260	100		1144	4	564	12
D2-1	1185						1185	826	359		882	1113	303	231	80.20		1185	4	75	14
											1173	1185		12						
D2-4	1361						1265	813	452		880	1176	481	470	97.71		1265	4	90	10.5
							1361	1265	96		1187	1265					1361	5	172	8
											1265	1361								
D2-5	1517						1164	843	321		876	1164	641	641	100		1164	3	205	9.5
							1319	1164	155		1164	1319					1319	26	1815	12
							1517	1319	198		1319	1517					1517	3	156	12
D2-6	1599						1230	813	417		885	1230	714	714	100		1230	30	1960	9
							1335	1230	105		1230	1335					1335	30	1431	8.2
							1407	1335	72		1335	1407					1407	15	888	8.1
							1599	1407	192		1407	1599					1600	3	2208	8
D2-7	1594						1594	813	781		886	1065	708	680	96.05		1594	3	371	11
											1094	1594								
D2-8	1617						1617	810	807		886	1617	731	731	100		1617	2	1394	12
D2-9	1103						1103	820	283		880	1103	223	223	100		1103	2	10	8
合计		188	185.5	808	808	620			5878	6686			4679	4500	96.17				12958	

表 8.5　各钻孔三灰顺层区段注浆情况一览表

孔号	实钻孔深/m	水柱高度/m	受注段/m	受注段长度/m	起始浆液相对密度	结束浆液相对密度	漏失量/(m³/h)	注水泥/t	终压/MPa	注前单位吸水率/[L/(min·m·m)]	注后单位吸水率/[L/(min·m·m)]	单位吸水率降底比例/%	备注
D2	999	790.3	869~999	130	1.3	1.5	2	528	12	7.62×10^{-3}	3.26×10^{-4}	96	
D2	1194	815.7	999~1194	195	1.3	1.4	4	258	14	4.84×10^{-3}	2.02×10^{-4}	96	
D2	1245	824.8	1194~1245	51	1.3	1.4	5	459	12	1.82×10^{-2}	8.43×10^{-4}	95	
探查孔	912	794.1	812~912	100	1.3	1.6	30	125	12	5.20×10^{-3}	2.27×10^{-4}	96	
D2-3	1074	786.7	882~1074	192	1.3	1.3	30	169	13	1.99×10^{-2}	9.17×10^{-4}	95	
D2-3	1124	788.5	1074~1124	50	1.3	1.3	5	80	12	3.75×10^{-3}	1.68×10^{-4}	96	
D2-2	1144	798.8	884~1144	260	1.3	1.4	4	564	12	3.10×10^{-3}	1.35×10^{-4}	96	
D2-1	1185	818.4	882~1185	303	1.3	1.3	4	75	14	2.38×10^{-3}	1.20×10^{-4}	95	
D2-4	1265	830.4	880~1265	385	1.3	1.4	4	90	10.5	9.26×10^{-3}	5.74×10^{-4}	94	水位埋深均>200m，未测到水位异常
D2-4	1361	848.4	1265~1361	96	1.3	1.3	5	172	8	3.14×10^{-3}	1.76×10^{-4}	94	
D2-5	1164	839.4	876~1164	288	1.3	1.3	3	205	9.5	5.70×10^{-3}	2.72×10^{-4}	95	
D2-5	1319	851.5	1164~1319	155	1.3	1.4	26	1815	12	4.58×10^{-3}	2.24×10^{-4}	95	
D2-5	1517	836.9	1319~1517	198	1.3	1.3	3	156	12	2.57×10^{-3}	1.31×10^{-4}	95	
D2-6	1230	848.6	885~1230	345	1.3	1.6	30	1960	9	8.44×10^{-3}	4.69×10^{-4}	94	
D2-6	1335	850.1	1230~1335	105	1.3	1.5	30	1431	8.2	1.24×10^{-2}	7.25×10^{-4}	94	
D2-6	1407	846	1335~1407	72	1.3	1.4	15	888	8.1	4.72×10^{-3}	2.62×10^{-4}	94	
D2-6	1599	834.6	1407~1599	193	1.3	1.5	3	2208	8				
D2-7	1594	834.5	886~1594	708	1.3	1.3	3	371	11	1.29×10^{-3}	6.62×10^{-5}	95	
D2-8	1617	830.4	886~1617	731	1.3	1.5	2	1394	12	1.26×10^{-3}	5.64×10^{-5}	96	
D2-9	1103	807.4	880~1103	223	1.3	1.6	2	10	12				

表 8.6　套管固井质量检查压水试验成果表

孔号	序号	日期	孔深/m	吸水段/m	吸水段长度/m	孔口压力/MPa	水柱高度/m	水柱压力/MPa	承压含水层水头压力/MPa	总压力/MPa	流量/(L/min)	单位吸水率/[L/(min·m·m)]	其他情况说明
D2	1	2017年6月29日	188	一开套管	188	4	188	1.8		5.8	250	2.23×10^{-3}	一开套管固井质量检查
	2	2017年8月12日	808	二开套管	808	8	734.9	7.2	2.8	12.4	250	2.44×10^{-4}	二开套管固井质量检查

表 8.7　每百米核实漏量压水试验成果表

孔号	序号	日期	孔深/m	吸水段/m	吸水段长度/m	孔口压力/MPa	水柱高度/m	水柱压力/MPa	承压含水层水头压力/MPa	总压力/MPa	流量/(L/min)	压水时间/min	单位吸水率/[L/(min·m·m)]
	1	8月25日	970	869~970	101	0	785.2	7.7	2.8	4.9	90	20	1.78×10^{-3}
	2	8月26日	1070	970~1070	100	0	802.5	7.9	2.8	5.1	90	25	1.74×10^{-3}
D2	3	8月27日	1170	1070~1170	100	0	816.1	8.0	2.8	5.2	90	30	1.70×10^{-3}
	4	8月31日	1020	920~1020	100	0	795.2	7.8	2.8	5.0	52	25	1.02×10^{-3}
	5	8月31日	1120	1020~1120	100	0	809.6	7.9	2.8	5.1	52	20	9.93×10^{-4}
D2-3	6	9月6日	982	882~982	100	0	782.2	7.7	2.8	4.9	90	25	1.81×10^{-3}
D2-2	7	9月14日	984	884~984	100	0	784.8	7.7	2.8	4.9	52	30	1.04×10^{-3}
	8	9月14日	1087	984~1087	103	0	795.8	7.8	2.8	5.0	52	29	9.90×10^{-4}
D2-1	9	9月19日	980	882~980	98	0	787	7.7	2.8	4.9	90	20	1.83×10^{-3}
	10	9月20日	1086	980~1086	106	0	804	7.9	2.8	5.1	90	15	1.64×10^{-3}
	11	9月24日	990	890~990	100	0	793.9	7.8	2.8	5.0	52	15	1.02×10^{-3}
	12	9月24日	1090	990~1090	100	0	816.7	8.0	2.8	5.2	52	15	9.79×10^{-4}
	13	9月25日	1203	1091~1203	112	0	838	8.2	2.8	5.4	90	15	1.45×10^{-3}
D2-4	14	10月8日	1086	980~1086	106	0	815.6	8.0	2.8	5.2	52	30	9.26×10^{-4}
	15	10月9日	1183	1087~1183	96	0	835.5	8.2	2.8	5.4	52	25	9.85×10^{-4}
	16	1月10日	1280	1184~1280	96	0	842.4	8.3	2.8	5.5	90	20	1.68×10^{-3}

续表

孔号	序号	日期	孔深/m	吸水段/m	吸水段长度/m	孔口压力/MPa	水柱高度/m	水柱压力/MPa	承压含水层水头压力/MPa	总压力/MPa	流量/(L/min)	压水时间/min	单位吸水率/[L/(min·m·m)]
D2-5	17	10月13日	974	875~974	99	0	789.8	7.7	2.8	4.9	52	23	1.04×10^{-3}
	18	10月15日	1087	1014~1087	73	0	819.3	8.0	2.8	5.2	90	20	2.31×10^{-3}
	19	11月20日	987	813~987	174	0	792.7	7.8	2.8	5.0	52	25	5.89×10^{-4}
D2-6	20	11月20日	1082	988~1082	94	0	816.2	8.0	2.8	5.2	90	20	1.80×10^{-3}
	21	11月21日	1198	1082~1198	116	0	844.2	8.3	2.8	5.5	90	25	1.39×10^{-3}
	22	1月2日	987	810~987	177	0	793	7.8	2.8	5.0	52	15	5.79×10^{-4}
D2-7	23	1月3日	1102	988~1102	114	0	817.8	8.0	2.8	5.2	52	20	8.57×10^{-4}
	24	1月3日	1206	1103~1206	103	0	840.2	8.2	2.8	5.4	90	15	1.58×10^{-3}
	25	1月4日	1301	1207~1301	94	0	843.2	8.3	2.8	5.5	90	15	1.72×10^{-3}
	26	1月4日	1407	1302~1407	105	0	838.7	8.2	2.8	5.4	90	20	1.55×10^{-3}
	27	1月5日	1504	1408~1504	96	0	835.4	8.2	2.8	5.4	90	20	1.71×10^{-3}
	28	1月10日	987	813~987	174	0	792.4	7.8	2.8	5.0	52	20	5.90×10^{-4}
	29	1月11日	1084	988~1084	96	8	812.7	8.0	2.8	13.2	52	30	4.03×10^{-4}
D2-8	30	1月12日	1186	1085~1186	101	8	826.2	8.1	2.8	13.3	52	15	3.79×10^{-4}
	31	1月12日	1292	1187~1292	105	0	827.9	8.1	2.8	5.3	90	15	1.58×10^{-3}
	32	1月13日	1388	1293~1388	95	0	827.6	8.1	2.8	5.3	90	20	1.75×10^{-3}
	33	1月13日	1487	1389~1487	98	8	824.4	8.1	2.8	13.3	90	65	6.78×10^{-4}
D2-9	34	1月24日	985	880~985	105	0	788.5	7.7	2.8	4.9	52	15	1.01×10^{-3}
	35	1月25日	1080	985~1080	95	0	804.4	7.9	2.8	5.1	52	20	9.73×10^{-4}

8.3.3.1　钻探施工概况

D2 钻孔单元自 2017 年 6 月 20 日～2018 年 1 月 27 日完工，历时 221 天，沿煤层底板倾向布置 1 个主孔和 9 个分支孔，分布在治理区域西南部，治理面积约 16 万 m^2，累计完成钻探进尺 6686m，其中，一开进尺 188m，下入 244.5mm×8.94mm 套管 188m；二开进尺 620m，下入 177.8mm×8.05mm 套管 185.5m；三开进尺 5878m，顺层段长 4679m，三灰段长 4500m，平均三灰顺层率 96.17%。工程量见表 8.4。

8.3.3.2　注浆工程概况

自 2017 年 6 月 20 日～2018 年 1 月 27 日，D2 钻孔累计注水泥 12958t。钻探过程中，揭露河床相砂岩段漏失严重，利用调整泥浆和注浆封堵等手段，顺利通过并成功下入二开技术套管。钻孔顺三灰钻进过程中，每 100m 均按要求进行了压水试验，核实了漏失量，最大漏失量>30m^3/h，最小漏失量 2m^3/h，各孔段注浆前均进行了水位观测，水位埋深均大于 200m，之后通过压水试验获取了相关注浆参数，注浆终止孔口压力达到 8～12MPa，工程量见表 8.4。

施工阶段累计完成压（注）水试验 83 次，其中，套管固井质量检查压水试验 2 次、每百米核实漏失量压水试验 35 次、注浆前压水试验 25 次、注浆后压水试验 21 次。压水试验作为本工程的主要内容之一，其成果以单位吸水率表示（表 8.5～表 8.7），利用式（8.11）计算。计算时，注浆前全压力=孔口压力+水柱压力−承压含水层水头压力；注浆后全压力=孔口压力+浆液压力−承压含水层水头压力；浆液压力=相对密度×水柱压力；吸水段或受注段段长为含水层（三灰）顶到提钻孔深的长度；全压力应换算为水柱高度进行计算。

8.3.4　效果检验与分析

8.3.4.1　钻探效果分析

本工程钻孔质量整体较高，顺层率达 100% 的钻孔 5 个，占总钻孔比例 50%，D2 钻孔单元顺层长度 4679m，三灰段长 4500m，平均顺层率 96.17%，各个钻孔顺层率均在 80% 以上，符合设计要求，见表 8.8、图 8.17。钻探效果分析如下。

表 8.8　各孔三灰顺层情况一览表

钻孔编号	设计孔深/m	实钻孔深/m	三灰段参数/m				三灰顺层率/%
			进三灰井深	出三灰井深	顺层段长	三灰段长	
D2	1245	999	869	1090	376	221	81.65
		1194	1159	1245		86	
		1245					
探查孔	999	912					

续表

钻孔编号	设计孔深/m	实钻孔深/m	三灰段参数/m				三灰顺层率/%
			进三灰井深	出三灰井深	顺层段长	三灰段长	
D2-3	1124	1124	882	983	242	101	95.45
			994	1124		130	
D2-2	1144	1144	884	1144	260	260	100.00
D2-1	1185	1185	882	1113	303	231	80.20
			1173	1185		12	
D2-4	1361	1265	880	1176	481	470	97.71
			1187	1265			
		1361	1265	1361			
D2-5	1517	1164	876	1164	641	641	100.00
		1319	1164	1319			
		1517	1319	1517			
D2-6	1599	1230	885	1230	714	714	100.00
		1335	1230	1335			
		1407	1335	1407			
		1599	1407	1599			
D2-7	1594	1594	886	1065	708	680	96.05
			1094	1594			
D2-8	1617	1617	886	1617	731	731	100.00
D2-9	1103	1103	880	1103	223	223	100.00
合计					4679	4500	96.17

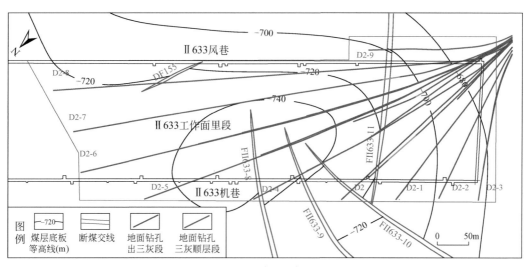

图 8.17　D2 钻孔单元三灰顺层平面图

图中红线表示钻孔三灰顺层段，灰色表示出三灰段

1）探查分析

D2钻孔单元各分支钻进至孔深1015m时均出现泥岩掉块现象，表明有断层破碎带存在，验证了断层FⅡ633-13（75°∠45°，$H=2.5m$）、FⅡ633-14（70°∠40°，$H=2.5m$）和FⅡ633-15（75°∠40°，$H=7m$）存在，与井下巷道揭露情况基本相符；D2-5孔、D2-6孔均穿过Ⅱ633工作面里段向斜轴部，注浆量较大，说明该处裂隙构造比较发育；穿过向斜轴部，地层间距逐渐正常，6煤层底板到三灰顶间距逐渐恢复到64m左右，与温庄向斜区域煤层到三灰间距基本相似，分析认为，在Ⅱ633工作面里段向斜和多组断层的共同作用下，里段向斜东翼的三灰~6煤层间距增大4~5m，钻探情况基本验证了推测结果，如图8.18所示。

2）顺层率分析

整体而言，钻孔质量高，顺层率达100%的钻孔5个，占总钻孔比例50%，平均三灰顺层率96.17%。

3）水位分析

各钻孔实测水位埋深均大于200m，表现为太灰正常水位，分析认为，治理区域内太灰与奥灰基本无水力联系。

4）综合分析

钻孔顺三灰钻进时，钻井液漏失量较小且多在5m³/h以下，注浆前压水试验单位吸水率0.0013~0.02L/(min·m·m)，平均0.0066L/(min·m·m)，漏失点少且大多数钻孔自进入三灰直至终孔均未漏失，总体来讲，治理区域内三灰含水层裂隙发育程度较低且相对均一，向斜轴部及断层附近裂隙较四周相对发育。

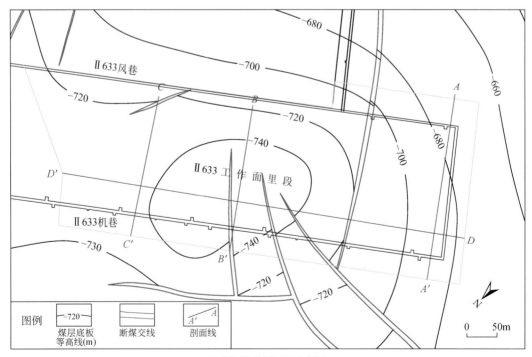

(a) 剖面线位置平面分布图

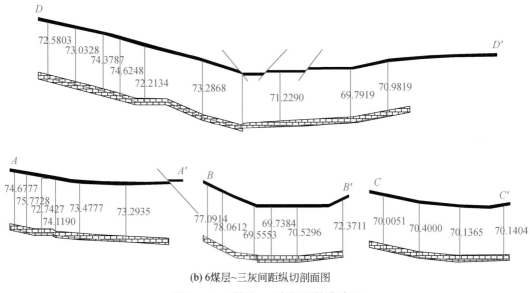

(b) 6 煤层~三灰间距纵切剖面图

图 8.18　6 煤层~三灰间距钻孔验证

8.3.4.2　注浆效果分析

注浆严格按照设计要求实施,即钻孔揭露三灰并在三灰岩层内顺层钻进,遇见钻井液漏失量>15m³/h 时,向前钻进 5~10m 的注浆层段进行高压注浆,每次注浆前均进行了压水试验,以获取相关注浆参数。此外,三灰顺层段每钻进 100m,均进行压水试验,以核实三灰段漏失情况,必要时仍需进行高压注浆。

施工阶段,D2 钻孔单元在三灰顺层区段累计注浆 20 次,累计注水泥 12958t,终孔压力均达到 8~12MPa,在最大程度上充填了三灰含水层裂隙,有效改造了目的含水层(表 8.9)。

D2 钻孔单元均沿地层倾向布孔,Ⅱ633 工作面里段治理范围面积约 160000m²。钻孔沿倾向揭露三灰目的层顺层钻进过程中,钻井液漏失量较小或正常消耗,漏失点少且多在 5m³/h 以下。另外,大多数钻孔自进入三灰直至终孔均未发生明显漏失,其中 D2 主孔穿过 FⅡ633-15、FⅡ633-11 断层,D2-5 孔、D2-6 孔穿过向斜轴部以及断层带。D2 主孔三灰顺层段注浆 3 次,注水泥 1245t;D2-5 孔三灰顺层段注浆 3 次,注水泥 2176t;D2-6 孔三灰顺层段注浆 4 次,注水泥 6487t;以上三个钻孔三灰段吃浆量大,很大程度上充填了目的层裂隙,其他各分支孔吃浆量较小,平均注水泥 380t,且多为 1 次终孔注浆。从治理区域看,向斜轴部及断层发育区域三灰吃浆量较大,四周相对较小,与向斜构造轴部裂隙发育程度及富水性有一定关系,总体来讲,治理区域内三灰含水层裂隙发育程度较低且相对均一,注浆量平面分布如图 8.19 所示。注浆效果分述如下。

表 8.9 各钻孔三灰段注浆统计表

孔号	实钻孔深/m	受注段/m	受注段长度/m	起始浆液相对密度	漏失量/(m³/h)	注水泥/t	终压/MPa	备注
D2	999	869～999	130	1.3～1.5	2	528	12	
	1194	999～1194	195	1.3～1.5	4	258	14	
	1245	1194～1245	51	1.3～1.5	5	459	12	
探查孔	912	812～912	100	1.3～1.5	30	125	12	
D2-3	1074	882～1074	192	1.3～1.5	30	169	13	
	1124	1074～1124	50	1.3～1.5	5	80	12	
D2-2	1144	884～1144	260	1.3～1.5	4	564	12	
D2-1	1185	882～1185	303	1.3～1.5	4	75	14	
D2-4	1265	880～1265	385	1.3～1.5	4	90	10.5	
	1361	1265～1361	96	1.3～1.5	5	172	8	水位埋深均>200m，未测到水位异常
D2-5	1164	876～1164	288	1.3～1.5	3	205	9.5	
	1319	1164～1319	155	1.3～1.5	26	1815	12	
	1517	1319～1517	198	1.3～1.5	3	156	12	
D2-6	1230	885～1230	345	1.3～1.5	30	1960	9	
	1335	1230～1335	105	1.3～1.5	30	1431	8.2	
	1407	1335～1407	72	1.3～1.5	15	888	8.1	
	1599	1407～1599	193	1.3～1.5	3	2208	8	
D2-7	1594	886～1594	708	1.3～1.5	3	371	11	
D2-8	1617	886～1617	731	1.3～1.5	2	1394	12	
D2-9	1103	880～1103	223	1.3～1.5	2	10	8	

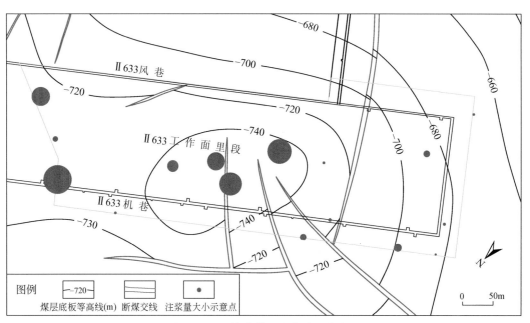

图 8.19 D2 钻孔单元注浆平面分布图

图中红色圆圈的大小示意此位置注浆量的大小

1) 单位注浆量

由表 8.10 可知，平均单位注浆量为 1.65t/m，平均单位治理面积注浆量为 0.081t/m²，说明治理区域内三灰目的层原生裂隙发育程度较低，仅 D2 主孔、D2-5 孔、D2-6 孔单位注浆量较大，这有以下三方面原因：

(1) 一般情况下，主孔首先施工，其注浆对象是未受注浆影响的原始地层，浆液扩散范围大，故其注浆量往往最大；

(2) D2 主孔揭露了三灰目的层的主要裂隙通道或断层构造，故其注浆量大；

(3) D2-5 孔、D2-6 孔穿过向斜轴部和断层带，裂隙通道非常发育，导致注浆量大。

表 8.10　D2 钻孔单位注浆量统计表

孔号	受注段长度/m	顺层率/%	注水泥/t	单位注浆量/(t/m)	平均单位治理面积注浆量/(t/m²)
D2	130	81.65	528	4.06	
	325		258	0.79	
	376		459	1.22	
探查孔	100		125	1.25	
D2-3	192	95.45	169	0.88	
	242		80	0.33	
D2-2	260	100.00	564	2.17	
D2-1	303	80.20	75	0.25	
D2-4	385	97.71	90	0.23	
	481		172	0.36	
D2-5	288	100.00	205	0.71	0.081
	443		1815	4.10	
	641		156	0.24	
D2-6	345	100.00	1960	5.68	
	450		1431	3.18	
	522		888	1.70	
	714		2208	3.09	
D2-7	708	96.05	371	0.52	
D2-8	731	100.00	1394	1.91	
D2-9	223	100.00	10	2.15	
合计/平均	7859	96.18	12958	1.65	

2) 注浆压力

注浆压力是给予岩溶裂隙扩散充填并压实的能量。一般情况下，随着压力的增高，浆液的扩散距离加大，有助于提高骨架的强度，但当压力超过一定范围，可能导致巷道破坏，或者压力过高，劈裂裂隙过大而形成人为导水裂隙，造成二次破坏，因此合适的压力选取对注浆效果起着重要作用。

影响注浆压力的因素，既有地质条件方面的，又有注浆方法与浆液浓度方面的。比较合理的方法是通过注浆现场试验来确定，通常使用式（8.9）计算。

通过分析可以得出，随着注浆压力的变化，可以分为四个阶段：

第一阶段，无压状态。在此阶段，浆液主要对含水层的天然裂隙进行充填加固，而该阶段的注浆量占到总注浆量的 5.79%。

第二阶段，0~4MPa 压力阶段。在该阶段，随着压力的不断提升，浆液的扩散距离逐渐增大，并且天然的原始裂隙随着浆液的填充已经变得十分微弱，占总注浆量的 11.82%。

第三阶段，4~8MPa 压力阶段。随着压力的持续上升，含水层薄弱部位的应力与抗拉强度被克服，沿着垂直于主应力平面上发生劈裂形成充填裂缝，随着浆液的填充，含水层被进一步加固，此阶段的注浆量占到总注浆量的 61.79%，此阶段注浆量占比最大。

第四阶段，8~12MPa 压力阶段。在此阶段，原始裂隙以及劈裂形成的裂隙被浆液填充到比较充分的程度，随着压力的上升，充填变得密实，此阶段的注浆量占到总注浆量的 20.60%。

Ⅱ633 工作面里段钻孔分段压力与注浆情况见表 8.11、图 8.20、图 8.21。

表 8.11　钻孔分段压力注浆量与时长统计表

钻孔编号	各压力段注浆量及时长								总注浆量/t
	无压状态		0~4MPa		4~8MPa		8~12MPa		
	注浆量/t	时长/h	注浆量/t	时长/h	注浆量/t	时长/h	注浆量/t	时长/h	
D2	0	0	68	10	288	50	72	13	428
探查孔	58	10	12	2	55	9	0	0	125
D2 主孔-1	12	1	48	4	154	14	44	7	258
D2 主孔-2	0	0	0	0	262	28	197	29	459
D2-3	116	10	71	7	0	0	62	12	249
D2-2	0	0	78	7	282	30	204	26	564
D2-1	0	0	64	6	0	0	11	2	75
D2-4	0	0	12	1	214	20	36	4	262
D2-5	163	15	52	4	1054	145	907	104	2176
D2-6	304	29	587	52	4499	387	1097	77	6487
D2-7	0	0	90	8	266	35	15	3	371
D2-8	91	7	438	37	861	66	4	1	1394
D2-9	0	0	0	0	10	1	0	0	10
合计	744	72	1520	138	7945	785	2649	278	12858
所占比例/%	5.79	5.66	11.82	10.84	61.79	61.67	20.60	21.84	

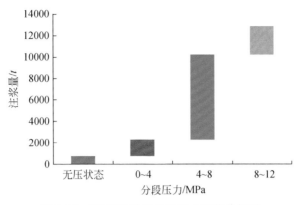

图 8.20　D2 钻孔单元分段压力注浆分析图

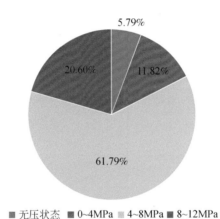

图 8.21　不同注浆压力阶段对比图

综合以上分析可知：

（1）钻孔单元各钻孔中，注浆量最大的钻孔往往是先实施的主孔，后实施的分支孔在断层褶皱等垂向构造条件下注浆量较大，这也正是 D2 主孔、D2-5 孔和 D2-6 孔注浆量大的原因；

（2）治理区域内断层构造少，主要为 II 633 工作面里段向斜，具有向斜轴部富水特征，次生小裂隙较发育，因此向斜轴部注浆量大；

（3）总体而言，4～8MPa 压力段注浆量最大，占总注浆量的 61.79%，其他阶段注浆量相对平均，分析认为，无压状态阶段是原始裂隙的充填阶段；0～4MPa 压力段是浆液压实扩散，原始裂隙进一步弱化的阶段；4～8MPa 压力段是含水层薄弱环节发生劈裂，裂隙再扩展阶段，应尽量延长该阶段的注浆时间，提高其注浆量；8～12MPa 压力段是目标含水层原始裂隙和劈裂裂隙充分压实阶段。

综上所述，各钻孔终止孔口压力均达到 8～12MPa 结束标准，加上液柱高度 800～900m，作用在三灰目的层的注浆压力可达到 16～22MPa，是目的层承受太灰水头压力的 4 倍，满足终压要求，另从各压力段注浆量和注浆时间来看，本次注浆效果显著。

3）浆液相对密度

根据注前压水试验成果，注浆总体上遵循先稀后稠（1.2~1.6）的原则，用不同相对密度的浆液分别去适应各种不同宽度的裂隙。一般情况下，了解了钻井液漏失情况，须先用稀浆刷通含水层裂隙，之后根据压力变化情况，灵活调整浆液相对密度或增减泵量，尽可能使注浆压力保持平稳上升。因此，各钻孔注浆起始相对密度采用1.2~1.3，最终加大相对密度至1.5~1.6，对钻孔进行连注带封。

4）注浆扩散范围

灰岩的渗透率和裂隙发育的不均一性，致使浆液的扩散半径极不规则，同时浆液的扩散半径受岩层渗透系数、注浆压力、注浆时间和浆液相对密度等诸多因素的影响，难以实际掌握其准确值，故本次三灰目的层注浆，取以往同类型治理工程浆液扩散半径经验值30~35m，各钻孔拉网式分布，实现了治理区域全覆盖。

5）注浆前后单位吸水率对比

单位吸水率是通过压水试验计算所得，注前单位吸水率是选择注浆方式和注浆相对密度的关键参数；注后压水（浆）试验是检验注浆是否达到结束标准的依据之一。其对比结果见表8.12、图8.22。

表8.12 各钻孔注浆前后单位吸水率统计表

孔号	注前单位吸水率 /[L/(min·m·m)]	注后单位吸水率 /[L/(min·m·m)]	单位吸水率降低比例/%
D2	$7.62×10^{-3}$	$3.26×10^{-4}$	96
	$4.84×10^{-3}$	$2.02×10^{-4}$	96
	$1.82×10^{-2}$	$8.43×10^{-4}$	95
D2-3	$5.20×10^{-3}$	$2.27×10^{-4}$	96
	$1.99×10^{-2}$	$9.17×10^{-4}$	95
D2-2	$3.75×10^{-3}$	$1.68×10^{-4}$	96
D2-1	$3.10×10^{-3}$	$1.35×10^{-4}$	96
D2-4	$2.38×10^{-3}$	$1.20×10^{-4}$	95
	$9.26×10^{-3}$	$5.74×10^{-4}$	94
D2-5	$3.14×10^{-3}$	$1.76×10^{-4}$	94
	$5.70×10^{-3}$	$2.72×10^{-4}$	95
	$4.58×10^{-3}$	$2.24×10^{-4}$	95
D2-6	$2.57×10^{-3}$	$1.31×10^{-4}$	95
	$8.44×10^{-3}$	$4.69×10^{-4}$	94
	$1.24×10^{-2}$	$7.25×10^{-4}$	94
	$4.72×10^{-3}$	$2.62×10^{-4}$	94
D2-7	$1.29×10^{-3}$	$6.62×10^{-5}$	95
D2-8	$1.26×10^{-3}$	$5.64×10^{-5}$	96
平均值	$6.58×10^{-3}$	$3.27×10^{-4}$	95

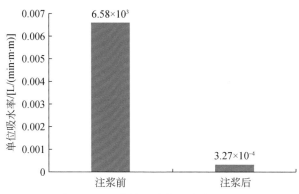

图 8.22　注浆前后单位吸水率对比图

由表 8.12 和图 8.22 可见，各钻孔注浆前单位吸水率 $1.26 \times 10^{-3} \sim 1.99 \times 10^{-2}$ L/(min·m·m)，平均 6.58×10^{-3} L/(min·m·m)，注浆后单位吸水率 $5.64 \times 10^{-5} \sim 9.17 \times 10^{-4}$ L/(min·m·m)，平均 3.27×10^{-4} L/(min·m·m)，注浆后单位吸水率降低明显，治理区域三灰目的层单位吸水率平均降低了 95%，且 q 值均<0.01L/(min·m·m) 的结束标准，表明本次注浆改造效果显著。

6）与Ⅱ632 及Ⅱ633 工作面温庄向斜轴部区域注浆参数对比

由表 8.13 可知，Ⅱ633 工作面里段地面注浆参数与中段温庄向斜地面注浆相比，单位面积注浆量显著增加，显示Ⅱ633 工作面里段灰岩裂隙较为发育，主要原因为构造复杂，褶皱与断层发育。

表 8.13　地面与井下注浆参数对比表

注浆方式	目的层位	钻孔孔径 /mm	扩散半径 /m	注浆总压力 /MPa	治理面积 /m²	注浆量 /t	单位面积注浆量 /(t/m²)
温庄向斜	三灰	152	35	18～21	250000	7559	0.03
Ⅱ633 里段	三灰	152	35	16～22	160000	12958	0.08

8.3.4.3　效果验证

在上述治理效果分析的基础上，通过网络并行电法和井下验证钻孔对工程治理效果进行双重验证。

1）物探验证

Ⅱ633 工作面里段地面注浆工程结束后，实施了网络并行电法（综合电法）物探。通过对巷道测深剖面中的低阻异常区与水平切片的低阻异常区的对比，综合合并解释 2 处低阻异常区 YC3、YC4（图 8.23）。通过井下钻探验证这两处异常区基本无水，由此分析注浆效果显著。

2）工作面底板钻探验证

由表 8.14 可知，Ⅱ633 工作面里段井下共施工 14 个验证孔，其中机巷 8 个、风巷 6

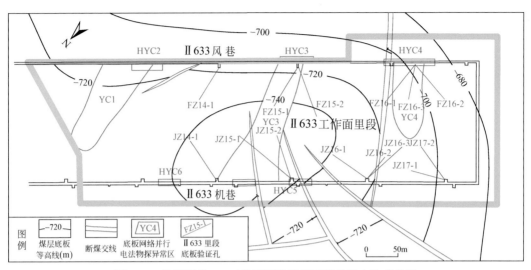

图 8.23　注浆后 Ⅱ633 工作面里段底板网络并行电法成果图

个，如图 8.24 所示。从施工情况看，钻孔最大出水量 4m³/h，三灰层位最大出水量 1m³/h，满足单孔出水量<10m³/h 的目标，表明地面注浆效果显著。

表 8.14　井下验证孔出水情况一览表

序号	孔号	砂岩出水 /(m³/h)	一灰出水量 /(m³/h)	二灰出水量 /(m³/h)	三灰出水量 /(m³/h)	合计 /(m³/h)
1	FZ16-1	0	0	0.5	0	0.5
2	FZ16-2	0	0	0	0	0
3	FZ16-3	0	0	0	0.5	0.5
4	FZ15-1	0	0	3	1	4
5	FZ15-2	0	0	0	0	0
6	FZ14-1	0	0	3		3
7	JZ17-1	0	1	0	1	2
8	JZ17-2	0.5	0	0	0	0.5
9	JZ16-1	1	0	0	0	1
10	JZ16-2	2	0	0	0	2
11	JZ16-3	0	1	0	0	1
12	JZ15-1	0	0.5	2.5	1	4
13	JZ15-2	0	2	0	0	2
14	JZ14-1	0	0	0	0.5	0.5

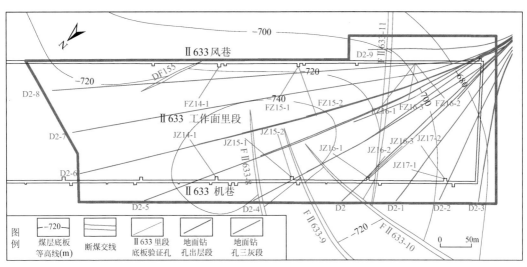

图 8.24　Ⅱ633 工作面里段地面钻孔与井下验证孔布置关系图

8.3.4.4　小结

（1）本工程共施工 1 个主孔、9 个分支孔，累计钻探进尺 6686m，三灰顺层率 96.17%，累计注水泥 12958t，注浆孔口终压 8 ~ 12MPa，单孔结束单位吸水率<0.01L/（min·m·m），达到了设计要求；

（2）经注浆后网络并行电法探测成果结合井下钻孔共同验证，综合解释的 2 处低阻异常区 YC3、YC4，通过井下钻探验证基本无水，其他区域无明显低阻异常区，底板灰岩层位视电阻率分布均匀，由此分析注浆效果显著；

（3）经井下 14 个验证孔验证，钻孔最大出水量 4m³/h，三灰层位最大出水量 1m³/h，满足单孔出水量<10m³/h 的目标，表明地面注浆效果显著。

综上分析认为，Ⅱ633 工作面里段地面顺层孔超前注浆治理效果显著。

8.3.5　Ⅱ633 工作面里段回采安全性评价与效益分析

8.3.5.1　工作面水文地质条件分析

1. 煤层顶底板砂岩裂隙水影响分析

根据巷道掘进及钻孔施工的实际情况，工作面里段煤层顶、底板砂岩赋水性弱。施工的 14 个底板验证孔，有 2 个钻孔在固管期间出水为 1m³/h。另根据Ⅱ632工作面回采情况，回采至温庄向斜轴部时，机巷9#钻场附近底板砂岩出水近 20m³/h，因此底板砂岩水有可能为主要出水水源，尤其在工作面向斜轴部，具有一定的富水性，对工作面回采有一定影响。

2. 煤层底板灰岩水影响分析

1）注浆后工作面底板 L1～L3 灰岩赋水性分析

从井下验证钻孔揭露灰岩出水情况看，一灰层位 4 个钻孔出水，最大出水量为 $2m^3/h$；二灰层位 4 个钻孔出水，最大出水量为 $3m^3/h$；三灰层位 5 个钻孔出水，最大出水量为 $1m^3/h$。通过地面注浆加固后，里段 L1～L3 灰岩富水性变弱。

其中，JZ14-1、JZ15-1、FZ15-2 孔对地面钻探施工全漏失点进行验证；FZ16-2、JZ16-2、JZ16-3、JZ17-1 孔对地面注浆钻孔出层段进行验证；FZ15-1、FZ16-3 孔对底板物探异常区进行验证，两孔揭露三灰均无出水。从钻孔出水情况看，里段区域 L1～L3 灰岩得到了很好的注浆加固，灰岩赋水性弱。

通过地面钻探注浆工程施工，工作面底板 L1～L3 含水层被改造为隔水层，工作面回采期间不存在 L1～L3 灰岩水影响。

2）注浆后工作面太灰水突水系数分析

评价期间，Ⅱ6112 机联巷内Ⅱ6110-2 放水孔放水量在 $40m^3/h$。灰岩水长观孔水 5 孔水位 -227m，Ⅱ63 车场 T1 孔水位 -406.2m，二水平南大巷 1# 陷落柱监测孔水位 -375.6m，推算出Ⅱ633 工作面里段灰岩水位标高在 -355～-312m 之间。以灰岩水水位 -355m 及工作面煤层标高计算，-748.1m 以上工作面底板承受灰岩水压为 4.25～4.64MPa（计算至三灰底，底隔厚度为 70m），突水系数为 0.060～0.066MPa/m；-748.1m 以上工作面底板承受灰岩水压为 4.29～4.68MPa（计算至四灰顶，74m），突水系数为 0.058～0.063MPa/m。

3）断层导水性分析

（1）FⅡ633-8 断层：该断层掘进揭露时出水量 $<0.5m^3/h$。机巷 JZ15-2 孔穿过该断层，灰岩以上层位未出水，终孔出水 $2m^3/h$。地面 D2-4、D2-5 注浆期间，该断层未发现出浆现象，且注浆对该断层进一步加固，因此 FⅡ633-8 断层不具备导水性。

（2）FⅡ633-9 断层：该断层掘进揭露时出水量 $<0.5m^3/h$。地面 D2、D2-4、D2-5 注浆期间，该断层未发现出浆现象，且注浆对该断层进一步加固，因此 FⅡ633-9 断层不具备导水性。

（3）FⅡ633-10 断层：该断层掘进揭露时出水量 $<0.5m^3/h$。地面 D2、D2-4、D2-5 注浆期间，该断层未发现出浆现象，且注浆对该断层进一步加固，因此 FⅡ633-10 断层不具备导水性。

（4）FⅡ633-11、Ⅱ633-12 断层：掘进揭露时无水。地面 D2、D2-1、D2-2、D2-4 注浆期间，该断层未发现出浆现象，且注浆对该断层进一步加固，因此 FⅡ633-11 和 FⅡ633-12 断层不具备导水性。

（5）FⅡ633-13 断层：掘进揭露时无水。地面 D2-1、D2-2、D2-4 注浆期间，该断层未发现出浆现象，且注浆对该断层进一步加固，因此 FⅡ633-13 断层不具备导水性。

（6）FⅡ633-14、FⅡ633-15 断层：掘进揭露时无出水。地面 D2 孔注浆期间，断层周边发现出浆现象，此时地面注浆压力 8MPa，断层得到了有效加固。在此后的注浆过程中，该断层未出现跑浆现象，因此 FⅡ633-14、FⅡ633-15 断层经注浆加固充填后不具备导水性。

8.3.5.2　工作面突水危险性分析

1）P-M 图法

根据周边矿井和本矿有灰岩突水威胁工作面开采经验，做出 P-M 图（图 8.25），从图中分析认为，Ⅱ633 工作面里段的突水系数属于安全范围。

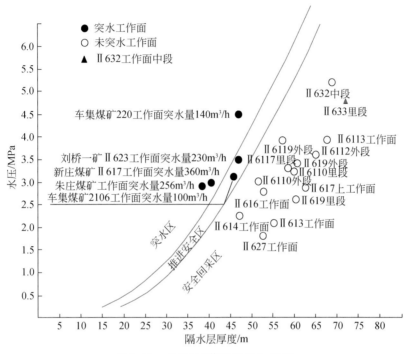

图 8.25　Ⅱ633 工作面里段 P-M 图

2）塑性板理论法

底板岩柱实际所能承受的极限水压 P_j：

$$P_j = \frac{12L^2}{L_y^2 \left(\sqrt{L_y^2 + 3L^2} - L_y \right)^2} (h - h_1)^2 S_t + \gamma h$$

式中，L 为工作面斜长，取 185m；L_y 为沿工作面推进方向老顶初次来压步距，取 30m；h_1 为底板破坏深度，取 15m；h 为 6 煤层底板至 L3 底总厚，取 72m；γ 为底板岩层容重，取 26000N/m³；S_t 为底板岩层抗拉强度，正常区取 5×10^5Pa。

计算结果为：$P_j = 9.28$MPa> 4.73MPa（L3 底最大水压）。计算结果表明，工作面的水压在安全范围内。

综上所述，Ⅱ633 工作面里段 500m 范围可以实现安全回采。

8.3.5.3　工作面回采情况及效益

工作面里段在推进至 71m 时，29#~50# 支架之间揭露一陷落柱，该陷落柱虽未通过有效手段查明，但经地面顺层孔钻探注浆治理工程注浆治理（有 2 孔从陷落柱内穿过），孔底注浆压力达 20MPa，而现场看，柱体内未见进浆现象，使底板隔水层厚度大幅增加，并经过井下底板并行电法物探、顶板瞬变电磁物探、槽波物探探查工程、井下钻探验证探查工程验证，确定了该陷落柱不具（导）含水性，其附近区域不具灰岩水突水威胁。

　　工作面里段回采过程中无底板灰岩水出水，仅有少量砂岩水出水现象，水量 $3m^3/h$ 左右，并安全通过陷落柱。Ⅱ633 工作面里段已实现安全回采，共采出煤炭 36 万 t。

第9章 底板水害监测预警技术及工程应用

9.1 矿井水害监测预警技术研究概况

皖北煤电集团有限责任公司矿井水文地质条件复杂，水害影响因素和水害类型较多，存在着松散层底含水，主采煤层顶、底板砂岩裂隙水，底板灰岩岩溶水三种主要水源的严重威胁。突水通道也多样化，存在着顶板裂隙带透水、底板断层和裂隙带突水、陷落柱突水等多种通道。20世纪90年代以来曾经发生过刘桥一矿、恒源煤矿顶板砂岩严重淋水危害（李德忠和赖达金，2004；孙本魁等，2005），任楼煤矿陷落柱突水淹井灾害（吴玉华等，1998），刘桥一矿断层灰岩突水淹没工作面灾害（甘圣丰，2005）和祁东煤矿顶板第四系溃水淹井灾害等（孔一繁和汪永茂，2003），给生产造成过严重损失，对矿井安全造成过严重威胁，所以研发煤矿水害预警系统是煤矿安全生产的迫切需要。

《国家中长期科学和技术发展规划纲要（2006—2020年）》已将国家公共安全应急信息平台、重大生产事故预警与救援确立为优先主题，要在"十一五"期间建立煤矿水害预警系统，而水害预警系统又是煤矿现代化生产六大系统的关键（杨通禄等，2013；孙继平，2010）。因此研发水害预警系统符合国家的要求。

为此，我国的科技人员和生产单位的技术人员为解决这一问题做出过不懈努力。其中在煤层底板突水方面提出了许多突水机理学说，如下三带说（王良等，1986），水压应力说（李抗抗和王成绪，1997），原位破裂说（王作宇等，1994）和递进导升说（王经明，1999a）。20世纪80年代科技人员还做了大量的底板试验，如1984年，煤炭科学研究总院西安分院在淮南新庄孜煤矿进行了大规模的煤层底板试验，试验内容涉及矿压、位移观测、采矿对断层扰动观测和底板破坏深度观测（注水试验）等，得到了底板深部超前破坏和采矿扰动深度等重要数据，证实了煤层底板突水预测的可能性。20世纪90年代初，煤炭科学研究总院西安分院又通过工业性试验在多个大水煤矿进行了注水试验、矿压测试、超声波测量等大量的底板试验；20世纪90年代中期，其又通过工业试验发现了突水前底板隔水层物理量的变化指标，研制了煤层底板突水前兆监测仪器，开发了相应的岩水耦合的突水模型。

2000年以来，随着计算机技术、网络技术和通信技术的发展以及对煤层顶、底板突水机理的深入研究，出现了多个矿井水害监测预警系统平台（张雁等，2012），众多学者与科研人员都将突水机理与监测设备相结合，开展一系列监测实践（董书宁，2010；陈佩佩和刘秀娥，2010；隋海波和程久龙，2009；孙凯民和庞迎春，2008），主要有以水文地质参数、应力、应变等为监测指标的监测预警系统；以岩层破裂监测的微震监测系统；以地层视电阻率探查为基础的网络并行电法监测系统等。目前各类监测系统已在全国大水矿区开展多次试验，如中煤科工集团西安研究院有限公司与科研单位合作，先后开展了皖北煤电集团有限责任公司祁东煤矿防止松散层水溃入矿井的预警系统研究、刘桥一矿灰岩水害预警系统工程、河南能源化工集团有限公司城郊煤矿突水灾害实时监测预警系统研究、邢台东庞矿预警监测系统研究，各监测系统在矿井突水监测方面均获得良好的应用效果。

近年来，借鉴国内外其他领域安全监控的成熟技术，采用多主式体系结构和通信方式，提高设备兼容性和可维护性、系统集成度及可扩充性。目前通过对采矿地应力改变过程中的水温、水压及微震的监测等多种手段实现了水害、水情监控的系统化和长期化，以及数据分析的精细化。目前该系统正逐步集成化地远程实时监控和报警，力求实现超前的水害预测预报。

陷落柱突水是煤矿的最严重的水害形式之一，曾对我国许多煤矿造成过重大灾害。20世纪80年代开滦矿区的范各庄煤矿因陷落柱突水淹井并造成11人遇难，20世纪90年代和21世纪初又有任楼煤矿、三河尖煤矿、东庞煤矿和桃园煤矿因陷落柱突水而相继被淹。皖北矿区的任楼煤矿、刘桥一矿、恒源煤矿都发育有陷落柱，其中任楼煤矿所查明的3个陷落柱全为强导水陷落柱。所以研究矿区陷落柱的形成机理、陷落柱水害的形成过程，判别其导水性，建立突水预警系统对防止矿井的重大突水灾害十分关键。

冲积层水害是我国两淮煤田和鲁西煤田的另一种严重的灾害形式，其中在皖北矿区尤为严重。在20世纪80年代和21世纪初，该矿区都发生过重大工程地质灾害和水文地质灾害。例如，20世纪80年代百善煤矿发生过工作面大面积脱冒压架灾害，21世纪初祁东煤矿发生冲积层溃水淹井灾害。因此开展包括顶板裂隙带高度和水位变化在内的冲积层突水机理研究，是研究水害预警的基础，对预测预报水害具有很大的实际意义。

关于水害的化学预警技术目前在国内外尚没有人研究。以前的工作仅限于矿井突水水源判别，所用方法是聚类分析、判别分析、模糊综合评判方法、灰关联分析模型等。但因该方法需将井下水样取出送到专门的实验室化验，速度慢，周期长，难以解决生产的紧急问题，达不到快速预警的目的。特别是在煤岩壁"出汗"——微弱的渗流时，因水量太小，难以取样化验的情况下，更是错过了宝贵的识别水源时机，使得本来可以避免的灾害变得束手无策。

煤矿水害的化学预警技术是通过离子敏传感器对煤岩壁渗流水质的在线监测，利用判别软件判别水源，及时发出预警信号的方法。该方法省略了取样、送样和化验的过程，克服了在微弱的渗流不足以取样化验的难题。快速检测和判别水源为工作人员及时采取措施以及逃生赢得了时间。

据调研和资料积累，皖北矿区和华北煤田的其他矿区一样，各含水层的水质差异显著，利用水源判别模型自动识别上述水源将是准确的。前期研究还发现，陷落柱周边都发育有环带状断裂，且环带状断裂的导水性和陷落柱的导水性是一致的，陷落柱在大规模突水以前，环带断裂将发生明显的出水现象。煤岩壁"出汗"或变潮，环带状断裂的出水就成为老空区透水和陷落柱突水的直接前兆，对水质的在线监测就使得对老空水害和陷落柱水害的预警成为可能。

水质的在线监测技术已经在锅炉、养殖或种植、医药行业得到应用，监测的指标主要是水的pH、硬度或有害元素。适于煤矿水中离子监测的 Mg^{+2}，F^{+2}，SO_4^{-2}，HCO_3^-，CO_3^{-2} 等离子敏传感器很少，不足以满足煤矿安全生产的需要，因此需要研发。目前在线监测的数据采集仪器多为单一离子的二次仪表，尚无多离子的集约型仪表，无法用于煤矿。因此研发复合型多离子数据采集仪是水害预警研究必不可少的内容。

皖北煤电集团有限责任公司与科研院所合作，先后开展了冲积层突水预警系统、底板水害预警系统、陷落柱突水预警系统、矿井水情监测系统、水化学监测系统等研究，并在现场进行了示范应用，取得了较好的效果。本章主要介绍在恒源煤矿的研究成果。

9.2　水文地质动态监测系统

恒源矿井对井上下所有的水文地质长观孔安装了水位遥测仪，形成了地下水位自动观测系统——KJ117 水位观测系统。该系统是对地下水位变化进行自动观测的集成电子技术和计算机技术于一身的自动化系统。该系统由一个主站（地面监控中心）和若干个子站（水文长观孔观测站）通过移动网络而成，子站的能源来自可充电池。监控中心可定时遥测和记录子站水位数据，可通过移动网络将子站自动记录的水位数据进行实时显示和处理，具有自动判别和拒绝错误操作的功能。KJ117 水位观测系统子站汉化液晶显示屏，可以显示日期、时间、水位埋深，并自动将这些数据存放在数据储存模块内，模块中的数据由 KJ 水位观测系统网络传送到收集或主站中，然后由主站显示和打印数据报表和曲线。

系统的主要技术指标如下。

主站。硬件配置：计算机、打印机、远程数据通信单元；运行环境：Windows XP；操作方式：中文菜单；数据记录：自动定时、手动实时；采样频率：5min～10d；子站数量≤50。

子站。量程：0～5MPa；误差：0.3% FS；通信距离：GMS[①] 网络覆盖范围；传输速度：9600pbs；环境温度：0℃～40℃。

井下监测数据通过井下通信系统实时传入监控中心，地面数据通过无线遥测系统实时传入监控中心，进行数据的实时采集。

恒源矿井观测系统的组成如下。

地面长观孔：水 4，水 5，水 9，水 17，水 18，水 20，水 8（奥灰孔）。

井下长观孔：GS9（副井下口），GS6（-400m 大巷），GC1-600（南大巷调度站附近），GC2（-600m 北大巷泵房附近）。

井下长观孔的子站是水压自计仪，由人工定期更换数据模块获取数据。

恒源煤矿建立了完善的井上下水位观测网，可实时获取地下水水位动态数据，了解地下水水位变化特征，判定矿井各含水层之间的水力联系，为恒源煤矿井下组煤开采底板水害防治提供了可靠的水文地质资料。

9.3　底板水害监测预警技术

在煤矿开采过程中煤层底板受采动影响产生破坏，底板隔水层应力场、应变场也会相

---

① 地球静止气象卫星（geostationary meteorological satellite，GMS）。

应发生变化,同时受采动压力和承压水的共同作用,使隔水层裂隙进一步扩张或产生新的裂隙,地下水便沿裂隙"导升",导致煤层底板裂隙水的水压和水温发生相应变化。利用底板水害预警系统,采集岩体应力、应变、水温、水压等 4 个指标,分析判断煤层底板突水,对超前预报底板突水是可行的。

9.3.1　煤层底板水害预警系统的构成

9.3.1.1　预警硬件系统

水害预警系统由水害信号预警装置、调制解调器、电话交换机和计算机组成。其中计算机和调制解调器放在地面监测室。水害信号预警装置由防爆外壳、水压水温传感器、信号采集模块、信号传输模块、数字处理软件和供电电源 6 部分组成,放在井下工作面。传感器包括水压水温传感器、应力应变传感器,将监测现场状态的各种模拟信号送入信号采集模块,进行模数转换以数字信号存储并通过电话线载波送到地面监视器,利用数字处理软件对信号进行报表处理、曲线绘制、保存和打印。系统数据通信网络拓扑结构如图 9.1。

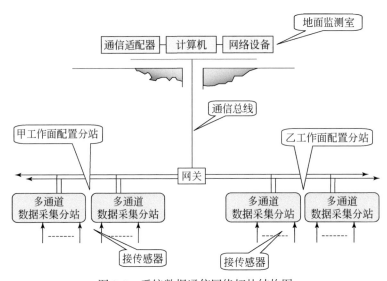

图 9.1　系统数据通信网络拓扑结构图

9.3.1.2　预警软件系统

煤矿突水灾害实时监测预警系统配套软件主要实现准确采集监测数据、监测数据存储、监测数据的实时可视化、多参数的实时分析与预警和远程监测等功能。根据功能需求,煤矿底板突水预警软件系统可以分两个子系统:数据采集管理系统和远程监测系统,其中数据采集管理系统主要实现用户管理、设备检测控制、数据采集与存储等功能;远程监测系统主要实现数据处理与分析、警情发布等功能。

煤矿底板突水预警软件系统采用 C/S 结构，主要实现用户管理、数据采集、数据管理、远程数据传输、警情发布等功能。其监测数据具有现时性，在煤层开采过程中要不断地添加更新数据，且数据要安全，防止病毒破坏使数据丢失，因此系统建设时应为易于数据更新和维护考虑。另外该系统所面向的用户是煤矿地质技术人员，用户具有很强的地质专业知识，但对预警系统的软硬件结构及工作原理了解不多。

煤层底板突水预警系统根据其功能分为 2 个子系统：数据采集管理系统、远程监测系统，具体功能如图 9.2 所示，数据采集管理系统的主界面如图 9.3 所示。

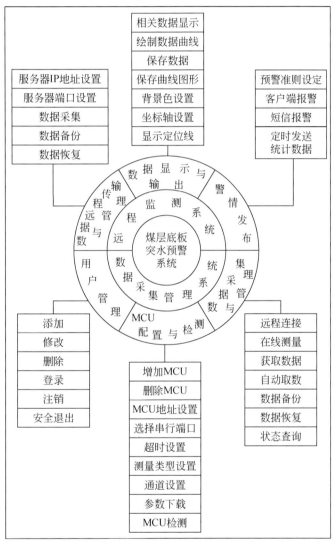

图 9.2 煤层底板突水预警系统的体系功能框架

MCU 为测量控制单元（measure control unit）

数据采集管理系统有三大功能模块：用户管理模块、MCU 配置与检测模块和数据采集与管理模块，现对其主要的功能分述如下。

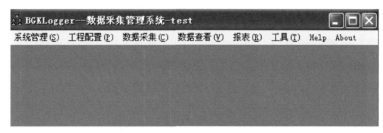

图9.3　数据采集管理系统主界面

（1）用户管理模块：实现用户的添加、修改、删除、登陆、注销以及安全退出等功能。

（2）MCU 配置与检测：主要实现增加 MCU、删除 MCU、MCU 地址设置、选择串行端口、超时设置、测量类型设置、通道设置、参数下载以及 MCU 检测。

（3）数据采集与管理：主要实现远程连接、在线测量、获取数据、自动取数、数据备份、数据恢复以及状态查询。

远程监测系统也有三大功能模块：数据远程传输与管理、数据显示与输出以及警情发布，各功能模块所实现的功能如下。

（1）数据远程传输与管理：主要实现服务器 IP 地址设置、服务器端口设置、数据采集、数据备份以及数据恢复。

（2）数据显示于输出：主要实现相关数据显示、绘制数据曲线、保存数据、保存曲线图形、背景色设置、坐标轴设置以及显示定位线。

（3）警情发布：主要实现预警准则设定、客户端报警、短信报警、定时发送统计数据。

9.3.2　水害预警的基本原理

底板观测表明，承压水在煤层底板沿裂隙递进导升的两个必要条件是足够的水压和合适的环境应力。水压包括两种形式，一种是静水压力，由含水层的自然水头高度决定；另一种是冲击水压，由顶板来压决定。形成冲击水压的条件是导升水头在裂隙壁没有排泄的条件下或排泄量很小，短时间无法消散裂隙水因底板岩体变形而积蓄的势能，冲击水压可以达到 $3\sim5\mathrm{MPa}$（杨松，2014），远高于静止水压。水在岩层内起着两种作用，一种是在岩石的孔隙中，形成孔隙压力。根据公式：

$$\sigma' = \sigma - P \tag{9.1}$$

即有效应力 σ' 为总应力 σ 和孔隙压力 P 之差。这意味着孔隙压力分担着总应力，减小岩体格架的有效应力，使岩体格架不容易破坏。另一种是在裂隙内部，起着外荷载的作用，给裂隙一种契劈作用力。实际上，这两种形式的力同时作用在岩体内。在没有裂隙的情况下，孔隙压力保护着底板不受破坏，然而在有裂隙的情况下，孔隙压力又降低着岩体的强度，使得裂隙更容易扩展，在底板孔隙压力高的地方更容易"吸引"裂隙朝向高孔隙压力区扩展。

　　环境地应力有三种成因：第一种是岩体的自重，即静岩压力；第二种是矿山压力；第三种是构造地应力。其中因矿山压力在底板产生的应力分布在工作面的前方一定深度范围内，同梁或薄板相似，在下部为张性，在上部为压性。这种作用方式使得工作面前下方裂隙带最先破坏，形成递进导升。而在工作面的后方，即采空卸压区的应力状态恰好相反，底板的上部为张应力，下部为压应力。这样底板不同深度的破坏先后是不一样的，下面的岩层破坏的早，上面的岩层破坏的晚，如果上部的破坏和下部的破裂相对接即发生突水。从底板试验可以看出递进导升是环境应力和裂隙中的水压力共同作用的结果，即在开采过程中，底板应力和水压力发生了变化，导升裂隙尖端的应力发生了集中，应力强度因子增加，当强度因子超过临界值时，裂隙发生扩展，导升高度增加，应力释放，强度因子降低；随着工作面的推进，应力又开始集中，强度因子又有所增加，当其再次达到临界值时，裂隙又扩展，导升高度再次升高。就这样周而复始，当导升高度达到底板破坏区时，便发生突水，其突水机理如图9.4和图9.5所示。设煤层底板隔水层的厚度为M，煤层底板的自然导升高度是H_0，递进导升高度为ΔH，采动破坏带深度是h，裂隙型底板的突水判据可以表达为

$$H_0 + \Delta H + h \geqslant M \tag{9.2}$$

如果$H_0 \geqslant 0$，则式（9.2）变为$\Delta H = h = 0$，成为超越导升。

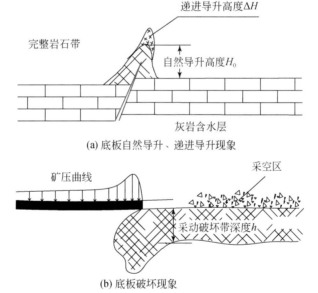

(a) 底板自然导升、递进导升现象

(b) 底板破坏现象

图9.4　煤层底板自然导升、递进导升和底板破坏现象

9.3.3　临突预报判据及突水预警准则

　　根据理论分析和现场试验，底板岩体破坏的表现和导升高度增加有如下现象：
　　（1）应力逐渐在上升后突然下降；
　　（2）水压下降后突然上升；

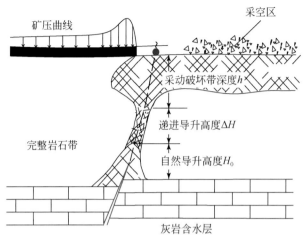

图9.5　递进导升突水机理示意图

（3）水温上升——下伏灰岩水上升。

根据经验及大量资料分析，突水预警主要应考虑4个因素，即应力变化、应变变化、水压变化和温度变化。一般情况下，当有下列情形之一发生时，应发出突水预警信号。

（1）水温和水压上升——下伏灰岩水上升。

（2）数值模拟计算得到导升高度和底板破坏深度对接，即满足判据：

$$H_0 + \Delta H + h \geqslant M$$

（3）直接突水前兆：顶板来压，底鼓，片帮，煤壁潮湿。

9.3.4　恒源煤矿Ⅱ621工作面水害预警工程

9.3.4.1　工作面水文地质条件

该系统用于Ⅱ621工作面煤层底板水害预警，主要防范太灰水以及奥灰水涌入工作面。工作面长为860~970m，平均915m，宽179m，机巷煤层底板标高−442~−396m；风巷标高在−416~−366m之间；因工作面跨越土楼背斜，且中部被两条落差分别为4m、8m的FⅡ621-3，FⅡ621-4断层切割，因此工作面的总体形态呈"L"形，分成里外两段。外段切眼标高−404~−380m，里段切眼标高−399~−361m。

工作面在掘进过程中，巷道顶底板有多处出水，出水量在0.5~10m³/h之间，总出水量为35m³/h。以砂岩裂隙水为主，少量为砂岩裂隙水和灰岩水的混合水。混合水主要出现在土楼背斜的转折端和FⅡ621-2断层的交界处。音频电透发现该处在煤层底板下50~80m深处为高电导的水文地质异常区，发现该处灰岩水有一定高度的疑似导升；此处距离工作面外段切眼约60m，处于矿压最严重的范围内，底板破坏深度和扰动深度最大，是突水的易发地段；该处不但异常值最大，而且位于下巷，所承受的水压和矿压也较上巷的大，因此也更危险。断层下盘（工作面外段）附近异常区的探查钻孔出水量为213m³/h，远较其他异常区水文地质条件复杂。当时井下不具备排水或注浆条件，不能够采取疏水降压或注浆改造底板的防治水措施，因此为防止水害致灾，需要预警防范。

根据周边水7和水17钻孔资料初步分析认为，工作面煤层下距一灰47m左右，水压为1.7MPa，温度达到28℃。

9.3.4.2　预警结果与分析

1）水压检测结果

水压监测数据曲线如图9.6所示，可见图中曲线没有异常变化。

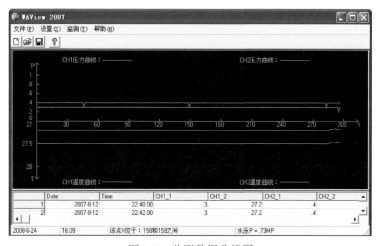

图9.6　监测数据曲线图

2）底板和煤柱破坏计算

为了更好地研究背斜及断层对Ⅱ621工作面煤层开采的影响，评价其突水的可能性，建立的模型主体构造为背斜，在背斜内部发育断层，其中煤层底板标高平均为−419m，煤层厚度取3m，顶底板岩性按照钻孔柱状确定。为了消除边界条件的影响，模型宽度取500m，模型长度取700m，如图9.7所示。

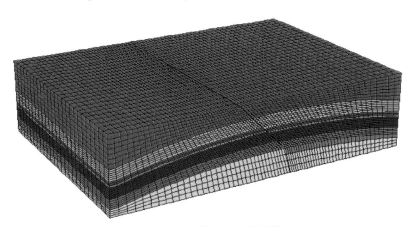

图9.7　Ⅱ621工作面三维数值模型图

　　该模型的主体构造为背斜，中部发育断层，其中断层利用软弱夹层和接触面来模拟，整个三维模型共划分有 55025 个三维单元，共 59904 个结点。模型侧面限制水平移动，模型底面限制垂直移动，模型上部施加垂直载荷模拟上覆岩层的重量。

　　在监测过程中共获得了温度和水压监测数据 27648 组，数据显示水温水压在开采过程中没有出现异常。

　　根据监测数据反求了计算参数，根据水文地质条件和开采条件确定了边界条件，对煤层底板进行了计算机仿真模拟，计算结果是工作面推进 33m 时底板的应力最大；对断层的底板部分破坏最为严重，破坏深度达 19.8m，如图 9.8 所示。当工作面推进 73m 时，采矿对断层的影响消失。多次模拟计算结果显示，没有发生底板破坏深度和导升高度对接现象，即没有险情。

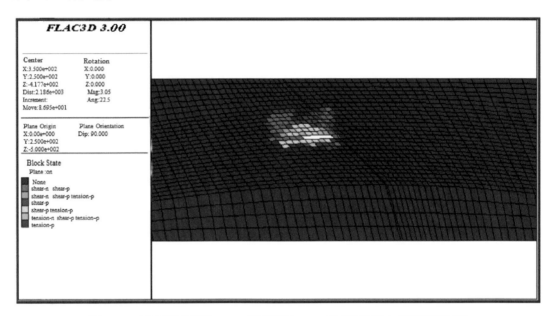

图 9.8　工作面距离推进 33m，距离断层 5.6m 时工作面垂向塑性破坏区图

9.3.4.3　预警工程总结

　　（1）探查和分析了 Ⅱ612 工作面水文地质条件，认为工作面在逐渐改造以后基本是安全的，仅在距离陷落柱最近的停采线附近存在突水危险，需要进行底板监测预警。

　　（2）针对 Ⅱ612 工作面的具体特征，制定了水害预警方案，改进了预警仪器，编制了预警软件，并通过网络系统实现了远程监测。监测过程中系统运行良好，达到了设计要求。

　　（3）温度和水压监测数据表明，在开采过程中，灰岩水没有出现导升高度发展现象。

　　总之，伴随工作面回采的预警监测，没有发现险情，该工作面已安全回采结束，证实预警结果是正确的。

9.3.5 恒源煤矿Ⅱ617综采工作面底板水害预警工程

9.3.5.1 Ⅱ617综采工作面水文地质条件

Ⅱ617综采工作面位于Ⅱ61采区右侧中下部,走向长为1005m,倾斜宽为140m。工作面机巷标高在-556~-485m之间,风巷标高在-600~-510m之间,切眼标高为-510~-485m。工作面切眼位于DF5逆断层上盘一侧,工作面下帮是二水平轨道下山、运输下山及二水平辅助上山;工作面上下均为Ⅱ61采区其他尚未布置采掘工程的区段。

Ⅱ617工作面整体处于单斜构造上,横跨井田次一级构造小城背斜之上。13-14-5及14-5钻孔位于工作面附近,根据钻孔资料Ⅱ617工作面煤厚在2.02~3.00m之间,平均煤厚为2.63m。煤岩层倾角一般为3°~9°。在切眼附近,由于受DF5逆断层挤压切割影响,煤层倾角达到12°~14°;在工作面收作线附近,由于多条大断层牵引影响,煤层局部倾角达到25°左右。

工作面所在的Ⅱ61采区经过二维地震、钻探及三维地震勘探,发现在Ⅱ617工作面周围大断层较多,工作面内小断层有13条,落差都小于3.5m,断层的走向变化很大。

威胁Ⅱ617工作面安全的水文地质因素是陷落柱水和底板灰岩水。

1)陷落柱

在Ⅱ617工作面风巷掘进期间,于F2点前2m揭露恒源煤矿第一个陷落柱—1#陷落柱,揭露长度约24m(未穿越)。陷落柱位于三维地震10#异常区中,陷落柱内主要为泥岩、砂岩及泥质包裹体和方解石脉,内部充填密实,根据连续观测,边缘及揭露巷道中均无出水现象。根据钻探圈定:陷落柱长轴长140m,短轴长70m,面积约8306m²,钻探过程中,除2个钻孔有少量砂岩水涌出外,其他钻孔均无出水。目前揭露陷落柱巷道已作封堵,钻探钻孔均已注浆封孔,井下瞬变电磁资料显示也为不导水陷落柱,综合分析认为,Ⅱ617陷落柱不导水。

2)6煤层底板灰岩岩溶水

Ⅱ617工作面所处块段,周围较大正断层较多;工作面煤层大部分处在小城背斜中,少部分处在温庄向斜东翼中,地质构造复杂;煤层埋藏深,灰岩水压力大,6煤层~一灰间距平均51.3m,只有在13-14-5钻孔周围约50m,工作面切眼附近较厚,厚度>60m。目前煤层底板承受的最大灰岩水压力为3.5MPa(据水5和水9)。考虑底板破坏深度为15m,掘进期间的突水系数为0.10MPa/m,大于临界突水系数0.07MPa/m,存在灰岩水突水可能。

采用"大井法"预测灰岩水突水水量在458~500m³/h之间。

总之,Ⅱ617工作面存在煤层顶底板砂岩水、底板灰岩水和岩溶陷落柱等水文地质问题,水文地质条件有一定的复杂性。

9.3.5.2　底板水害监测预警工程布置与监测

1）监测点确定

Ⅱ617 工作面具有威胁的导水通道是断层和陷落柱。其中陷落柱位于工作面以外，和工作面之间有防水煤柱隔开，最小距离为 20m，并且已经通过注浆。另外的通道就是断层，其中 FⅡ617-2、FⅡ617-3 为距离不足 9m 的断层组合，落差分别为 2m 和 3m。距离陷落柱 92m。因此该断层组受到采动影响后的相对危险性最大，被定为监测对象，如图 9.9 所示。

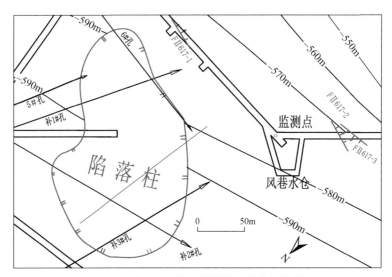

图 9.9　Ⅱ617 工作面底板监测钻孔位置图

裂隙和断层引起的导升常常是难以区分的，甚至是复合的。例如，断层的尖灭端即由断层向裂隙转变的，该处是地应力集中，在采动过程中容易开裂、扩展。因此断层的尖灭端附近是监测重点。

2）预警系统的安装

观测钻窝位于下巷，钻窝位于巷道的内帮，如图 9.10 所示。钻窝内 2 个钻孔，平行地以方位角 180°、天顶角 27° 向工作面内部施工，开孔直径 $\phi108$mm，终孔直径 $\phi78$mm，钻孔长度为 90m，垂直深度为 41m，终孔于海相泥岩内 5m。预警钻孔平面如图 9.11 所示。

每个观测孔安装应力、应变传感器及水压-温度传感器各一个。安装顺序为从下到上为水压-温度传感器、应力传感器、应变传感器。安装步骤为：

（1）在钻孔底放置约 20cm 厚沙子，然后用传送杆将水压-温度传感器放至孔底，再在上面覆盖 40cm 厚沙子，再放置约 40cm 胶泥用探杆捣实，以防止上部水泥块渗入。

（2）注入 40cm 水泥浆，然后将应力传感器插入水泥浆内，并用传送杆控制传感器导向板与煤层巷道平行。

（3）将应变传感器安置在应力传感器上部，调整好方向，用注浆管注入水泥浆，注浆管应尽量接近传感器，使水泥浆液置换出钻孔水，以保证应力传感器、应变传感器周围水

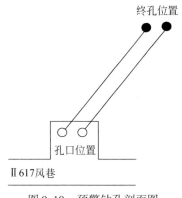

图 9.10　预警钻孔剖面图

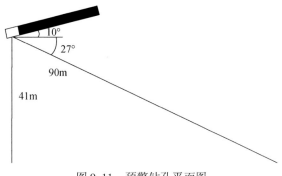

图 9.11　预警钻孔平面图

泥浆凝结致密。

（4）将各传感器接线器与多芯信号电缆接线器相连接；并联接到井下分站接线盒，与井下分站相通。

（5）传感器安装连接完毕后，须注意回采冒顶可能损坏电缆的位置，并采取保护措施，如在钻孔处打木垛，使冒顶塌落不会损坏电缆，用编织袋装砂土浮煤堆放在钻孔口，使监测期间电缆完好。

传感器在钻孔内的埋设如图 9.12 所示。

3）监测结果与分析

超前工作面 60m 开始监测，工作面采过 60m 后监测结束，监测范围约 120m。

工作面煤层下距一灰 47m 左右，根据资料，一灰顶部水压为 1.7MPa，水温约 28℃。所以该工作面预警规则为当水温达到 28℃或者水压达到 1.7MPa 系统就会发出警报。

该系统设置 1 个测控单元，在底板不同深度埋设 2 个传感器，每个传感器每隔 2 分钟监测一次水温和水压。图 9.13 是钻孔水温曲线图，图中显示，Ⅱ617 工作面整个开采过程中，水温大致维持在 27.345～27.545℃左右。监测初期温度为 34.345℃，13 个小时后逐渐降低至 27.545℃。初期温度高的原因很可能是水泥固结时释放出的水化热。

应变传感器的应变片的夹角为 45°，主应变及其方向的计算公式为

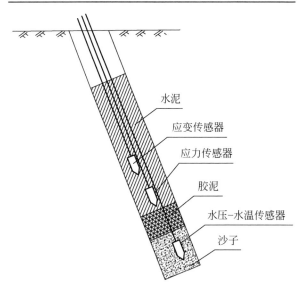

图 9.12　传感器在钻孔内的埋设示意图

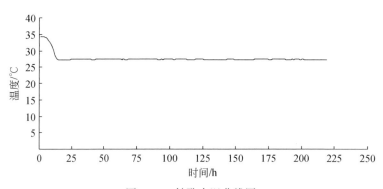

图 9.13　钻孔水温曲线图

$$\begin{cases} \varepsilon_1 = \dfrac{1}{3}(\varepsilon_{\mathrm{I}} + \varepsilon_{\mathrm{II}} + \varepsilon_{\mathrm{III}}) + \sqrt{\varepsilon_{\mathrm{I}} - \left(\dfrac{\varepsilon_{\mathrm{I}} + \varepsilon_{\mathrm{II}} + \varepsilon_{\mathrm{III}}}{3}\right)^2 + \left(\dfrac{\varepsilon_{\mathrm{II}} + \varepsilon_{\mathrm{III}}}{\sqrt{3}}\right)^2} \\[4mm] \varepsilon_2 = \dfrac{1}{3}(\varepsilon_{\mathrm{I}} + \varepsilon_{\mathrm{II}} + \varepsilon_{\mathrm{III}}) - \sqrt{\varepsilon_{\mathrm{I}} - \left(\dfrac{\varepsilon_{\mathrm{I}} + \varepsilon_{\mathrm{II}} + \varepsilon_{\mathrm{III}}}{3}\right)^2 + \left(\dfrac{\varepsilon_{\mathrm{II}} + \varepsilon_{\mathrm{III}}}{\sqrt{3}}\right)^2} \\[4mm] \theta_{11} = \dfrac{1}{2}\tan^{-1}\sqrt{3}\,\dfrac{\varepsilon_{\mathrm{III}} - \varepsilon_{\mathrm{II}}}{2\varepsilon_{\mathrm{I}} - \varepsilon_{\mathrm{III}} - \varepsilon_{\mathrm{II}}} \end{cases} \quad (9.3)$$

式中，ε_{I}，$\varepsilon_{\mathrm{II}}$，$\varepsilon_{\mathrm{III}}$ 为不同编号应变片的物理量；θ_{11} 为最大主应变与 I 号应变片的夹角。安装规定 I 号应变片在钻孔中的方向为 0°。

　　根据上述公式对监测数据处理后，得到图 9.14。应变值在 0～0.0015 之间变动。当工作面与观测点的位置大于 30m 时，围岩应变趋近于 0，即围岩受采动影响很小。由于应变量幅值小于 0.003，围岩没有破裂。

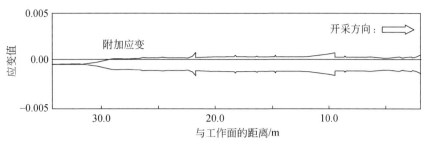

图 9.14　底板 23m 深处钻孔围岩应变曲线图

9.3.5.3　底板水害预警工程小结

（1）探查和分析了 Ⅱ617 工作面水文地质条件，认为工作面在逐渐改造以后基本是安全的，仅在距离陷落柱最近的停采线附近存在突水危险，需要进行底板监测预警。

（2）针对 Ⅱ617 工作面的具体情况制定了水害预警方案，改进了预警仪器，并通过网络系统实现了远程监测。

（3）在监测过程中共获得了温度和水压监测数据 27648 组，数据显示水温水压在开采过程中没有出现异常，灰岩水没有出现导升高度发展现象。

总之，伴随工作面回采的预警监测没有发现险情，目前工作面依据安全回采结束，证实预警结果正确。

参 考 文 献

安徽省地质矿产局.1987.安徽省区域地质志 [M].北京：地质出版社.

安徽省地质矿产局.1997.安徽省岩石地层 [M].武汉：中国地质大学出版社.

布雷斯 B H G，布朗 E T.1990.地下采矿岩石力学 [M].冯树仁，余诗刚，朱祚铎，等，译.北京：煤炭工业出版社.

曹卫国.2013.空气钻井安全监控系统在定向井空气钻井的应用 [J].中国石油和化工标准与质量，(3)：145.

柴振军.2013.水平定向井技术在奥灰水防治中的应用研究 [J].河北煤炭，2：17-19.

陈佩佩，刘秀娥.2010.矿井顶板突水预警机制研究与展望 [J].矿业安全与环保，37 (4)：71-73.

陈鹏，王尚令，孙本魁，等.2000.刘桥二矿高承压水上开采试验研究 [J].淮南工业学院学报，20 (2)：12-16.

邓中策，蔡永恩，王成绪.1990.煤层开挖过程中底板突水的弹塑性有限元模拟及初步分析 [J].北京大学学报，26 (6)：711-719.

董书宁.2010.对中国煤矿水害频发的几个关键科学问题的探讨 [J].煤炭学报，35 (1)：66-71.

段水云.2003.煤层底板突水系数计算公式的探讨 [J].水文地质工程地质，30 (1)：96-99.

范建国，翟明华，郭信山，等.2015.深井顶板水害定向钻孔及控域注浆关键技术 [J].煤矿安全，46 (10)：97-100.

房佩贤，卫中鼎，廖次生，等.1987.专门水文地质学 [M].北京：地质出版社.

符家驹，姜振泉，刘近国，等.2014.基于压水试验的底板泥岩阻水能力研究 [J].金属矿山，(6)：160-163.

付萍杰，魏久传，谢道雷，等.2015.基于多因素模糊聚类分析法的底板突水危险性评价 [J].煤炭技术，34 (1)：163-166.

甘圣丰.2005.浅析刘桥一矿Ⅱ62采区突水原因 [J].北京工业职业技术学院学报，4 (1)：85-87.

葛家德，王经明.2007.疏水降压法在工作面防治水中的应用 [J].煤炭工程，(8)：63-65.

谷德振.1979.岩体工程地质力学 [M].北京：科学出版社.

郭维嘉，刘杨贤.1989.底板突水系数概念及其应用 [J].河北煤炭，(2)：56-60.

国际岩石力学学会实验室和现场标准化委员会.1981.岩石力学试验建议方法.郑雨天，傅冰骏，卢世宗，等，译 [M].北京：煤炭工业出版社.

国家安全生产监督管理总局，国家煤矿安全监察局.2009.煤矿防治水规定 [S].北京：煤炭工业出版社.

国家煤矿安全监察局.2018.煤矿防治水细则 [S].北京：煤炭工业出版社.

侯进山.2013.21101综采面底板注浆改造技术研究及应用 [J].煤炭工程，(6)：55-57.

胡园园.2016.淮北煤田濉萧矿区太原组灰岩岩溶发育特征 [J].中州煤炭，50 (8)：141-144.

虎维岳，尹尚先.2010.采煤工作面底板突水灾害发生的采掘扰动力学机制 [J].岩石力学与工程学报，29 (z1)：3344-3349.

黄大兴，王永功.2005.近位疏放在Ⅱ624工作面安全回采中的应用 [J].煤炭科学技术，33 (7)：4-6.

黄伟.2011.钱营孜煤矿构造发育特征及复杂程度定量评价 [D].淮南：安徽理工大学.

姜春露，孙强，姜振泉，等.2012.脆性岩石全应力应变过程中渗透性突变研究 [J].中南大学学报（自然科学版），43 (2)：688-693.

姜振泉，季梁军.2001.岩石全应力-应变过程渗透性试验研究 [J].岩土工程学报，23 (2)：153-156.

孔一繁，汪永茂.2003.安徽省祁东煤矿底砾含水层突水灾害成因与治理技术 [J].中国地质灾害与防治学报，14 (4)：67-70.

兰昌益.1989.两淮煤田石炭二叠纪含煤岩系沉积特征及沉积环境 [J].淮南矿业学院学报，(3)：9-22.

黎良杰.1995.采场底板突水机的理研究 [D].徐州：中国矿业大学.

黎良杰，钱鸣高，闻全，等.1995.底板岩体结构稳定性与底板突水关系的研究 [J].中国矿业大学学
　　报，5 (12)：18-22.

李白英.1999.预防矿井底板突水的"下三带"理论及其发展与应用 [J].山东矿业学院学报（自然科
　　学版），18 (4)：11-18.

李白英，沈光寒，荆自刚，等.1988.预防采掘工作面底板突水的理论与实践 [J].煤矿安全，19 (5)：
　　47-48.

李德忠，赖达金.2004.工作面顶板砂岩裂隙水综合防治技术 [J].煤炭科学技术，32 (3)：30-32.

李法柱，宋淑光，孟辉，等.2013.深部下组煤底板软硬岩石阻渗性试验及其耦合特征 [J].矿业安全与
　　环保，40 (1)：8-11，16.

李抗抗，王成绪.1997.用于煤层底板突水机理研究的岩体原位测试技术 [J].煤田地质与勘探，
　　25 (3)：31-34.

李佩全，刘登宪，李永军.2008.淮南矿区矿井水害调研分析 [J].华北科技学院学报，5 (1)：5-8.

李泉新，石智军，方俊.2013.煤层底板超前注浆加固定向钻进技术与装备 [J].金属矿山，(9)：
　　126-131.

李世柏，曹卫东.2012.岩溶发育程度的研究 [J].勘测设计，(5)：1-5.

李伟利，叶丽萍.2011.基于板模型对采场底板破坏与突水机理研究 [J].煤炭技术，30 (1)：88-89.

李兴高，高延法.2003.采场底板岩层破坏与损伤分析 [J].岩石力学与工程学报，22 (1)：35-39.

李要钢，魏海亭.2008.煤层底板注浆改造技术在演马庄矿的应用 [J].中州煤炭，(4)：68-69，108.

李运成.2006.煤层底板岩体结构对采动效应的影响研究 [D].淮南：安徽理工大学.

李增学，魏久传，等.1998.华北陆表海盆地南部层序地层分析 [M].北京：地质出版社.

李长青，方俊，李泉新，等.2014.煤层底板超前注浆加固定向孔注浆工艺技术 [J].煤田地质与勘探，
　　42 (8)：59-63.

李长青，安许良，孙晓宇.2017.地面定向水平孔煤层底板超前注浆防治水技术研究 [J].煤炭工程，
　　49 (9)：17-22.

林平，张晓更.2005.桃园煤矿10煤层底板灰岩水防治原理及方法 [J].矿业安全与环保，32 (5)：
　　52-53.

凌力.2014.煤矿底板岩体阻水能力评价及工程实例分析 [D].株洲：湖南工业大学.

刘伟朋.2012.高精度定向钻进技术在煤层气开采中应用研究 [D].北京：中国地质大学（北京）.

刘文中，徐龙.1996.淮北闸河矿区二叠系含煤地层沉积环境分析 [J].中国煤炭地质，8 (3)：19-21.

刘衍亮.2011.引进先进注浆技术解放受水威胁煤炭资源 [J].江西煤炭科技，(2)：78-79.

罗立平，彭苏萍.2005.承压水体上开采底板突水灾害机理的研究 [J].煤炭学报，30 (4)：459-462.

马培智.2005.华北型煤田下组煤带压开采突水判别模型与防治水对策 [J].煤炭学报，30 (5)：
　　608-609.

煤炭工业部.1984.矿井水文地质规程 [S].北京：煤炭工业出版社.

煤炭工业部.1986.煤矿防治水工作条例 [S].北京：煤炭工业出版社.

牛秀清，王桦，刘书杰.2017.华北煤田下组煤底板岩溶含水层注浆改造技术应用及发展趋势 [J].建井
　　技术，38 (3)：24-30.

彭苏萍，屈洪亮，罗立平，等.2000.沉积岩石全应力应变过程的渗透性试验研究 [J].煤炭学报，
　　25 (2)：113-116.

钱鸣高，缪协兴，黎良杰.1995.采场底板岩层破断规律的理论研究 [J].岩土工程学报，(11)：55-62.

钱鸣高，缪协兴，许家林，等.2003.岩层控制的关键层理论 [M].徐州：中国矿业大学出版社.

沙雨勤，周保东．2007．带压系数及突水系数在防治水中的应用［J］．河北煤炭，(4)：21-22.

沈光寒，李白英，吴戈．1992．矿井特殊开采的理论与实践［M］．北京：煤炭工业出版社．

施龙青，宋振骐．2000．采场底板"四带"划分理论研究［J］．焦作工学院学报（自然科学版），19 (4)：241-245.

施龙青，韩进．2004．底板突水机理及预测预报［M］．徐州：中国矿业大学出版社．

施龙青，韩进．2005．开采煤层底板"四带"划分理论与实践［J］．中国矿业大学学报，15 (1)：16-22.

施龙青，尹增德，刘永法．1998．煤矿底板损伤突水模型［J］．焦作工学院学报，17 (6)：403-405.

石志远．2015．地面顺层钻进在煤层底板高压岩溶水害区域超前治理中的应用［J］．煤矿安全，46 (S1)：67-70，75.

舒良树，吴俊奇，刘道忠．1994．徐宿地区推覆构造［J］．南京大学学报，30 (4)：638-646.

宋立军，李增学，吴冲龙，等．2004．安徽淮北煤田二叠系沉积环境与聚煤规律分析［J］．煤田地质与勘探，32 (5)：1-3.

苏帮奎，王道坤．2009．恒源公司Ⅱ617工作面底板注浆改造的实践［J］．煤炭科技，(3)：51-54.

隋海波，程久龙．2009．矿井工作面底板突水安全预警系统构建研究［J］．矿业安全与环保，36 (1)：58-60.

孙本魁，王经明．2006．刘桥二矿六煤底板阻水质量分级及其应用［J］．华北科技学院学报，3 (4)：1-5，11.

孙本魁，吴基文，杨永林，等．2005．淮北刘桥二矿七含涌（突）水机理研究［J］．中国地质灾害与防治学报，16 (3)：126-129.

孙广忠．1988．岩体结构力学［M］．北京：科学出版社．

孙继平．2010．煤矿井下安全避险"六大系统"的作用和配置方案［J］．工矿自动化，36 (11)：1-4.

孙凯民，庞迎春．2008．杨庄煤矿水害监测预警系统研究及应用［J］．煤炭技术，27 (10)：75-77.

田乐．2015．L型孔地面预注浆工程钻井液降耗措施研究［J］．煤炭工程，47 (5)：45-47.

田强国，姚多喜．2008．刘店矿太原组1-4灰岩含水层径流强弱模糊综合评判［J］．煤炭技术，5：82-84.

铁道部第二勘测设计院．1984．岩溶工程地质［M］．北京：中国铁道出版社．

汪雄友，陈海军，朱和俊，等．2017．深部煤层高承压水底板注浆改造防治水技术的应用［J］．中国煤炭地质，29 (7)：46-51.

王道坤，孙本魁，易德礼．2016．恒源煤矿地面顺层钻探注浆实践［J］．能源技术与管理，41 (6)：107-109.

王冬平．2016．采动诱发隐伏陷落柱突水机制与渗流耦合模型研究［J］．煤炭工程，48 (7)：93-96.

王桂梁，曹代勇，姜波．1992．华北南部的逆冲推覆伸展滑覆与重力滑动构造——兼论滑脱构造的研究方法［M］．徐州：中国矿业大学出版社．

王桂梁，琚宜文，郑孟林．2007．中国北部能源盆地构造［M］．徐州：中国矿业大学出版社．

王浩．2013．宿县矿区太原组灰岩岩溶发育特征与控溶机理研究［D］．淮南：安徽理工大学．

王家骏．1992．岩溶地区坝基岩体质量工程地质分类［J］．中国岩溶，11 (2)：105-117.

王经明．1999a．承压水沿煤层底板递进导升突水机理的模拟与观测［J］．岩土工程学报，21 (5)：546-550.

王经明．1999b．承压水沿煤层底板递进导升突水机理的物理法研究［J］．煤田地质与勘探，27 (6)：40-43.

王经明，邓西清，王厚怀，等．2000．岩溶型煤矿底板岩体质量分级及其在突水评价上的应用［J］．中国岩溶，19 (3)：239-245.

王良，庞荫恒，郝顾明，等．1986．采动矿压与底板突水的研究［J］．煤田地质勘探，14 (6)：30-36.

王新军, 潘国营, 翟加文. 2012. 井下疏水降压防治水措施的适宜性分析 [J]. 煤炭科学技术, 40 (11): 108-111.

王永龙. 2006. 朱庄煤矿 3622 综采面突水灾害分析及综合防治 [J]. 煤矿开采, 11 (1): 66-67.

王禹, 樊炼, 梅涛, 等. 2011. 岩溶发育程度的小区划评价方法 [J]. 土工基础, 25 (4): 56-58.

王玉芹, 刘成林. 2000. 底板岩层阻水能力评价 [J]. 山东煤炭科技, 2: 28-30.

王则才, 张兆强, 房孝春. 2009. 肥城矿区高承压岩溶水防治技术研究 [J]. 华北科技学院学报, 6 (4): 87-89.

王忠昶. 2003. 矿井底板岩层阻水性能的研究 [D]. 青岛: 山东科技大学.

王作宇, 刘鸿泉. 1993. 承压水上采煤 [M]. 北京: 煤炭工业出版社.

王作宇, 刘鸿泉, 王培彝, 等. 1994. 承压水上采煤学科理论与实践 [J]. 煤炭学报, 19 (1): 40-48.

魏大勇. 2016. 跨向斜构造区域工作面底板薄层灰岩含水层地面注浆改造实践 [J]. 煤炭工程, 48 (S2): 23-26, 30.

魏学敬, 赵相泽. 2012. 定向钻井技术与作业指南 [M]. 北京: 石油工业出版社.

吴基文, 樊成. 2003. 煤层底板岩体阻水能力原位测试研究 [J]. 岩土工程学报, 25 (1): 67-70.

吴基文, 张朱亚, 赵开全, 等. 2009. 淮北矿区高承压岩溶水体上采煤底板水害防治措施 [J]. 华北科技学院学报, 6 (4): 83-86.

吴基文, 翟晓荣, 段中稳, 等. 2017. 基于采动效应分析的煤层底板注浆改造效果研究 [M]. 北京: 科学出版社.

吴玉华, 郑世田, 段中稳, 等. 1998. 任楼煤矿矿井突水灾害的综合分析与治理技术 [J]. 煤炭科学技术, 26 (1): 26-29.

吴志敏, 王永龙. 2014. Ⅲ631 工作面出水原因分析及综合防治 [J]. 山东煤炭科技, 9: 153-154.

熊道锟, 傅荣华. 2005. 岩溶发育强度垂直分带方法 [J]. 岩土工程技术, 19 (3): 113-117, 122.

胥翔, 吴基文, 汪宏志. 2014. 淮北煤田太原组灰岩沉积学特征研究 [J]. 中州煤炭, 11: 102-105.

徐树桐, 周海洲, 董树文. 1987. 安徽省主要构造要素的变形和演化 [M]. 北京: 海洋出版社.

徐志斌, 谢和平, 王继尧. 1996. 分维——评价矿井断裂复杂程度的综合性指标 [J]. 中国矿业大学学报, 25 (3): 11-15.

许学汉, 王杰. 1992. 煤矿突水预测预报研究 [M]. 北京: 地质出版社.

阎海珠. 1998. 利用突水系数指导带压开采的实践 [J]. 河北煤炭, 4: 91-93.

杨松. 2014. 刘家梁煤矿三软高导升底板突水预测分析研究 [D]. 太原: 太原理工大学.

杨通禄, 高艳芬, 贾明涛, 等. 2013. 论矿山安全避险 "六大系统" 在安全生产中的作用 [J]. 采矿技术, 13 (2): 35-38.

杨勇. 2001. 后寨河流域岩溶含水介质结构与地下径流研究 [J]. 中国岩溶, 20 (1): 17-20.

尹纯刚, 邹军, 袁中帮, 等. 2002. 煤层底板高承压水合理控放技术应用 [J]. 能源技术与管理, 2: 106-107.

尹来民. 1991. 散装水泥造浆工艺在注浆堵水工程中的应用 [J]. 煤炭科学技术, 3: 16-17.

于树春. 1997. 薄层灰岩注浆改造治理煤层底板岩溶水害 [J]. 山东煤炭科技, 1: 19-21.

袁辉, 邓昀, 蒲朝阳, 等. 2014. 深井巷道围岩 L 型钻孔地面预注浆加固技术 [J]. 煤炭科学技术, 42 (7): 10-13.

翟晓荣. 2015. 矿井深部煤层底板采动效应的岩体结构控制机理研究 [D]. 淮南: 安徽理工大学.

张金才. 1989. 煤层底板突水预测的理论与实践 [J]. 煤田地质与勘探, 4: 38-41.

张金才, 刘天泉. 1990. 论煤层底板采动裂隙带的深度及分布特征 [J]. 煤炭学报, 15 (6): 46-55.

张金才, 刘天泉. 1993. 煤层底板突水影响因素的分析与研究 [J]. 煤矿开采, 4: 35-39.

张金才, 肖奎仁. 1993. 煤层底板采动破坏特征研究 [J]. 煤矿开采, 3: 44-49.

张金才, 张玉卓, 刘天泉. 1997. 岩体渗流与煤层底板突水 [M]. 北京: 煤炭工业出版社.

张民庆, 张文强, 孙国庆. 2006. 注浆效果检查评定技术与应用实例 [J]. 岩石力学与工程学报, 25 (z2): 3909-3918.

张平松, 吴基文, 刘盛东. 2006. 煤层采动底板破坏规律动态观测研究 [J]. 岩石力学与工程学报, 25 (S1): 3009-3013.

张素梅, 李增学, 李伟, 等. 2008. 山东黄河北煤田石炭—二叠系太原组地层沉积特征 [J]. 地球学报, 29 (4): 414-426.

张文泉, 刘伟韬, 王振安. 1997. 煤矿底板突水灾害地下三维空间分布特征 [J]. 中国地质灾害与防治学报, 8 (3): 39-45.

张文泉, 刘伟韬, 张红日, 等. 1998. 煤层底板岩层阻水能力及其影响因素的研究 [J]. 岩土力学, 19 (4): 31-35.

张文忠, 虎维岳. 2013. 采场底板突水机理的跨层拱结构模型 [J]. 煤田地质与勘探, 41 (2): 35-39.

张雁, 刘英锋, 吕明达. 2012. 煤矿突水监测预警系统中的关键技术 [J]. 煤田地质与勘探, 40 (4): 60-62.

张永成, 董书宁, 苏坚深, 等. 2012. 注浆技术 [M]. 北京: 煤炭工业出版社.

张永成, 董书宁, 卢相忠, 等. 2013. 矿井注浆施工手册 [M]. 北京: 煤炭工业出版社.

赵本肖, 常明华. 2007. 邯峰矿区岩溶含水层特征及富水性分区 [J]. 中国煤炭地质, 19 (5): 41-47.

赵成喜. 2015. 淮北矿区深部岩溶突水机理及治理模式 [D]. 徐州: 中国矿业大学.

赵鹏飞, 赵章. 2015. 地面水平分支孔注浆超前治理奥灰底板突水技术 [J]. 煤炭科学技术, 43 (6): 122-125.

赵全福. 1992. 煤矿安全手册 [M]. 北京: 煤炭工业出版社.

赵少磊. 2017. 地面顺层孔在桃园煤矿煤层底板灰岩含水层治理中的应用 [J]. 同煤科技, 2: 39-42.

郑晨. 2015. 太原组上段灰岩含水层岩溶结构特征及其对浆液扩散的影响 [D]. 淮南: 安徽理工大学.

郑士田. 2018. 两淮煤田煤层底板灰岩水害区域超前探查治理技术 [J]. 煤田地质与勘探, 46 (4): 142-146.

郑世书, 陈江中, 刘汉湖, 等. 1999. 专门水文地质学 [M]. 徐州: 中国矿业大学出版社.

周春光, 龚玉红. 1996. 湘中地区的岩溶发育特征与环境地质问题 [J]. 湖南地质, 15 (2): 98-102.

周立功, 李祥碧. 1995. 应用灰色系统理论对杨庄矿 II$_{617}$ 工作面特大突水进行分析 [J]. 淮南矿业学院学报, 15 (1): 8-13.

周盛全. 2015. 煤系岩溶含水层注浆改造参数优化与效果评价 [D]. 淮南: 安徽理工大学.

周兴旺, 高岗荣, 薄志丰, 等. 2014. 注浆施工手册 [M]. 北京: 煤炭工业出版社.

朱第植, 王成绪. 1998. 原位应力测试在底板突水预测中的应用 [J]. 煤炭学报, 23 (3): 295-299.

朱珍德, 张爱军, 徐卫亚. 2002. 脆性岩石全应力-应变过程渗流特性试验研究 [J]. 岩土力学, 23 (5): 555-559.

住房和城乡建设部. 2013. 工程岩体试验方法标准 (GB/T 50266—2013) [S]. 北京: 中国计划出版社.

住房和城乡建设部. 2014. 工程岩体分级标准 (GB/T 50218—2014) [S]. 北京: 中国计划出版社.

Barton N, Lien R, Lunde J. 1974. Engineering classification of rock masses for the design of tunnel support [J]. Rock Mechanics, 16: 183-236.

Bieniawski Z T. 1973. Engineering classification of jointed rock masses [J]. Transactions South African Institution of Civil Engineers, 15: 335-344.

Bieniawski Z T. 1974. Estimating the strength of rock materials [J]. Journal of South African Institute of Mining and Metallurgy, 74 (8): 312-320.

Bieniawski Z T. 1978. Determining rock mass deformability: experience from case histories [J]. International Journal of Rock Mechanics and Mining Science, 15: 237-247.

Bieniawski Z T. 1994. Mining engineering handbook [M]. New York: Wiley.

Faria S C, Bieniawsik Z T. 1989. Floor Design in Underground Mines [J]. Rock Mechanics and Rock Engineering, 22 (4): 226-249.

Kesseru Z S. 1982. Water barrier pillars [M]. Budapest: MWAProc.

Reibiec M S. 1991. Hydrofracturing of rocks as a method of evaluation of water, mud and gas inrush hazards in underground coal mining [A]. Belgrade: 4th International Mine Water Association Congress.